新物理学ライブラリ＝別巻 1

Essential 物理学

阿部　龍蔵　著

サイエンス社

サイエンス社のホームページのご案内
http://www.saiensu.co.jp
ご意見・ご要望は　rikei@saiensu.co.jp　まで.

まえがき

ランダウ・ミニマムという言葉がある．ランダウ（1908～1968）は旧ソ連の物理学者で物理学の諸分野で顕著な研究業績を残した．彼は1962年，不慮の自動車事故で瀕死の重傷を負ったが，奇跡的に蘇生し，病床の最中，液体ヘリウムの超流動に関する研究に対して1962年度のノーベル物理学賞が贈られた．ランダウは物理学の研究面だけでなくその教育面でも多大の貢献を残した．ランダウと共著者のリフシッツが著した理論物理学教程は力学，電磁気学，統計物理学，相対性理論，量子力学などの分野をカバーし，将来理論物理学を専攻する人間にとって必須の教科書とされている．これが世にいうランダウ・ミニマムである．この教科書には時代を先取りした新しい物理学上の概念も提唱されている．例えば，与えられた環境のもとでもっとも有効なエネルギーはどう定義されるかについて統計物理学の著書で論じられ，これと関連した物理量は今日エクセルギーと呼ばれている．エクセルギーは日本の物理学会では1978年頃話題となったが，1950年に発刊されたランダウ・リフシッツのロシア語の原著初版にはすでに「外部の環境体の中に置かれた物体によってなされる最大仕事」という事項があり，エクセルギーの萌芽が紹介されている．ランダウ・ミニマムは同時にランダウ・マキシマムという側面ももっている．

話は飛ぶが，1970年に何人かの協力者とともにある出版社から高校物理用の参考書を発刊したことがある．今日，これを読み返すと実に多くの話題が取り入れられているのに驚かざるをえない．その当時，物理は高校生にとり必修であったから，多くの事項を詰め込まされる生徒に妙に同情したものである．多分，大部分の高校生にとり物理の大半は理解されずに過ぎてしまったという気がする．また現場の高校の物理の先生方も似たような感想を漏らされていた．現在では，1970年と比べると，学習指導要領の改訂により高校物理で取り上げられる項目も減り，また物理は選択という事情もあって，大学の理工系の学科に入学してくる学生の中ですら物理の基礎的な学力が不足している者も多いと伺っている．また，いわゆる理科離れはこのような傾向に拍車を掛けている面もあろう．

理科離れ，物理離れとは裏腹に物理の必要性はかつてないほど高まっていると思える．物理の基礎知識さえあれば防げたと思えるような事故が起こるのを知るたびに，この種の感慨を抱く方も多いであろう．放射性物質を粗末に扱ったり，原子力発電所の事故をひた隠しにするのは物理の基礎精神を忘れた故の所業と感じざるを得ないこのごろである．本書を著した 1 つの要因はこのような最近の傾向を著者なりに憂えたという面もある．

現在，物理学の教科書にはたくさんの立派な著書があり，著者には屋上屋を重ねるつもりはない．ただし，現在の教科書は 1970 年に著者が高校生に書いた本と同様あまりにも網羅的に過ぎるのではないか，という印象をかねがねもっていた．そのような事情に鑑み，物理学のいわばエッセンスをまとめたいと考えていた．という事情で生まれたのが本書である．ランダウ・ミニマムとは似ても似つかないが，せめてその精神だけは真似たいと願っていた．本書は網羅的ではないので割愛した重要事項もかなりある．逆に，重要と思える点はかなり詳しく説明したつもりだが，全体をなるべくコンパクトに，また読みやすい形にするよう最大限の努力を払ったつもりである．大学初年級の学力があれば十分読み下せるものと期待している．ただし，著者の独りよがりかも知れず，その点については読者のご批判を仰ぎたい．

最後に，本書の執筆にあたり，いろいろご面倒をおかけしたサイエンス社の田島伸彦氏，鈴木綾子氏，また出版を快くお引き受け下さった森平勇三社長に厚く感謝の意を表する次第である．

2002 年秋

阿　部　龍　蔵

目　次

第1章

運動の記述

運動と力に関する学問を**力学**という．物体の運動を記述するため，その位置を決めるべきベクトルを導入し，速度，加速度などについて学ぶ．

本章の内容

1.1 直線運動と速度

一直線上の運動 運動の簡単な例として新幹線の電車が一直線（x 軸）上を運動すると仮定しよう（図 **1.1**）．このような運動を**直線運動**という．図のように，電車の適当な1点Pを選び，この点で電車の位置を決める．また，電車は図のように，右向き（x 軸の正の向き）に進むとしよう．図 **1.2** のように，x 軸上に座標原点Oを選び，時刻 t における電車の位置Pの座標を x とする．x の t 依存性が決まれば電車の運動が決まることになる．

通常，長さをメートル（m），時間を秒（s）で表す．

平均の速さ 時刻 t から微小時間 Δt 後の時刻 $t + \Delta t$ における電車の位置 P' の座標を $x + \Delta x$ とする．すなわち，時間 Δt の間に電車は Δx だけ進むとする．あるいは，x は t の関数であるが，これを $x(t)$ と書けば

$$\Delta x = x(t + \Delta t) - x(t) \tag{1.1}$$

の関係が成り立つ．ここで

$$\frac{\Delta x}{\Delta t} = \frac{x(t + \Delta t) - x(t)}{\Delta t} \tag{1.2}$$

を時間 Δt の間の**平均の速さ**という．

瞬間的な速さ (1.2) で $\Delta t \to 0$ の極限をとると，これはある一定の値 v に近づく．すなわち

$$v = \lim_{\Delta t \to 0} \frac{\Delta x}{\Delta t} \tag{1.3}$$

と書ける．この v を時刻 t における**瞬間的な速さ**という．瞬間的な速さを単に**速さ**ともいう．速さの単位は m/s である．

数学では (1.3) を

$$v = \frac{dx}{dt}$$

と表し，これを**微係数**とか，x の t による**微分**という．

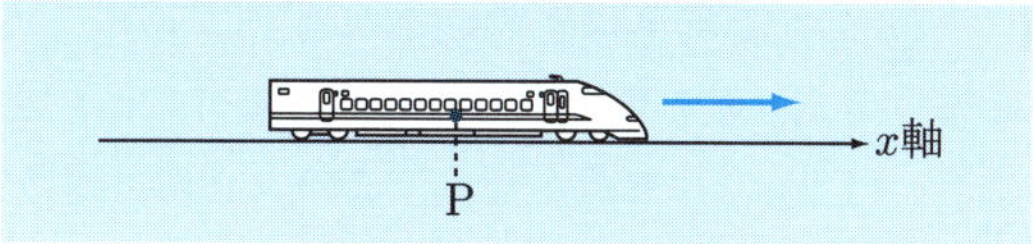

図 1.1　電車の位置

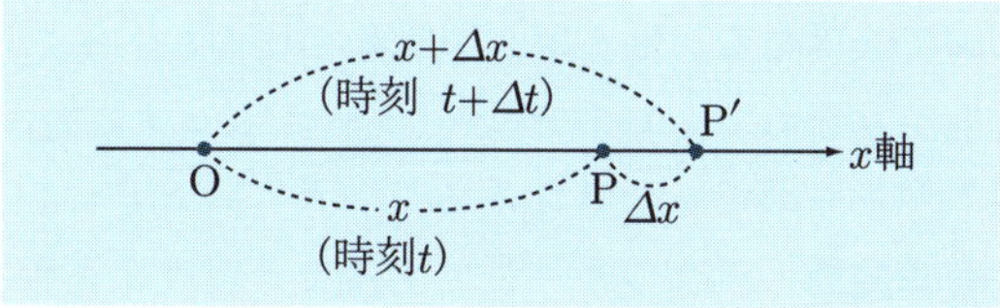

図 1.2　平均の速さ

例題 1　0.4 s の間に電車が 8 m 進むとし，以下の設問に答えよ．

(a)　この間の平均の速さを求めよ．

(b)　上の速さは時速何 km となるか．

解　(a) 平均の速さは次のように計算される．

$$\frac{8}{0.4}\,\mathrm{m/s} = 20\,\mathrm{m/s}$$

(b) 1 時間 $=$ 3600 s であるから，上の速さは時速 20×3600 m $=$ 72 km となる．

参考　***dx/dt* の幾何学的な意味**　微分の意味を直観的に理解するため，電車の座標 x を時間 t の関数として図示したとき，x は図 1.3 のような曲線で表されるとする．t と $t+\Delta t$ との間における平均の速さ

$$\frac{\Delta x}{\Delta t}$$

は図の直線 PP′ の傾きに等しい．Δt を 0 に近づけると，点 P′ は点 P に接近し，直線 PP′ はこの極限で点 P における曲線への接線と一致する．すなわち，微係数 dx/dt は点 P での接線の傾きに等しい．

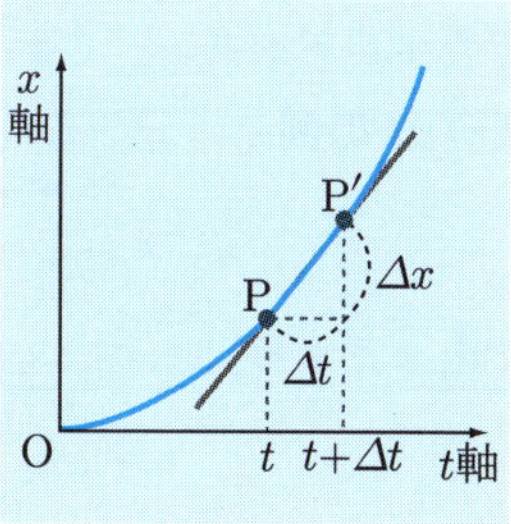

図 1.3　dx/dt の幾何学的な意味

速さとは速度の大きさ（絶対値）である．

速度　図 1.1 で電車は正の向きに運動するとしたが，電車が左向き（x 軸の負の向き）に進む場合には，Δx は負となり，(1.3) の v も負となる．このように，速さと同時にその符号を考慮したものを**速度**という．日常的には速さと速度は同じような意味で使われるが，物理の立場では両者は異なる．例えば，図 1.4 で $0 < t < t_{\mathrm{P}}$ では x は右上がりなので $v > 0$ となり，一方 $t_{\mathrm{P}} < t < t_{\mathrm{Q}}$ で x は右下がりなので $v < 0$ である．

等速直線運動　速度が一定であるような直線運動を**等速直線運動**という．この運動では $v = dx/dt$ の v が時間によらない一定値となるので，これを時間について積分し，x は

$$x = x_0 + vt \tag{1.4}$$

と表される．ただし，x_0 は $t = 0$ における x の値である．このように，最初の時刻における条件のことを**初期条件**という．(1.4) を図示すると $v > 0$ の場合には右上がりの直線，$v < 0$ では右下がりの直線として表される（図 1.5）．

ライプニッツの記号とニュートンの記号　微分を表現する dx/dt は**ライプニッツの記号**と呼ばれるが，力学の分野では記号を簡単にするため

$$\dot{x} = \frac{dx}{dt} \tag{1.5}$$

と表すことがある．これを**ニュートンの記号**という．

dx/dt の例　x が t の関数として

$$x = \frac{1}{2}\alpha t^2 + v_0 t + x_0 \tag{1.6}$$

であるとする（α, v_0, x_0：定数）．(1.6) から速度 v は

$$v = \frac{dx}{dt} = v_0 + \alpha t \tag{1.7}$$

と計算される（例題 2）．v_0 は $t = 0$ における速度に相当するので，これを**初速度**という．

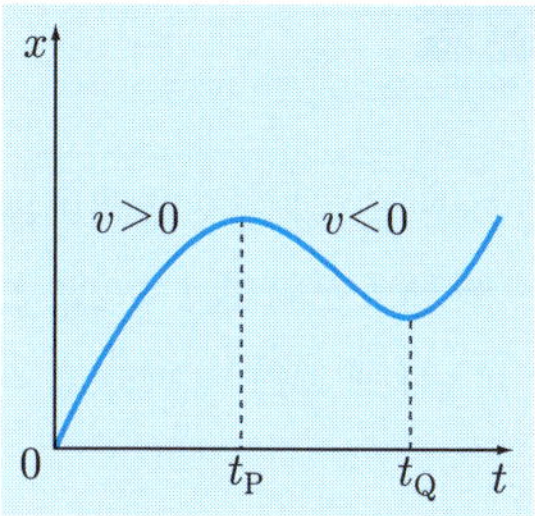

図 1.4　v の正負

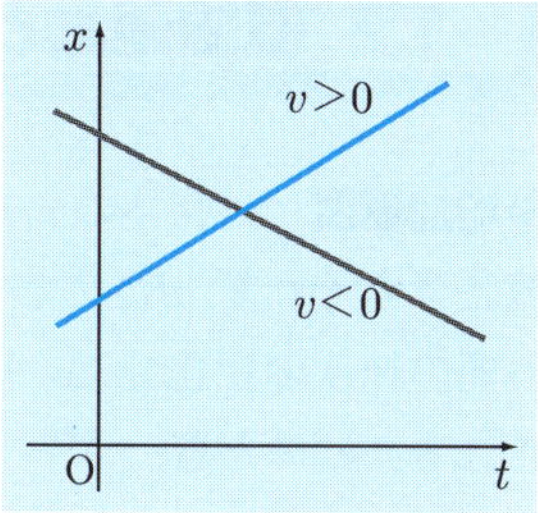

図 1.5　等速直線運動

例題 2　x が t の関数として

$$x = \frac{1}{2}\alpha t^2 + v_0 t + x_0$$

で与えられるとき（α, v_0, x_0：定数），速度 v を計算せよ．

解　題意により

$$\begin{aligned} x(t+\Delta t) - x(t) &= \frac{1}{2}\alpha[(t+\Delta t)^2 - t^2] + v_0 \Delta t \\ &= \alpha t \Delta t + v_0 \Delta t + \frac{1}{2}\alpha(\Delta t)^2 \end{aligned}$$

と計算され，したがって

$$\frac{x(t+\Delta t) - x(t)}{\Delta t} = \alpha t + v_0 + \frac{1}{2}\alpha \Delta t$$

が得られる．上式で $\Delta t \to 0$ の極限をとると，v は $v = v_0 + \alpha t$ と計算される．

例題 3　x が t の関数として

$$x = A \sin(\omega t + \alpha)$$

で与えられるとき，この運動を**単振動**という（A, ω, α：定数）．単振動の速度 v を求めよ．

A を**振幅**，ω を**角振動数**，α を**初期位相**という．

解　x が z の関数で，z が t の関数とするとき，$\Delta x/\Delta t = (\Delta x/\Delta z) \cdot (\Delta z/\Delta t)$ となり，$\Delta t \to 0$ の極限をとると

$$\frac{dx}{dt} = \frac{dx}{dz}\frac{dz}{dt}$$

が成り立つ．$z = \omega t + \alpha$ とおけば $d(\sin z)/dz = \cos z$，$dz/dt = \omega$ であるから v は $v = A\omega \cos(\omega t + \alpha)$ と計算される．

1.2 直線運動と加速度

平均加速度　物体の直線運動の場合，速度を時間の関数と考えそれを $v(t)$ と書けば，時刻 t と時刻 $t+\Delta t$ との間の速度の変化分 Δv は $\Delta v = v(t+\Delta t) - v(t)$ と表される．このとき

$$\frac{\Delta v}{\Delta t} = \frac{v(t+\Delta t) - v(t)}{\Delta t} \tag{1.8}$$

を時間 Δt の間の**平均加速度**という．

瞬間的な加速度　(1.8) で $\Delta t \to 0$ の極限をとり

$$a = \lim_{\Delta t \to 0} \frac{\Delta v}{\Delta t} = \frac{dv}{dt} \tag{1.9}$$

の a を時刻 t における**瞬間的な加速度**，あるいは単に時刻 t における**加速度**という．加速度の単位は $\mathrm{m/s^2}$ である．速度の場合と同様，加速の状態では $a > 0$ であるが，減速の状態では $a < 0$ となる．減速度という用語は使わず，減速の状態は負の加速度で記述されるとする．

「この自動車の加速性能は抜群だ」という表現が日常でも使われる．これは短時間の間に急激に速さが大きくなることを意味する．この使い方は物理の立場でも正しい．

例えば，(1.7) で与えられる v に対して

$$v(t+\Delta t) - v(t) = \alpha \Delta t$$

が成り立つので

$$a = \alpha \tag{1.10}$$

となり，加速度は一定値 α をもつ．このように加速度が一定な運動を**等加速度運動**という．また，以上の議論から (1.6) は加速度 α，初速度 v_0，$t=0$ での座標が x_0 であるような直線上の等加速度運動の座標を表すことがわかる．

2 階微分　(1.9) に $v = dx/dt$ を代入すると

$$a = \frac{d}{dt}\left(\frac{dx}{dt}\right) = \frac{d^2x}{dt^2} \tag{1.11}$$

である．すなわち，a は x を t で 2 階微分したものに等しい．また，ニュートンの記号では次のように書く．

$$a = \ddot{x} \tag{1.12}$$

例題 4　静止していた自動車が一定の加速度で動きだし，走りだしてから 10 s 後に 10 m/s の速さに達した．こののち，10 m/s の速さで自動車は等速運動を続けたが，前方に障害物が見えたのでブレーキをかけ 2 s 後に自動車は止まったという．

(a)　自動車が走りだしたときの加速度はいくらか．

(b)　ブレーキをかけてから止まるまでの間の平均加速度を求めよ．

ただし，自動車は直線運動をするものと仮定する．

「車は急に止まれない」という標語にあるように，自動車が止まるまでに有限な時間が必要である．

解　(a)　10 s の間に速さは 10 m/s だけ増加する．加速度は一定であるから，その値は次のようになる．

$$(10/10)\,\mathrm{m/s^2} = 1\,\mathrm{m/s^2}$$

(b)　2 s の間に速さは 10 m/s だけ減少するので，平均加速度は次のように計算される．

$$-(10/2)\,\mathrm{m/s^2} = -5\,\mathrm{m/s^2}$$

例題 5　単振動に対する加速度を求めよ．

解　例題 3 で導いた

$$v = A\omega\cos(\omega t + \alpha)$$

を時間 t で微分する．$d(\cos z)/dz = -\sin z$ が成り立つことに注意すると加速度 a は $a = -A\omega^2\sin(\omega t + \alpha)$ と計算される．

単振動では $\boldsymbol{x}$ と $\boldsymbol{a}$ との間に

$$\boldsymbol{a = -\omega^2 x}$$

の関係が成り立つ．

例題 6　(1.6) で表される等加速度運動において

$$v^2 - v_0^2 = 2\alpha(x - x_0)$$

が成り立つことを示せ．

解　いまの場合

$$x = \frac{1}{2}\alpha t^2 + v_0 t + x_0 \quad \cdots ① \qquad v = v_0 + \alpha t \quad \cdots ②$$

である．② から $t = (v - v_0)/\alpha$ が得られ，これを ① に代入すると次のようになる．

$$\begin{aligned} 2\alpha(x - x_0) &= (v - v_0)^2 + 2v_0(v - v_0) \\ &= v^2 - 2vv_0 + v_0^2 + 2v_0 v - 2v_0^2 = v^2 - v_0^2 \end{aligned}$$

1.3 一般の運動

位置ベクトル　これまで電車のような物体が直線運動するとしたが，実際の物体は平面上で，あるいは飛行機のように空中で起こったりする．このような物体の一般的な運動を扱う際，物体の大きさを無視しそれを点とみなすと便利である．質量だけをもち数学的には点とみなせるものを**質点**という．以下，質点の運動に注目しよう．

質点は物体に対する一種の理想化である．

空間中の質点Pの位置を決めるには，図**1.6**のように座標原点Oとx, y, z軸をとり，点Pの座標x, y, zを指定すればよい．あるいは，原点Oから点Pまで矢印のついた直線$\boldsymbol{r}$をひき，$\boldsymbol{r}$が点Pの位置を決めると考えてもよい．$\boldsymbol{r}$の大きさはOP間の距離に等しいとするが，$\boldsymbol{r}$は質点の位置を決めるのでそれを**位置ベクトル**という．あるいは，$\boldsymbol{r}$のx, y, z軸方向の正射影を$\boldsymbol{r}$のx, y, z成分というが，これらはちょうど点Pの座標x, y, zに等しい．この関係を次のように表す．

$$\boldsymbol{r} = (x, y, z) \tag{1.13}$$

ベクトルの成分とベクトル和　位置ベクトルに限らず，一般に大きさの他に，向き，方向をもつものは**ベクトル**と呼ばれる．任意のベクトル$\boldsymbol{A}$のx, y, z軸方向の正射影をそれぞれベクトル$\boldsymbol{A}$のx, y, z成分という．これらの成分をA_x, A_y, A_zとすれば，(1.13)に対応し$\boldsymbol{A}$は

物理学ではさまざまなベクトルが現われる．

質量や面積のように大きさだけをもつものを**スカラー**という．

$$\boldsymbol{A} = (A_x, A_y, A_z) \tag{1.14}$$

と書ける．ベクトル$\boldsymbol{A}$，$\boldsymbol{B}$のベクトル和$\boldsymbol{C} = \boldsymbol{A} + \boldsymbol{B}$を考え，例えば$x$成分を考慮すると（右ページ参照）

$$C_x = A_x + B_x \tag{1.15}$$

となる．同様な関係がy, z成分に対しても成立し

$$\boldsymbol{C} = (A_x + B_x, A_y + B_y, A_z + B_z) \tag{1.16}$$

で，ベクトル和の成分は成分の和に等しい．

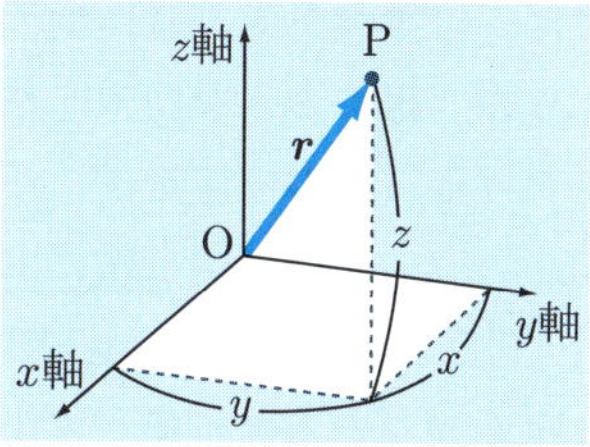

図 1.6　位置ベクトル

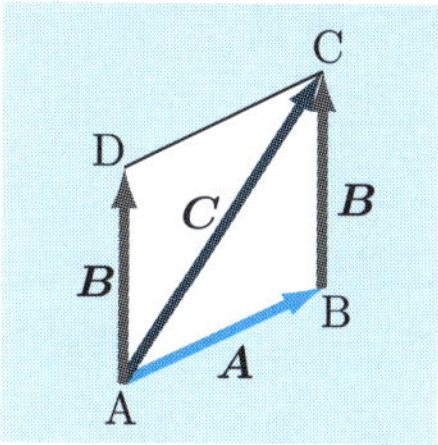

図 1.7　変位ベクトルの和

参考　**ベクトル和**　図 1.7 のように，点 A から見た点 B の位置ベクトルを $\boldsymbol{A}$ とする．$\boldsymbol{A}$ は A → B の変位を表すとし，これを**変位ベクトル**という．同様に B → C の変位を表す $\boldsymbol{B}$ を導入する．$\boldsymbol{A}$ の後 $\boldsymbol{B}$ という変位を行うと，起点 A から点 C に至るベクトル $\boldsymbol{C}$ の変位を実行したのと同じ結果となる．これを

$$\boldsymbol{C} = \boldsymbol{A} + \boldsymbol{B} \qquad ③$$

と表し，ベクトルの加え算を定義する．③ を**ベクトル和**という．

図 1.7 のように，B を起点とするベクトルを平行移動し，A から D に至るベクトルを考えると，ABCD は平行四辺形となり，ベクトル和はその対角線で与えられる．これを**平行四辺形の法則**という．これから逆に $-\boldsymbol{A}$ は $\boldsymbol{A}$ と同じ大きさ，方向をもち，向きが逆になっているベクトルであることがわかる．また，変位ベクトルに限らず一般のベクトル和も平行四辺形の法則で与えられるとする．

一般に $\boldsymbol{A}$ の大きさを A または $|\boldsymbol{A}|$ と書く．

ベクトル和は同じ種類のベクトルで定義される．位置ベクトルと速度ベクトルの和は無意味である．

参考　**ベクトル和の成分**　2 つのベクトル $\boldsymbol{A}$, $\boldsymbol{B}$ のベクトル和 $\boldsymbol{C} = \boldsymbol{A} + \boldsymbol{B}$ を考え，例えば x 成分を考慮すると図 1.8 からわかるように

$$C_x = A_x + B_x$$

が成り立つ．y, z 成分も同様で，その結果 (1.16) が導かれる．

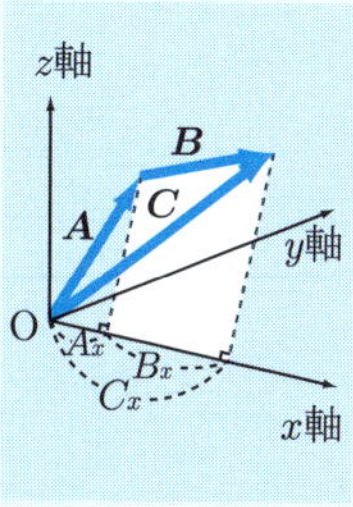

図 1.8　ベクトル和の成分

例題 7　$\boldsymbol{A} = (1, 2, 3)$, $\boldsymbol{B} = (-4, 3, 5)$ に対するベクトル和 $\boldsymbol{A} + \boldsymbol{B}$ を求めよ．

解　各成分の和をとり

$$\boldsymbol{A} + \boldsymbol{B} = (-3, 5, 8)$$

と表される．

質点の軌道　質点の運動に伴い位置ベクトルは時間的に変化していく．質点は図 1.8 の点線のような軌道を描いて運動するとし，時刻 t における質点の位置を P，その位置ベクトルを $\boldsymbol{r}(t)$ とする．また，時刻 $t+\Delta t$ において質点は P$'$ に移動したとし，点 P から点 P$'$ に至る変位ベクトルを $\Delta\boldsymbol{r}$ とする．点 P$'$ の位置を表す位置ベクトルは $\boldsymbol{r}(t+\Delta t)$ と書けるので，ベクトル和の定義を利用すると

$$\boldsymbol{r}(t+\Delta t)=\boldsymbol{r}(t)+\Delta\boldsymbol{r} \tag{1.17}$$

が成立する．あるいは，変位ベクトル $\Delta\boldsymbol{r}$ は

$$\Delta\boldsymbol{r}=\boldsymbol{r}(t+\Delta t)-\boldsymbol{r}(t) \tag{1.18}$$

と書ける．

一般に，速度，加速度はベクトルであることに注意しなければばならない．

速度，加速度　$\Delta\boldsymbol{r}/\Delta t$ は Δt の間の平均の速度を表すが，$\Delta t\to 0$の極限をとり

$$\boldsymbol{v}=\lim_{\Delta t\to 0}\frac{\Delta\boldsymbol{r}}{\Delta t}=\frac{d\boldsymbol{r}}{dt} \tag{1.19}$$

として，この $\boldsymbol{v}$ を時刻 t における**速度**または**速度ベクトル**という．図 1.8 からわかるように，$\boldsymbol{v}$ の方向はこの時刻での質点の進行方向と一致する．また，$\boldsymbol{v}$ の大きさ v はその時刻での質点の速さである．右ページの参考からわかるように，$\boldsymbol{v}$ の各成分に対して

$$\boldsymbol{v}=(v_x,v_y,v_z)=(\dot{x},\dot{y},\dot{z}) \tag{1.20}$$

が成り立つ．

同じようにして，速度 $\boldsymbol{v}$ を時間 t で微分すると加速度 $\boldsymbol{a}$ となる．すなわち，加速度 $\boldsymbol{a}$ は

$$\boldsymbol{a}=\frac{d\boldsymbol{v}}{dt}=\frac{d^2\boldsymbol{r}}{dt^2} \tag{1.21}$$

と表される．あるいは，(1.21) を成分で表すと，(1.20) に対応し

$$\boldsymbol{a}=(\dot{v}_x,\dot{v}_y,\dot{v}_z)=(\ddot{x},\ddot{y},\ddot{z}) \tag{1.22}$$

である．

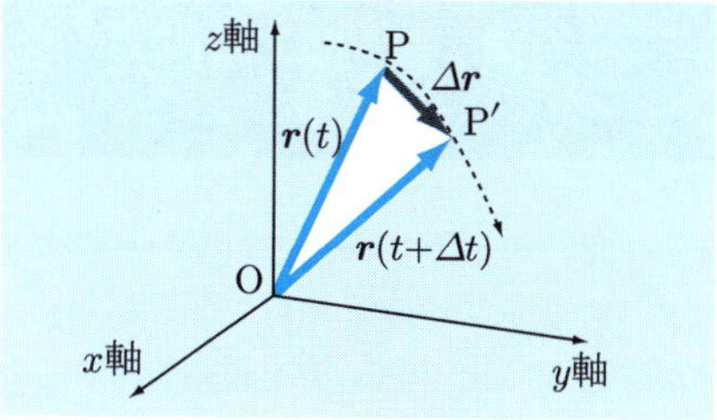

図 1.9　質点の軌道

参考　**ベクトルの時間微分**　ベクトル $\boldsymbol{A}$ が時間の関数のとき，ある時刻 t におけるその時間微分を

ニュートンの記号はベクトルの時間微分でも使われる．

$$\dot{\boldsymbol{A}} = \frac{d\boldsymbol{A}}{dt} = \lim_{\Delta t \to 0} \frac{\Delta \boldsymbol{A}}{\Delta t} = \lim_{\Delta t \to 0} \frac{\boldsymbol{A}(t+\Delta t) - \boldsymbol{A}(t)}{\Delta t} \qquad ④$$

で定義する．$\dot{\boldsymbol{A}}$ は 1 つのベクトルであるが，その x 成分を $(\dot{\boldsymbol{A}})_x$ と書けば，(1.16) の性質を利用して

$$(\dot{\boldsymbol{A}})_x = \lim_{\Delta t \to 0} \frac{A_x(t+\Delta t) - A_x(t)}{\Delta t} = \dot{\boldsymbol{A}}_x \qquad ⑤$$

が得られる．y, z 成分でも同様で

$$\dot{\boldsymbol{A}} = (\dot{A}_x,\ \dot{A}_y,\ \dot{A}_z) \qquad ⑥$$

となる．すなわち，ベクトルの時間微分の各成分はベクトルの各成分を時間微分したものに等しい．

例題 8　xy 面上を運動する質点の x, y 座標が時間 t の関数として

$$x = \alpha t^2, \qquad y = \beta t$$

と書けるとき（α，β：定数），速度，加速度の x, y 成分を求めよ．

解　速度の x, y 成分は

$$v_x = \frac{d(\alpha t^2)}{dt} = 2\alpha t, \quad v_y = \frac{d(\beta t)}{dt} = \beta$$

と求まる．また，加速度の x, y 成分は

$$a_x = \frac{d(2\alpha t)}{dt} = 2\alpha, \quad a_y = \frac{d\beta}{dt} = 0$$

と計算される．

演　習　問　題
第1章

1　人が 5 s の間に 6 m 歩いた．この間の平均の速さを求めよ．また，この速さは時速何 km となるか．

2　自動車が時速 30 km で直線上を運動しているとする．時刻 0 から t 分後に自動車の進んだ距離を s km と表したとき，t と s との間にはどんな関係が成り立つか．

3　15 m/s の速さで走っていた自動車がブレーキをかけ，その後一定の加速度で運動し 3 s 後に止まった．次の設問に答えよ．

(a)　ブレーキをかけた後の加速度を求めよ．

(b)　ブレーキをかけてから自動車が止まるまで，自動車は何 m 進んだか．

4　x 軸上を運動する質点の座標 x が時刻 t で

$$x = x_0 e^{\alpha t}$$

と書けるとする．ただし，x_0，α は定数である．質点の速度，加速度を求めよ．

5　$\boldsymbol{A} = (A_x, A_y, A_z)$ に対し，c を定数とするとき $c\boldsymbol{A}$ は

$$c\boldsymbol{A} = (cA_x, cA_y, cA_z)$$

と定義される．$\boldsymbol{A} = (1, 2, 3)$ のとき $5\boldsymbol{A}$ を求めよ．

6　$\boldsymbol{A} = (1, 2, 3)$，$\boldsymbol{B} = (-4, 3, 5)$ のとき $4\boldsymbol{A} - 3\boldsymbol{B}$ はどのように表されるか．

7　xy 面上を運動する質点の x，y 座標が

$$x = a\cos\omega t, \quad y = b\sin\omega t \quad (a, b, \omega：\text{定数})$$

で与えられるとする．質点の軌道が楕円であることを示し，質点の速度，加速度を求めよ．

8　三次元空間を運動する質点の x，y，z 座標が

$$x = \alpha t, \quad y = \beta t^2, \quad z = \gamma t^3 \quad (\alpha, \beta, \gamma：\text{定数})$$

と記述されるとき，質点の速度，加速度を求めよ．

第2章

力と運動の法則

力のもつ重要な性質を説明し，力と運動との関係に関する運動の法則について述べる．

本章の内容

2.1 力

力の性質　物体の運動状態を変化させたり，物体を変形させたりする原因になるものを**力**という．力はベクトルで，質点に $\boldsymbol{F}_1$ と $\boldsymbol{F}_2$ の力が同時に働くと，その結果は

$$\boldsymbol{F} = \boldsymbol{F}_1 + \boldsymbol{F}_2 \tag{2.1}$$

というベクトル和 $\boldsymbol{F}$ の力が質点に働くと考えてよい．$\boldsymbol{F}$ を $\boldsymbol{F}_1$ と $\boldsymbol{F}_2$ との**合力**という．

重力　もっとも身近な力は重力である．質量 1 kg の物体に働く重力の大きさは力の単位として使われ，これを **1 キログラム重**（kg 重）という．MKS 単位系での力の単位は後で述べるようにニュートン（N）だが

質量に kg，長さに m，時間に s の単位を採用する単位系を **MKS 単位系**という．これは国際的な単位系である．

$$1\ \text{kg 重} = 9.81\ \text{N} \tag{2.2}$$

である．地上近くの物体（質量 m）に働く重力は水平面と垂直で下を向き（図 2.1），その大きさ F は

$$F = mg \tag{2.3}$$

と表される．ただし，g は以下の**重力加速度**である．

$$g = 9.81\ \text{m/s}^2$$

万有引力　2 つの物体の間には互いに引き合う力が働き，これを**万有引力**という．質量 M，m の質点が距離 r だけ離れているとき（図 2.2），万有引力の大きさ F は

$$F = G\,\frac{Mm}{r^2} \tag{2.4}$$

で与えられる．G は**ニュートンの重力定数**で

G を単に**万有引力定数**ともいう．

$$G = 6.67 \times 10^{-11}\ \text{N}\cdot\text{m}^2/\text{kg}^2 \tag{2.5}$$

と表される．

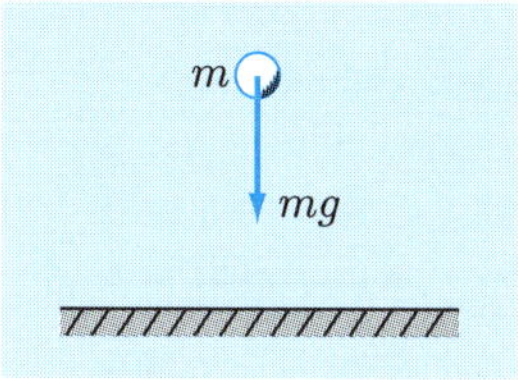

図 2.1 重力

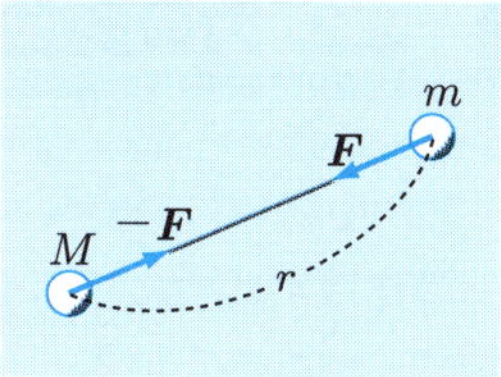

図 2.2 万有引力

参考 **合力の成分** $\boldsymbol{F}_1$ と $\boldsymbol{F}_2$ の合力 $\boldsymbol{F}$ の x, y, z 成分を考えよう．例えば $\boldsymbol{F}_1$ の x 成分を F_{1x} などと書いたとき，合力 $\boldsymbol{F} = \boldsymbol{F}_1 + \boldsymbol{F}_2$ の x, y, z 成分は

$$F_x = F_{1x} + F_{2x}, \quad F_y = F_{1y} + F_{2y}, \quad F_z = F_{1z} + F_{2z} \quad ①$$

と書ける．一般に，$\boldsymbol{F}_1, \boldsymbol{F}_2, \cdots, \boldsymbol{F}_n$ の n 個の力が同時に質点に働くとき，その合力 $\boldsymbol{F}$ は

$$\boldsymbol{F} = \boldsymbol{F}_1 + \boldsymbol{F}_2 + \cdots + \boldsymbol{F}_n \quad ②$$

というベクトル和で与えられる．合力の α 成分は

$$F_\alpha = F_{1\alpha} + F_{2\alpha} + \cdots + F_{n\alpha} \quad ③$$

と表される．

図 2.2 で M が m に及ぼす力を $\boldsymbol{F}$ とすれば，m が M に及ぼす力は $-\boldsymbol{F}$ と書ける．

$\boldsymbol{\alpha}$ は $\boldsymbol{x}, \boldsymbol{y}, \boldsymbol{z}$ のどれかを表す記号である．

例題 1 体重 60kg の人に働く重力の大きさは何 kg 重か．また，それは何 N に等しいか．

解 人に働く重力の大きさは

$$60\,\text{kg 重} = 60 \times 9.81\ \text{N} = 588.6\ \text{N}$$

となる．

例題 2 地球は大きな球（半径 6.37×10^6 m）で，地球の外側にある物体は地球の各部分から万有引力を受けている．地球は一様であると仮定すればこれらの力を全部加え合わせた引力は，地球の全質量（5.98×10^{24} kg）が地球の中心に集中したと考えたものに等しいことがしられている．このような考えに基づき，地表にある質量 1 kg の質点に働く引力の大きさ F を計算せよ．

解 (2.4) に数値を代入すると次のようになる．

$$F = 6.67 \times 10^{-11} \times \frac{5.98 \times 10^{24}}{(6.37 \times 10^6)^2}\ \text{N} = 9.83\ \text{N}$$

$\boldsymbol{F}$ の計算値は重力加速度の測定値 **9.81 N** とほぼ同じである．

2.2 力の釣合い

1つの物体にいくつかの力が働くとき，たまたまそれらの作用が互いに打ち消し合ってしまい，物体は静止したままで動かないことがある．このとき，その物体は**平衡**の状態にあるという．また，これらの力は**釣合って**いるという．

質点に働く力の釣合い　1個の質点に n 個の力 $\boldsymbol{F}_1, \boldsymbol{F}_2, \cdots, \boldsymbol{F}_n$ が働きその質点が平衡状態にあり力が釣合っているとき，これらの力の合力は0で

$$\boldsymbol{F}_1 + \boldsymbol{F}_2 + \cdots + \boldsymbol{F}_n = 0 \qquad (2.6)$$

の関係が成り立つ．

束縛力　一般に，質点が曲線上あるいは曲面上に束縛されて運動するとき，それを**束縛運動**という．束縛条件のために質点はある種の力を受けるが，この力を**束縛力**という．

束縛を記述する条件を**束縛条件**という．

簡単な例として，水平な床の上に束縛され，静止している質量 m の質点を考える．この質点には重力 mg が鉛直下向きに働く．ところが，質点に働く力が釣合うのであるから，この重力を打ち消すだけの力が床から質点に働かないといけない．すなわち，大きさ mg で鉛直上向きの力が床から質点に働く（図 **2.3**）．この力を**垂直抗力**といい通常 N と書く．摩擦が働かないような束縛を**滑らかな束縛**という．滑らかな束縛では，束縛力は質点を束縛している面あるいは線と垂直な方向を向く．

摩擦力　滑らかな束縛は理想的なものであり，現実の問題では必ず**摩擦力**が働く．摩擦力は物体の運動を妨げようとする力で，静止している物体に働く摩擦力を**静止摩擦力**，運動している物体に働く摩擦力を**動摩擦力**という．また，摩擦力の働くような束縛を**粗い束縛**という．さらに，摩擦力の働くような床を**粗い床**という．

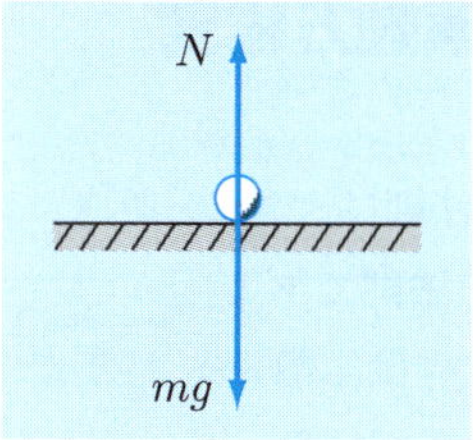

図 **2.3**　垂直抗力

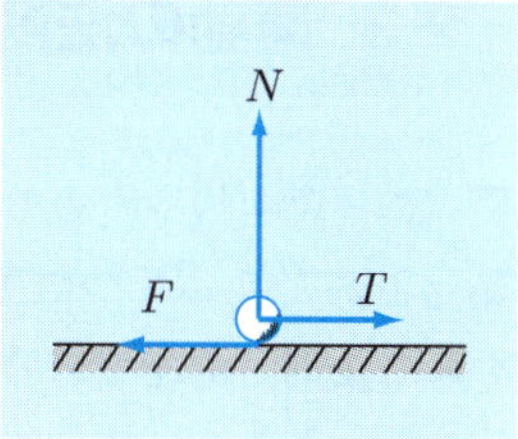

図 **2.4**　静止摩擦力

補足　**静止摩擦力と動摩擦力**　水平な粗い床上に束縛されている静止物体に水平方向に力 T を加えたとき，静止摩擦力 F は物体の運動を妨げようとして T と逆向きに働く (図 **2.4**)．T を増加させたとき，T が小さいうちは $F = T$ が成り立ち，物体は静止したままである．しかし，T が大きくなってあるしきい値をこえると，F はそれ以上大きくなることはできず，物体は床の上を滑り出す．このように，物体が動き出す直前に働く摩擦力を**最大摩擦力**という．最大摩擦力 F_{m} は垂直抗力 N に比例し

$$F_{\mathrm{m}} = \mu N \quad ④$$

μ の値は物体の種類と床の種類の組合せで決まる．

となる．比例定数 μ を**静止摩擦係数**という．

同様に，運動している物体に働く動摩擦力 F' は

$$F' = \mu' N \quad ⑤$$

と書ける．係数 μ' を**動摩擦係数**という．

例題 3　図 **2.5** のように，水平面と角 θ をなす粗い斜面上で質量 m の質点が静止しているとする．角 θ を変えたとき質点が静止しているための条件を導け．

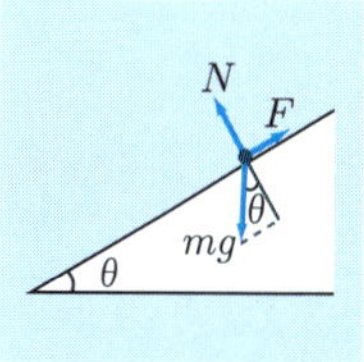

図 **2.5**　斜面上の質点

解　質点には重力 mg，垂直抗力 N，摩擦力 F が働く．質点は滑り落ちようとするから，それを妨げようとして F は斜面に沿い上向きに働く．斜面に平行および垂直な方向で力の釣合いを考えると

$$F = mg\sin\theta, \quad N = mg\cos\theta$$

となる．質点が滑らないためには，$F \leq \mu N$ が必要で，これは上式により $\sin\theta \leq \mu\cos\theta$ と書ける．すなわち，質点が滑らない条件は $\tan\theta \leq \mu$ である．あるいは $\tan\alpha = \mu$ で決まる**摩擦角** α を使うとこの条件は $\theta \leq \alpha$ と表される．

μ は α の測定により求められる．

2.3 運動の法則と運動方程式

質点の運動を扱うための基礎法則は，ニュートンによって発見された次の3つの**運動の法則**である．

- **第一法則** 力を受けない質点は，静止したままであるか，あるいは等速直線運動を行う．
- **第二法則** 質量 m の質点に力 $\boldsymbol{F}$ が作用すると，力の方向に加速度 $\boldsymbol{a}$ を生じ，加速度の大きさは F に比例し m に逆比例する．
- **第三法則** 1つの質点Aが他の質点Bに力 $\boldsymbol{F}$ を及ぼすとき，質点Aには質点Bによる力 $-\boldsymbol{F}$ が働く．この場合，$\boldsymbol{F}, -\boldsymbol{F}$ はA, Bを結ぶ直線に沿って働く．

> 第一法則を**慣性の法則**ともいう．
>
> 第三法則を**作用反作用の法則**ともいう．

ニュートンの運動方程式 運動の第二法則によると，質量 m，加速度 $\boldsymbol{a}$，力 $\boldsymbol{F}$ の間には，$m\boldsymbol{a} = k\boldsymbol{F}$ という関係が成り立つ（k：比例定数）．力の単位を適当に選んで $k=1$ ととれば，第二法則は

$$m\boldsymbol{a} = m\frac{d^2\boldsymbol{r}}{dt^2} = \boldsymbol{F} \tag{2.7}$$

と表される．これを**ニュートンの運動方程式**という．力 $\boldsymbol{F}$ の x, y, z 成分で表すと (2.7) は

$$m\ddot{x} = F_x, \quad m\ddot{y} = F_y, \quad m\ddot{z} = F_z \tag{2.8}$$

と等価である．F_x, F_y, F_z が $\boldsymbol{r}, \boldsymbol{v}, t$ の関数としてわかっていれば，(2.8) の微分方程式を解き，x, y, z が t の関数として決まる．ただし，微分方程式の解の中には積分のため現われる任意定数が含まれるのでそれらを決定する必要がある．ある時刻（例えば $t=0$）において，質点の位置 $\boldsymbol{r}_0$，初速度 $\boldsymbol{v}_0$ を指定するという条件がよく使われる．この条件を**初期条件**という．初期条件を与えると，(2.8) の解は一義的に決定され，したがって質点の運動も確定する．この性質を**因果律**が成り立つという．

> ニュートンの運動方程式を単に**運動方程式**という．
>
> 因果律とは原因を与えると結果が決まるという意味である．

補足 **慣性座標系** 第一法則が成り立つような座標系を**慣性座標系**あるいは単に**慣性系**という．第二法則は，このような慣性系に対して成り立つ．例えば，惑星の運動を考えるときには，太陽に原点をおき恒星に対し固定している座標系が慣性系となる．

運動の第一法則は「慣性座標系は存在する」と解釈することもできる．

参考 **ニュートン力学の限界** 以上述べた運動の法則に基づく力学体系を**ニュートン力学**とか**古典力学**と呼ぶ．この力学の正しさは，各種の実験で確かめられている．例えば，地球上から打ち上げられたロケットが計算通りの軌道を描き，木星や海王星に接近してそれらの写真を地球に送ってくる事実からも運動の法則の正しさが納得できよう．ただし，ニュートン力学には適応限界がある点に注意する必要がある．分子，原子，電子といったミクロの対象に上の法則をそのまま適用すると，その結果は実験事実と矛盾してしまう．このようなミクロの体系を扱うには量子力学を用いねばならない．また，物体の速さが光の速さに近いときには相対論を使わねばならない．しかし，通常の物体の力学を論じる場合には，量子力学も相対論も不要でニュートン力学が成り立つとしてよい．

地球表面上の狭い範囲内で起こる運動を扱う場合には，地表面に固定した座標系を近似的に慣性系であるとみなしてよい．

本書では第 **15** 章で相対論，第 **16** 章で量子力学について述べる．

参考 **力の単位** (2.7) あるいはそれを大きさの関係として表した $F = ma$ は，力の単位を決めるにも使われる．MKS 単位系では，質量 1 kg の質点に作用し $1\,\mathrm{m/s^2}$ の加速度を生じるような力が力の単位となり，これを **1 ニュートン**（記号 N）という．

例題 4 時速 72 km の速さで走っていた質量 10 トンのトラックが急ブレーキをかけたら 4 s 間で静止した．急ブレーキをかけた後，一定の加速度でトラックは運動すると仮定し，以下の問に答えよ．
(a) トラックの加速度を求めよ．
(b) トラックに働く力の大きさは何 N か．

1 トン $= 10^3$ kg

解 (a) 時速 72 km を m/s の単位に換算すると 20 m/s となる．4 s 間で，この速さは 0 となり，また加速度は一定と仮定しているので，トラックの加速度は $-5\,\mathrm{m/s^2}$ である．

(b) トラックに働く力の大きさ F は $F = ma$ の関係により

$$F = 10 \times 10^3 \times 5\ \mathrm{N} = 5 \times 10^4\ \mathrm{N}$$

と計算される．

2.4 一様な重力場での運動

重力の働くような空間を**重力場**という．地表に近い質量 m の質点に働く重力の大きさ F は $F = mg$ と書けるが，地表上の狭い範囲内で起こる運動の場合，g は一定としてよい．以下，一様な重力場での質点の運動を扱う．

自由落下　物体が静止状態から鉛直下方に落下する運動を**自由落下**という．鉛直下向きに x 軸をとり，時刻 t での質点の座標を x とすれば，運動方程式は $m\ddot{x} = mg$，すなわち

$$\ddot{x} = g \tag{2.9}$$

と表される．この微分方程式を解くと自由落下では，落下の瞬間を $t = 0$ にとり，t における質点の速度 v，座標 x は次のようになる．

$t = 0$での質点の位置を座標原点に選ぶ．

$$v = gt \tag{2.10}$$

$$x = \frac{1}{2}gt^2 \tag{2.11}$$

初速度が 0 でない場合　自由落下では初速度は 0 としたが，初速度は 0 でないとしてこれを v_0 とすれば

$$v = v_0 + gt \tag{2.12}$$

$$x = v_0 t + \frac{1}{2}gt^2 \tag{2.13}$$

となる．

放物運動　質点を水平面に対し斜めに投げ上げると，質点は放物線の軌道を描いて運動する．この運動を**放物運動**という．図 **2.6** に示すように，$t = 0$ で質点を投げ上げるとしこの点を原点 O，水平面に沿って投げる向きに x 軸，鉛直上方に y 軸をとる．質点を投げ上げる方向は水平面と仰角 θ をなすとし，また初速度の大きさは v_0 であるとする．xy 面内での運動を考えると，右ページに示すように運動方程式で放物運動が理解できる．

放物線という言葉は放物運動に由来する．

参考　**放物運動の運動方程式**　重力は y 成分だけをもち，その方向は鉛直下向きであるから，質点の質量を m とすれば，重力の y 方向の成分は $-mg$ と書ける．したがって空気の抵抗などを無視すると，運動方程式は

$$m\ddot{x} = 0, \quad m\ddot{y} = -mg, \quad m\ddot{z} = 0 \qquad ⑥$$

となる．$\ddot{z} = 0$ を積分すると，$z = At + B$（A，B：積分定数）が得られる．$t = 0$ で $z = 0$，$\dot{z} = 0$ であるから，$A = B = 0$，すなわち $z = 0$ となり，質点の運動は xy 面内で起こることがわかる．⑥から

$$\ddot{x} = 0, \quad \ddot{y} = -g \qquad ⑦$$

であるが，初期条件すなわち $t = 0$ における条件は

$$\dot{x} = v_0 \cos\theta, \quad \dot{y} = v_0 \sin\theta, \quad x = 0, \quad y = 0 \qquad ⑧$$

となる．⑦を積分し，⑧を利用すると

$$x = v_0 t \cos\theta, \quad y = v_0 t \sin\theta - \frac{1}{2}gt^2 \qquad ⑨$$

が導かれる．

例題 5　⑨から決まる質点の軌道は放物線であることを示し，図 2.6 の d（到達距離），h（最高点の高さ）を求めよ．

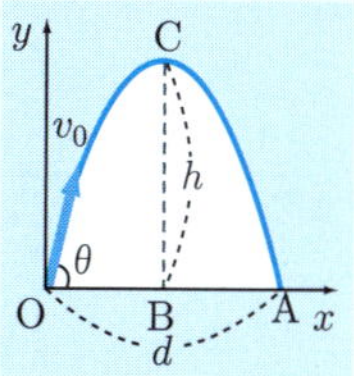

図 2.6　放物運動

$y = 0$ の解のうち $x = 0$ は原点を表す．

解　⑨の左式から $t = x/v_0 \cos\theta$ となり，これを右式に代入すると

$$y = x \tan\theta - \frac{g}{2v_0^2 \cos^2\theta} x^2 \qquad ⑩$$

が得られる．これは xy 面内における放物線を表す．水平面では $y = 0$ でこの関係から d は次のように求まる．

$$d = \frac{2v_0^2 \cos^2\theta}{g} \tan\theta = \frac{2v_0^2 \cos\theta \sin\theta}{g} = \frac{v_0^2 \sin 2\theta}{g} \qquad ⑪$$

OA の中点を B，放物線の頂点を C とすれば，h は BC 間の距離で，よって⑩に $x = v_0^2 \cos\theta \sin\theta / g$ を代入し h は

$$h = \frac{v_0^2 \cos\theta \sin\theta}{g} \tan\theta - \frac{g}{2v_0^2 \cos^2\theta} \frac{v_0^4 \cos^2\theta \sin^2\theta}{g^2}$$

$$= \frac{v_0^2 \sin^2\theta}{2g} \qquad ⑫$$

と計算される．

単振り子　長さの変化しない，質量の無視できる糸または棒の一端に小さなおもりをつけ，他端を固定しておもりを鉛直面内で振らせるようにした振り子を**単振り子**という．図 2.7 のように，糸の支点を原点 O，振動の起こる鉛直面内に x, y 軸をとり，x 軸は鉛直下向き，y 軸は水平方向を向くようにする．また，糸の長さを l，おもりの質量を m とし，おもりは十分小さくて質点とみなせるとする．いまの場合，質点は空間中を自由に運動するわけではなく，糸によって原点からの距離が l に保たれるという束縛条件が課せられている．質点が糸から離れないよう糸は質点を引っ張っているが，この**張力**を以下 T と書く．

張力は現在の問題の束縛力である．

運動方程式　質点に空気の抵抗などが働かないとすれば，質点には鉛直下向きの重力 mg，糸に沿う張力 T が働く．図 2.7 のように角 φ をとると質点に対する運動方程式は，x 方向，y 方向を考え

$$m\ddot{x} = mg - T\cos\varphi, \quad m\ddot{y} = -T\sin\varphi \tag{2.14}$$

と表される．質点の座標 x, y は

$$x = l\cos\varphi, \quad y = l\sin\varphi \tag{2.15}$$

と書けるが，l が一定であることに注意すると

$$\ddot{x} = -l\cos\varphi\cdot\dot{\varphi}^2 - l\sin\varphi\cdot\ddot{\varphi} \tag{2.16}$$

$$\ddot{y} = -l\sin\varphi\cdot\dot{\varphi}^2 + l\cos\varphi\cdot\ddot{\varphi} \tag{2.17}$$

が得られる（例題 6）．一方，(2.14) の両式から T を消去すると

$$m(\ddot{x}\sin\varphi - \ddot{y}\cos\varphi) = mg\sin\varphi \tag{2.18}$$

となる．上式の左辺に (2.16), (2.17) を代入し $\sin^2\varphi + \cos^2\varphi = 1$ の関係を利用すると

$$\ddot{\varphi} = -\frac{g}{l}\sin\varphi \tag{2.19}$$

φ が十分小さいと (2.19) の解は単振動で記述される．

が導かれる．この微分方程式の解は初等関数で表すことができず，楕円関数で与えられる．

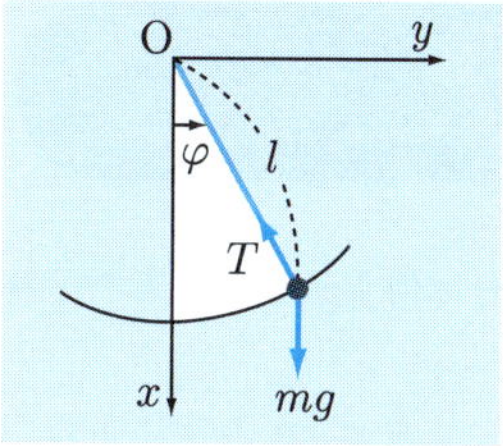

図 **2.7**　単振り子

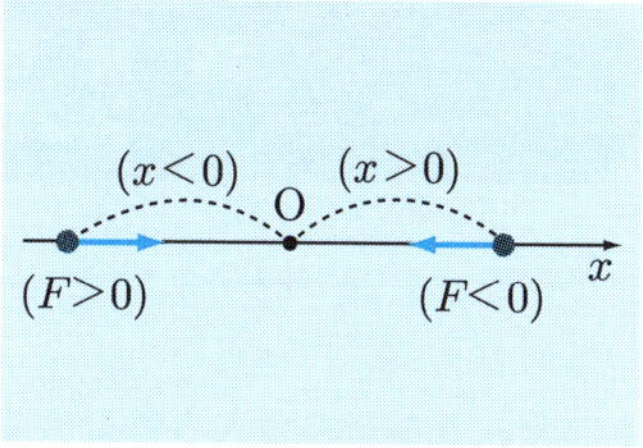

図 **2.8**　線形復元力

例題 6　$x = l\cos\varphi$，$y = l\sin\varphi$ の関係で l は定数，φ が時間の関数のとき，$\dot{x}$，$\ddot{x}$，$\dot{y}$，$\ddot{y}$ を計算せよ．

解　$\cos\varphi$ を φ で微分すると $-\sin\varphi$ に，また $\sin\varphi$ を φ で微分すると $\cos\varphi$ になる．このような性質により，以下のように計算される．

$$\dot{x} = -l\sin\varphi\cdot\dot{\varphi}, \qquad \ddot{x} = -l\cos\varphi\cdot\dot{\varphi}^2 - l\sin\varphi\cdot\ddot{\varphi}$$

$$\dot{y} = l\cos\varphi\cdot\dot{\varphi}, \qquad \ddot{y} = -l\sin\varphi\cdot\dot{\varphi}^2 + l\cos\varphi\cdot\ddot{\varphi}$$

参考　**単振動**　ある点から変位した質点にいつもその点に戻るような力が働くとき，この力を**復元力**という．特に，力の大きさが変位の距離に比例する場合，この復元力を**線形復元力**という．一直線（x 軸）上の質点に線形復元力が働くとし，線形復元力 F を便宜上次のように表す (m：質点の質量)．

$$F = -m\omega^2 x \qquad ⑬$$

図 **2.8** に示すように，$x > 0$ だと $F < 0$，$x < 0$ だと $F > 0$ となり，⑬で与えられる力は常に原点 O を向く．

運動方程式は $m\ddot{x} = -m\omega^2 x$，すなわち

$$\ddot{x} = -\omega^2 x \qquad ⑭$$

と書ける．加速度を a とすれば $a = -\omega^2 x$ となるから，第 1 章の例題 5 で学んだようにこの運動は単振動で x は $x = A\sin(\omega t + \alpha)$ と表される．

t が $2\pi/\omega$ だけふえると x は元の値に戻るので，周期は

$$T = \frac{2\pi}{\omega}$$

と書ける．

例題 7　単振り子が単振動をする場合の周期を求めよ．

解　(2.19) で φ が十分小さいと $\sin\varphi \simeq \varphi$ という近似式が成り立つ．よって $\ddot{\varphi} = -(g/l)\varphi$ となり周期は次のようになる．

$$T = 2\pi\sqrt{l/g} \qquad ⑮$$

演 習 問 題 第2章

1 質量 0.1 kg のみかんに働く重力は何 kg 重か．またそれは何 N に等しいか．

2 大きさが無視できる質量 3 kg と質量 4 kg の物体との距離が 3 m であるとする．両物体間に働く万有引力の大きさは何 N となるか．

3 地表より高さ h における重力の大きさが，地表の 1/3 であるとする．このとき h は地球の半径 R の何倍か．また $R = 6.37 \times 10^6$ m として h を計算せよ．

4 鋼鉄と鋼鉄と間の静止摩擦係数は 0.15 と測定されている．この場合の摩擦角を求めよ．

5 質量 2 トンの自動車が 6 m/s^2 の加速度をもって加速の状態にあるとき，自動車に働く力は何 N か．

6 質点を初速度 v_0 で水平面と仰角 θ の方向に投げ上げたとき，質点は最大の距離に到達したとする．このとき次の量を求めよ．

(a) θ の値

(b) 最大到達距離

7 バッターが仰角 45° の方向に打球を飛ばし，水平方向の距離が 150 m のホームランを打ったとする．打球の初速度は時速何 km となるか．

8 質点を高さ h の塔の頂上から，水平面に対して仰角 θ，初速度 v_0 で投げ上げたとし，次の設問に答えよ．

(a) 質点が地表に到着するまでの時間を求めよ．

(b) 塔の根元から測ったとき，物体の落下地点の水平距離はどのように表されるか．

9 長さ 1.5 m の単振り子の周期は何 s か．また，この単振り子が 20 回振動するのに要する時間を求めよ．

10 周期がちょうど 1 s の単振り子を作るには振り子の長さを何 m にすればよいか．

第3章

力学的エネルギー

仕事，仕事率，力学的エネルギー，力学的エネルギー保存則などについて学ぶ．

本章の内容

3.1 仕　　事

物体は力によって仕事をされたともいう.

仕事の定義　物体に力が加わり物体が動いたとき，力は物体に**仕事**をしたという．仕事を定量的に表すため，水平面上の質点に $\boldsymbol{F}$ の力を加えながら，この質点を微小距離 Δs だけ移動させたとし，$\boldsymbol{F}$ と移動方向とのなす角を θ とする (図 3.1)．質点が水平面から離れなければ，質点を動かすのに役立つのは力の水平方向の成分 $F\cos\theta$ だけで，垂直成分 $F\sin\theta$ は役に立たない．$F\cos\theta$ の大きいほど，また Δs の大きいほど仕事は大きいと考えられるので，両者の積をとり，質点を Δs だけ移動させたとき力のした仕事 ΔW を

$$\Delta W = F\cos\theta\cdot\Delta s \tag{3.1}$$

で定義する．1 N の力を加えその力の向きに質点を 1 m 移動させたときの仕事を単位に使い，これを1**ジュール** (J) という．すなわち次式が成り立つ．

$$1\ \mathrm{J} = 1\ \mathrm{N\cdot m} \tag{3.2}$$

Δs に進行方向まで考慮し，変位ベクトル $\Delta\boldsymbol{r}$ を導入すれば，スカラー積の定義を使って（右ページの参照）ΔW は

$$\Delta W = \boldsymbol{F}\cdot\Delta\boldsymbol{r} \tag{3.3}$$

と書ける．

仕事率の大きいほど能率よく仕事をすることになる.

仕事率　単位時間当たりにする仕事のことを**仕事率**という．1 s の間に 1 J の仕事をする場合を仕事率の単位とし，これを 1 ワット (W) という．すなわち

$$1\ \mathrm{W} = 1\ \mathrm{J/s} \tag{3.4}$$

である．

参考 **スカラー積**　2つのベクトル $\boldsymbol{A}$, $\boldsymbol{B}$ を成分で表し

$$\boldsymbol{A} = (A_x, A_y, A_z), \quad \boldsymbol{B} = (B_x, B_y, B_z) \qquad ①$$

とする．このとき

$$\boldsymbol{A}\cdot\boldsymbol{B} = A_xB_x + A_yB_y + A_zB_z \qquad ②$$

で定義される $\boldsymbol{A}\cdot\boldsymbol{B}$ を $\boldsymbol{A}$ と $\boldsymbol{B}$ との**スカラー積**または**内積**という．図 3.2 のように $\boldsymbol{A}$ と $\boldsymbol{B}$ とを含む面を $\boldsymbol{xy}$ 面に選び，特に $\boldsymbol{A}$ が x 軸を向くようにする．また，$\boldsymbol{A}$ と $\boldsymbol{B}$ とのなす角を θ とおく．このような座標系では

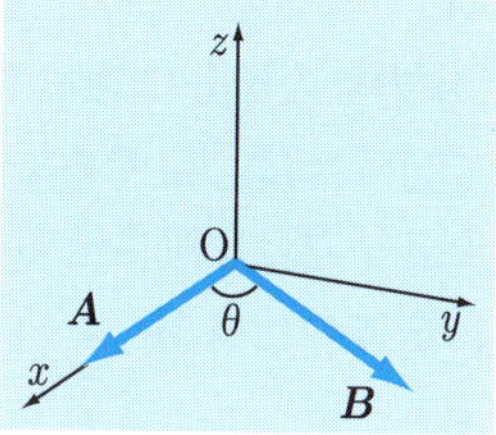

図 3.2　スカラー積

$$\boldsymbol{A} = (A, 0, 0), \quad \boldsymbol{B} = (B\cos\theta, B\sin\theta, 0) \qquad ③$$

と書ける．ただし，A, B はそれぞれ $\boldsymbol{A}$, $\boldsymbol{B}$ の大きさである．上の関係を ② に代入すると，次のように書ける．

$$\boldsymbol{A}\cdot\boldsymbol{B} = AB\cos\theta \qquad ④$$

すなわち，スカラー積は2つのベクトルの大きさの積に両者のなす角の cos を掛けたものに等しい．特に $\boldsymbol{A}$ と $\boldsymbol{B}$ とが直交しているときには $\theta = \pi/2$ が成り立ち $\cos\theta = 0$ であるから $\boldsymbol{A}\cdot\boldsymbol{B} = 0$ となる．

例題 1　質量 m の質点が鉛直下向きに $\boldsymbol{h}$ だけ落下するとき重力のする仕事を求めよ．また，$\boldsymbol{h}$ だけ鉛直上向きに動くときの仕事はどうか．

解　質点に働く重力の大きさは mg で落下する場合には $\theta = 0$ である．よって，落下するときに重力のする仕事は $W = mgh$ で与えられる．

物体が上昇するときには $\theta = \pi$ で W は $W = -mgh$ となる．

例題 2　体重 50 kg の人が毎秒 0.5 m の割合ではしごを登るとき，この人の仕事率は何 W か．

解　仕事率 P は

$$P = 50 \times 9.81 \times 0.5\ \mathrm{N\cdot m/s} = 245.3\ \mathrm{W}$$

と計算される．

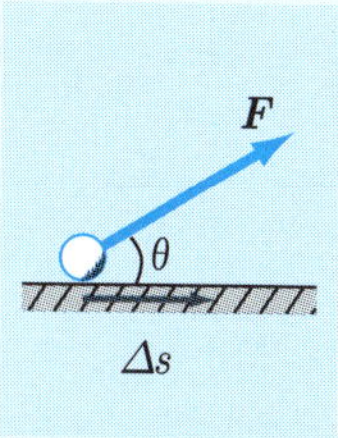

図 3.1　仕事の定義

$\boldsymbol{A}\cdot\boldsymbol{B}$ の値は x,y,z 軸の選び方によらないことがしられている．このためスカラー積という言葉が使われる．

仕事は符号をもつことに注意しなければならない．

3.2 ポテンシャル

曲線に沿う移動　図3.3のように，空間中の曲線Cに沿い質点を点Aから点Bまで移動させるとき力のする仕事 W を考える．このため，Cを n 個の微小部分に分割し，i 番目の部分に対応する変位ベクトルを $d\boldsymbol{r}_i$，またそこで力はほぼ一定であると仮定しこれを $\boldsymbol{F}_i$ とする．質点を $d\boldsymbol{r}_i$ だけ移動させるときの仕事は $\boldsymbol{F}_i \cdot d\boldsymbol{r}_i$ であるから，全体の仕事 W は i についての和をとり

$$W = \boldsymbol{F}_1 \cdot d\boldsymbol{r}_1 + \boldsymbol{F}_2 \cdot d\boldsymbol{r}_2 + \cdots + \boldsymbol{F}_n \cdot d\boldsymbol{r}_n \qquad (3.5)$$

と表される．ここで，分割を無限に細かくし $n \to \infty$ の極限をとると，上式は積分の形で書ける．すなわち，質点を曲線Cに沿って移動させたとき力のする仕事 W は

(3.6) のようにある曲線についての積分を**線積分**という．

$$W = \int_{\mathrm{C}} \boldsymbol{F} \cdot d\boldsymbol{r} \qquad (3.6)$$

で与えられる．ここで，積分記号の下のCの添字は曲線Cに沿っての積分を明記したものである．

ポテンシャル　空間座標 x, y, z の適当な関数 U があり，力 $\boldsymbol{F}$ が次のように書けるとする．

$$F_x = -\frac{\partial U}{\partial x}, \quad F_y = -\frac{\partial U}{\partial y}, \quad F_z = -\frac{\partial U}{\partial z} \qquad (3.7)$$

ただし，$\partial/\partial x$ の記号は y, z を固定して x で微分することを意味しこれを x に関する**偏微分**という（$\partial/\partial y$, $\partial/\partial z$ も同様）．また，(3.7) の U を**ポテンシャル**あるいは**位置エネルギー**という．これらの式を一括し

∇ は**ナブラ**と呼ばれる記号である．

$$\boldsymbol{F} = -\nabla U \qquad (3.8)$$

と表す．後で示すように，(3.8) のような力に対して力学的エネルギー保存則が成り立つのでこの種の力を**保存力**という．ポテンシャル U に任意の定数を加えても (3.8) の関係は変わらない．ふつうは適当な基準を選びポテンシャルを決めている．

ポテンシャルは一義的に決まらず，不定性がある．

参考　**仕事とポテンシャル**　力がポテンシャルから導かれるとき，(3.6) の W は

$$W = -\int_{\mathrm{C}} \nabla U \cdot d\boldsymbol{r} \qquad ⑤$$

と書ける．ところで

$$dU = U(x+dx, y+dy, z+dz) - U(x,y,z) \qquad ⑥$$

で定義される dU を**全微分**という．dx, dy, dz の高次の項を無視すれば，多変数のテイラー展開を利用し

$$dU = \frac{\partial U}{\partial x}dx + \frac{\partial U}{\partial y}dy + \frac{\partial U}{\partial z}dz = \nabla U \cdot d\boldsymbol{r} \qquad ⑦$$

となる．したがって⑤，⑦から

$$W = -\int_{\mathrm{A}}^{\mathrm{B}} dU = U(\mathrm{A}) - U(\mathrm{B}) \qquad ⑧$$

と書ける．ただし，$U(\mathrm{A})$，$U(\mathrm{B})$ はそれぞれ点 A，B における U の値である．

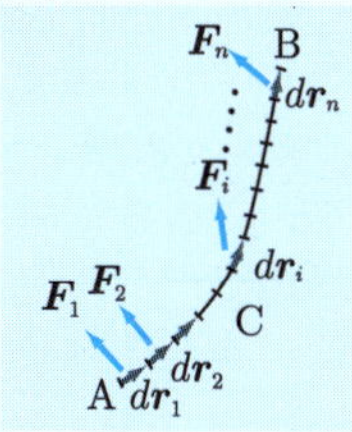

図 3.3　曲線に沿う移動

⑧から保存力では，A→B と質点を移動させるとき，どんな経路をとっても力のする仕事 W は同じであることがわかる．これを**仕事の原理**という．

例題 3　図 3.4 のように，地表に座標原点 O，鉛直上向きに z 軸，水平面を xy 面に選ぶ．そうすると，質量 m の質点に働く重力は

$$F_x = 0, \quad F_y = 0, \quad F_z = -mg$$

と書ける．このような重力を記述するポテンシャルを求めよ．

解　$F_x = 0$，$F_y = 0$ の関係から

$$\partial U/\partial x = 0, \quad \partial U/\partial y = 0$$

と書け，U は x, y に依存しないことがわかる．すなわち，U は z だけの関数となり $dU/dz = mg$ が得られる．これを積分すると

$$U = mgz + U_0$$

と表される．地表で $U = 0$ となるよう基準を選んだとすれば

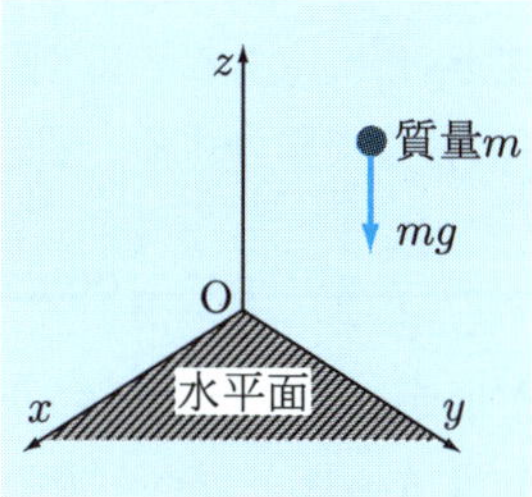

図 3.4　重力

$$U = mgz \qquad ⑨$$

となる．U を**重力ポテンシャル**とか**重力の位置エネルギー**という．

質量 1 kg の質点が高さ 1 m のところにあると，その重力ポテンシャルは 9.81 J である．

3.3 力学的エネルギー

力学的エネルギー 質量 m の質点が $\boldsymbol{v}$ の速度で運動しているとき

$$K = \frac{1}{2}mv^2 \tag{3.9}$$

で定義される K をその質点の**運動エネルギー**という．一方，質点に働く力 $\boldsymbol{F}$ が $\boldsymbol{F} = -\nabla U$ と表されるとき，前述のように U を位置エネルギーと呼ぶ．ここで

$$E = K + U \tag{3.10}$$

で与えられる E を**力学的エネルギー**という．すなわち，力学的エネルギーは運動エネルギーと位置エネルギーの和である．運動エネルギー，位置エネルギーの単位はそれぞれ J となる（例題 4）．

物理では各種のエネルギーを扱うが，そのうち力学的エネルギーはもっとも基本的なものである．

運動エネルギーと仕事 質量 m の質点に力 $\boldsymbol{F}$ が働くとき，運動方程式は $m\ddot{\boldsymbol{r}} = \boldsymbol{F}$ と書けるが，これから

$$\frac{d}{dt}\left(\frac{1}{2}m\dot{\boldsymbol{r}}^2\right) = \boldsymbol{F}\cdot\dot{\boldsymbol{r}} \tag{3.11}$$

が導かれる（右ページの参考）．質点は時刻 t_{A} で点 A（速度 $\boldsymbol{v}_{\mathrm{A}}$）を出発し，C の経路を経て時刻 t_{B} に点 B（速度 $\boldsymbol{v}_{\mathrm{B}}$）に達するとし（図 **3.5**），(3.11) を t に関し t_{A} から t_{B} まで積分する．質点の速度が $\boldsymbol{v} = \dot{\boldsymbol{r}}$ に注意し

$$\frac{1}{2}mv_{\mathrm{B}}^2 - \frac{1}{2}mv_{\mathrm{A}}^2 = \int_{t_{\mathrm{A}}}^{t_{\mathrm{B}}} \boldsymbol{F}\cdot\dot{\boldsymbol{r}}dt \tag{3.12}$$

が導かれる．上式の右辺で $\dot{\boldsymbol{r}}dt = d\boldsymbol{r}$ とすれば，この積分は A→B と質点が運動したとき力のする仕事 W に等しい．また，点 A，B における運動エネルギーをそれぞれ $K(\mathrm{A})$，$K(\mathrm{B})$ とすれば (3.12) は

$$K(\mathrm{B}) - K(\mathrm{A}) = W \tag{3.13}$$

となる．すなわち，質点の運動エネルギーの増加は，質点に働く力のした仕事に等しい．

力のした仕事の分だけ運動エネルギーが増加する．

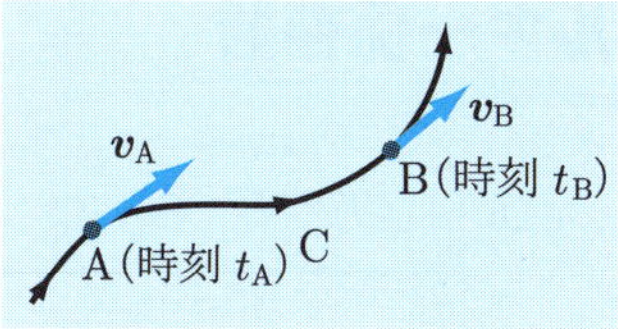

図 3.5　質点の軌道

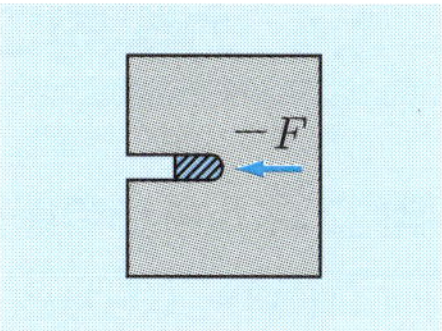

図 3.6　材木からの抵抗力

例題 4　運動エネルギー，位置エネルギーの単位は J であることを示せ．

解　運動エネルギーの単位は，(3.9) からわかるように $kg \cdot m^2/s^2$ で与えられる．$J = N \cdot m$，$N = kg \cdot m/s^2$ であるから $kg \cdot m^2/s^2 = N \cdot m = J$ となる．また，位置エネルギーは (力)×(長さ) という形をもち，よってその単位も J である．

例題 5　体重 60 kg の人が，秒速 4 m で走っているとき，この人のもつ運動エネルギーは何 J か．

便宜上，人を質点として扱う．

解　運動エネルギー K は $K = 30 \times 4^2\ \mathrm{J} = 480\ \mathrm{J}$ となる．

参考　**スカラー積の微分**　スカラー積 $\boldsymbol{A} \cdot \boldsymbol{B} = A_x B_x + A_y B_y + A_z B_z$ で $\boldsymbol{A}$，$\boldsymbol{B}$ が時間の関数のとき

$$\frac{d(\boldsymbol{A} \cdot \boldsymbol{B})}{dt} = \frac{d\boldsymbol{A}}{dt} \cdot \boldsymbol{B} + \boldsymbol{A} \cdot \frac{d\boldsymbol{B}}{dt} \qquad ⑩$$

と書け，通常の積に対する微分と同じような公式が成り立つ．⑩ で $\boldsymbol{A} = \boldsymbol{B}$ の場合には

同じベクトル同士のスカラー積を $\boldsymbol{A} \cdot \boldsymbol{A} = \boldsymbol{A}^2$ と書く．

$$\frac{d\boldsymbol{A}^2}{dt} = 2\,\dot{\boldsymbol{A}} \cdot \boldsymbol{A} \qquad ⑪$$

と書ける．$\boldsymbol{A} = \dot{\boldsymbol{r}}$ とおき，運動方程式と $\dot{\boldsymbol{r}}$ とのスカラー積を作れば (3.11) が導かれる．

例題 6　質量 0.15 kg，速さ 120 m/s の弾丸を材木に打ち込んだとき，弾丸は 3 cm くいこんで静止した．材木からの抵抗力は一定と仮定してその大きさを求めよ．

解　図 3.6 のように材木からの抵抗力を $-F$ とすれば (3.13) により $-(1/2) \times 0.15 \times 120^2 = -F \times 0.03$ となり，$F = 36000\ \mathrm{N}$ と計算される．

3.4 力学的エネルギー保存則

物理では各種のエネルギーが存在するが，一般的なエネルギー保存則が成り立つと考えられている．

力学的エネルギーの保存　力が保存力だと，⑧により $W = U(\mathrm{A}) - U(\mathrm{B})$ である．したがって，(3.13) から

$$K(\mathrm{B}) + U(\mathrm{B}) = K(\mathrm{A}) + U(\mathrm{A})$$

となる．あるいは，(3.10) により

$$E(\mathrm{B}) = E(\mathrm{A}) \tag{3.14}$$

が得られる．B は軌道上の任意の点であるから，保存力の場合，質点の力学的エネルギーは一定に保たれることがわかる．これを**力学的エネルギー保存則**という．力学的エネルギー保存則は次のような方法で導くこともできる．

保存則の別の導出法　力が保存力の場合，$\boldsymbol{F} = -\nabla U$ が成り立つから (3.11) の右辺は $-\dot{\boldsymbol{r}}\cdot\nabla U$ となる．ここで，U は

$$U = U(x, y, z)$$

と書け，あらわには時間を含まないとする．質点がある軌道に沿って運動するとき，質点の座標 x, y, z は t の関数となり，したがって U も t の関数となる．この場合，微分の公式により（例題 7）

$$\begin{aligned} \frac{d}{dt}U(x,y,z) &= \frac{\partial U}{\partial x}\dot{x} + \frac{\partial U}{\partial y}\dot{y} + \frac{\partial U}{\partial z}\dot{z} \\ &= \dot{\boldsymbol{r}}\cdot\nabla U \end{aligned} \tag{3.15}$$

が成り立つ．こうして，(3.11) は

$$\frac{d}{dt}\left[\frac{1}{2}m\dot{\boldsymbol{r}}^2 + U(x,y,z)\right] = 0 \tag{3.16}$$

と変形される．上式は $dE/dt = 0$ を意味する．これは，E が時間 t によらず一定であることを示す．このように，運動の間中，一定となっている量を**運動の定数**という．すなわち，E は運動の定数となり，力学的エネルギー保存則が導かれたことになる．

力学の問題を解くには適当な運動の定数を見つけることが必要である．

例題 7 (3.15) の関係を導け.

解 t が Δt だけ増加したとき U の増加分は ΔU であるとする. ΔU に対して⑦と似た関係が成り立つのでこれを Δt で割れば

$$\frac{\Delta U}{\Delta t} = \frac{\partial U}{\partial x}\frac{\Delta x}{\Delta t} + \frac{\partial U}{\partial y}\frac{\Delta y}{\Delta t} + \frac{\partial U}{\partial z}\frac{\Delta z}{\Delta t}$$

となり, $\Delta t \to 0$ の極限をとると (3.15) が導かれる.

$\displaystyle\lim_{\Delta t \to 0}\frac{\Delta x}{\Delta t} = \frac{dx}{dt}$ が成り立つ.

参考 **振動のエネルギー** x 軸上を運動する質量 m の質点に線形復元力 $F = -m\omega^2 x$ が働くと, 質点は単振動を行う. 一般に, 一次元の運動では座標として x だけを考慮すればよいから, 力 F が保存力なら $\boldsymbol{F} = -\nabla U$ の関係は $F = -dU(x)/dx$ と書ける. ただし, 1 変数を考えるので, 偏微分の記号でなく通常の微分記号を用いた. 上述の線形復元力では, 付加定数を除き位置エネルギー $U(x)$ は

$$U(x) = \frac{1}{2}m\omega^2 x^2 \qquad ⑫$$

で与えられる. 実際, ⑫から力 F は $F = -m\omega^2 x$ と計算される. こうして質点の速度を v とすれば力学的エネルギー E は

$$E = \frac{1}{2}mv^2 + \frac{1}{2}m\omega^2 x^2 \qquad ⑬$$

と表される. 一方, 単振動の場合, 座標 x は $x = A\ \sin(\omega t + \alpha)$ と書け, 速度 v は $v = \dot{x} = \omega A\cos(\omega t + \alpha)$ と計算される. これらを上の⑬に代入すると

$\cos^2\varphi + \sin^2\varphi = 1$ の関係を使う.

$$E = \frac{1}{2}m\omega^2 A^2 \qquad ⑭$$

となり, E は時間に依存しない定数であることが確かめられる. ⑭を**振動のエネルギー**ということがある.

例題 8 糸の長さ l, おもりの質量 m の単振り子が振幅 x_0 で単振動を行うときの振動のエネルギーを求めよ. また, $m = 0.1$ kg, $l = 1$ m, $x_0 = 0.1$ m のとき振動のエネルギーは何 J か.

解 (2.19) からわかるように単振り子では $\omega^2 = g/l$ と表される. このため, ⑭で $A = x_0$ とおき, 振動のエネルギーは

$$E = mgx_0^2/2l \qquad ⑮$$

と表される. また, $m = 0.1$, $g = 9.81$, $x_0 = 0.1$, $l = 1$ を⑮に代入し, $E = 4.91 \times 10^{-3}$ J と計算される.

質点の鉛直投げ上げ　力学的エネルギー保存則の応用例として，質点の鉛直投げ上げを考える．図 3.7 のように，地表の原点 O から質量 m の質点を鉛直上方に初速度 v_0 で投げ上げたとしよう．鉛直上向きに z 軸をとり，質点が高さ z に達したときの速度を v とする．空気の抵抗などを無視し，質点には重力だけが働くとすれば，⑨を使い質点の力学的エネルギー

空気の抵抗などが働くと，力学的エネルギーの一部が熱に変わるため力学的エネルギー保存則は成立しない．

$$E = \frac{1}{2}mv^2 + mgz \tag{3.17}$$

は一定値をとることがわかる．地表では $z = 0$，$v = v_0$ であるから，この一定値は $(1/2)mv_0^2$ に等しい．すなわち

$$v^2 + 2gz = v_0^2 \tag{3.18}$$

が得られる．質点が最高点に達したとき $v = 0$ となり，最高点の高さを z_0 とすれば，z_0 は

$$z_0 = \frac{v_0^2}{2g} \tag{3.19}$$

と表される．

$v_0 = 8$ m/s だと $z_0 = 3.26$ mと計算される．

滑らかな束縛と力学的エネルギー保存則　質点が滑らかな束縛を受けていると，U から導かれる力以外に束縛力 $\boldsymbol{R}$ が質点に働く．このため質点に対する運動方程式は

$$m\ddot{\boldsymbol{r}} = -\nabla U + \boldsymbol{R} \tag{3.20}$$

と表される．滑らかな束縛では質点の変位 $d\boldsymbol{r}$ に対して $\boldsymbol{R}\cdot d\boldsymbol{r} = 0$ が成り立つので $\boldsymbol{R}\cdot\dot{\boldsymbol{r}} = 0$ である．したがって，(3.20) と $\dot{\boldsymbol{r}}$ とのスカラー積を作ると

$$m\dot{\boldsymbol{r}}\cdot\ddot{\boldsymbol{r}} = -\dot{\boldsymbol{r}}\cdot\nabla U \tag{3.21}$$

が得られる．この方程式は束縛がないときと同じ形をしていて，(3.21) から前と同様な議論により (3.16) が導かれる．すなわち，$dE/dt = 0$ の結果が得られる．これからわかるように，質点が滑らかな束縛を受けていても，力学的エネルギー保存則が成立する．

滑らかな束縛でなく摩擦が働くと力学的エネルギー保存則は成立しない．

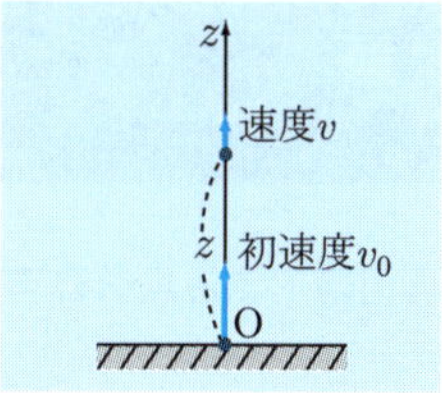

図 3.7 質点の鉛直投げ上げ

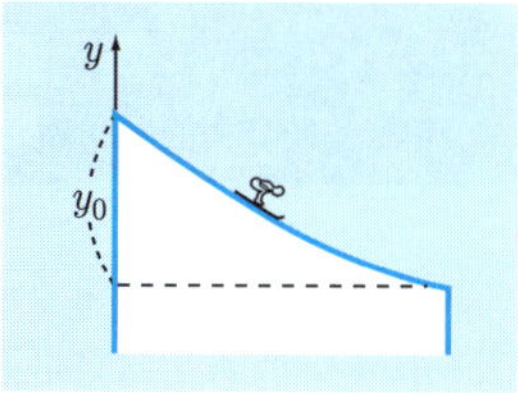

図 3.8 スキーのジャンプ

補足 **運動方程式と力学的エネルギー保存則** 質点が滑らかな束縛を受け運動しているとき，運動方程式に束縛力 $\boldsymbol{R}$ が現れる．この $\boldsymbol{R}$ は既知ではないが，力学的エネルギー保存則は束縛力を含まないので便利である．

束縛力 $\boldsymbol{R}$ は運動方程式と束縛条件から決められる．

例題 9 図 3.8 に示すような高さ y_0 のスキーのジャンプ台がある．初速度 0 で滑り出したジャンパーが台を飛び出すときの速度 v_0 を求めよ．ただし，摩擦はないものとする．

解 力学的エネルギー保存則により

$$(1/2)mv^2 + mgy = 一定 \qquad ⑯$$

が成り立つ．⑯の一定値は滑り出したジャンパーを考えると mgy_0 に等しい．一方，ジャンパーが飛び出すときには $y = 0$ であるから $(1/2)mv_0^2 = mgy_0$ で，これから次式が得られる．

$$v_0 = \sqrt{2gy_0} \qquad ⑰$$

例題 10 一直線（x 軸）上を運動する質量 m の質点があり，これには図 3.9 のようなポテンシャル $U(x)$ が働いているとする．この質点の力学的エネルギーが図のような E の値をとるとき，質点の運動範囲を求めよ．

解 力学的エネルギー保存則は

$$(1/2)mv^2 + U(x) = E \qquad ⑱$$

と表される．⑱から $U(x) \leq E$ となり運動範囲は $-\infty < x \leq x_A$ あるいは $x_B \leq x < \infty$ で与えられる．$x = -\infty$ で初速度 v_0 で出発した質点は右向きに運動し点 A に達する．その後，質点は左向きに運動し，$x = -\infty$ で速度は $-v_0$ となる．

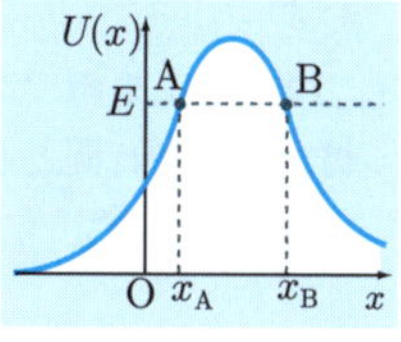

図 3.9 一直線上の質点

演習問題
第3章

1 質量 0.1 kg のみかんが 3 s 間自由落下する場合に重力のする仕事は何 J か.

2 モーターでロープを巻き上げ，質量 20 kg の荷物を鉛直上方に吊り上げるとする．モーターの仕事率が 0.5 馬力のとき，物体はどれくらいの速さで吊り上がるか．ただし，1 馬力 ＝750 W とする.

3 ある力 $\boldsymbol{F}$ の x, y, z 成分が座標 x, y, z の関数として

$$F_x = F_0 y, \quad F_y = 3F_0 x, \quad F_z = 0 \quad (F_0：定数)$$

で与えられるとする．この力は保存力でないことを示せ.

4 体重 60 kg の人が 8 m/s の速さで走っているとき，この人のもつ運動エネルギーは何 J か.

5 質量 0.2 kg の質点を初速度 40 m/s で真上に投げ上げたとき次に示す量を求めよ.

(a) 2 s 後における質点の運動エネルギーと重力の位置エネルギー

(b) 質点が最高点に達したときの重力の位置エネルギー

6 質量 0.4 kg の質点が振動数 10 Hz，振幅 0.1 m の単振動をしているとする．このときの振動のエネルギーを求めよ．ただし，Hz は振動数の単位で角振動数 ω と振動数 ν との間には $\omega = 2\pi\nu$ の関係が成り立つ.

7 時速 150 km で鉛直上方に投げ上げられたボールが最高点に達したとき，その高さは何 m か.

8 スキーのジャンプを考え，図 **3.8** で $y_0 = 30\,\mathrm{m}$ とする．このとき，ジャンパーが台を飛び出す速さ v_0 を時速で求めよ.

9 滑らかな束縛であっても，質点を束縛するための条件（束縛条件）が時間とともに変わるときには，力学的エネルギー保存則が必ずしも成り立たないことを示せ.

第4章

運動量と角運動量

運動量，力積，運動量保存則，角運動量，角運動量保存則，等速円運動などについて説明する．

本章の内容

4.1 運動量と力積

運動量と運動方程式　質量 m の質点が速度 $\boldsymbol{v}$ で運動しているとき

$$\boldsymbol{p} = m\boldsymbol{v} \tag{4.1}$$

で定義される $\boldsymbol{p}$ をその質点の**運動量**という．m が一定の場合，ニュートンの運動方程式は

運動量の時間微分はその質点に働く力に等しい．

$$\frac{d\boldsymbol{p}}{dt} = \boldsymbol{F} \tag{4.2}$$

と表される．(4.2) で $\boldsymbol{F} = 0$ のとき，運動量は時間 t によらず一定となる．すなわち，この場合，運動量は運動の定数となる．なお，$\boldsymbol{F} \neq 0$ の場合でも $\boldsymbol{p}$ のある成分が運動の定数となることもある（例題 1）．運動量の大きさの単位は kg·m/s である．

力積　(4.2) の両辺を時刻 t_1 から時刻 t_2 まで時間に関して積分すると

$$\boldsymbol{p}_2 - \boldsymbol{p}_1 = \boldsymbol{I} \tag{4.3}$$

と書ける．ただし，$\boldsymbol{p}_1$，$\boldsymbol{p}_2$ はそれぞれ時刻 t_1，t_2 における運動量で，また $\boldsymbol{I}$ は

$$\boldsymbol{I} = \int_{t_1}^{t_2} \boldsymbol{F} dt \tag{4.4}$$

と定義される．この $\boldsymbol{I}$ を**力積**という．(4.3), (4.4) からわかるように，ある時間内の運動量の増加はその時間内に質点に作用する力積に等しい．力積を考えると特に便利なのは大きな力が瞬間的に働く場合で，このような力を**撃力**という．撃力は日常生活でもよく見られる力である．

金づちで釘を打ち込む，野球のバットでボールを打ち返す，自動車が衝突するときなどの力は撃力である．

例題 1 (4.2) の x, y, z 成分をとった方程式を導け．また，$F_y = 0$，$F_z = 0$ で F_x が 0 でないとき，p_y と p_z はともに運動の定数であることを示せ．

解 (4.2) の x, y, z 成分をとると

$$\dot{p}_x = F_x, \quad \dot{p}_y = F_y, \quad \dot{p}_z = F_z \qquad ①$$

が得られる．①から $F_y = 0$，$F_z = 0$ の場合，p_y と p_z は一定となる．

例題 2 質量 0.145 kg の硬式野球のボールが時速 150 km で走っているときの運動量の大きさを求めよ．

解 時速 150 km は 41.7 m/s に等しいのでボールの運動量の大きさは

$$0.145 \times 41.7 \text{ kg}\cdot\text{m/s} = 6.05 \text{ kg}\cdot\text{m/s}$$

と計算される．

$1 \text{ km/h} = \frac{1000}{3600} \text{ m/s} = 0.278 \text{ m/s}$

参考 **撃力と運動量変化** 撃力の場合，力 $\boldsymbol{F}$ は非常に大きいが，力の働いている時間 Δt は非常に短いので，力積の大きさは有限になると考えられる．

いま，撃力の x 成分 F_x を考え，それが時間 t の関数として図 4.1 のようにパルス的な挙動を示すとする．(4.3) の x 成分をとり，t_1 は撃力の働く直前，t_2 は撃力の働く直後とすれば，力積の x 成分 I_x は図 4.1 で斜線を引いた部分の面積に等しい．撃力が質点に働くとき，この面積は有限であると考え，最後に $\Delta t \to 0$ の極限をとる．面積は有限としたから，Δt を 0 に近づけると，逆に，図 4.1 のピークの高さは無限大となる．このような極限操作の結果，(4.3) の x 成分は

$$p_{2x} - p_{1x} = I_x \qquad ②$$

と表される．図 4.2 に示すように，p_x は Δt の前後で急激に変化する．このため，$\Delta t \to 0$ の極限で，p_x は時間の関数として，撃力が働く前後で事実上不連続的に変化すると考えてよい．

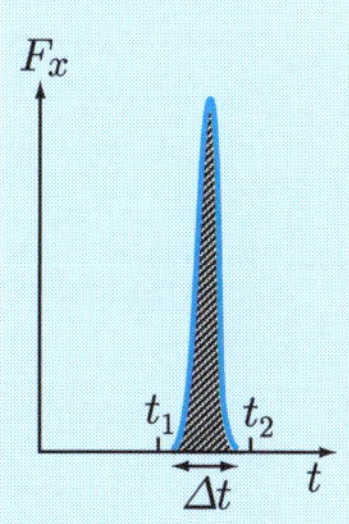

図 4.1 撃力

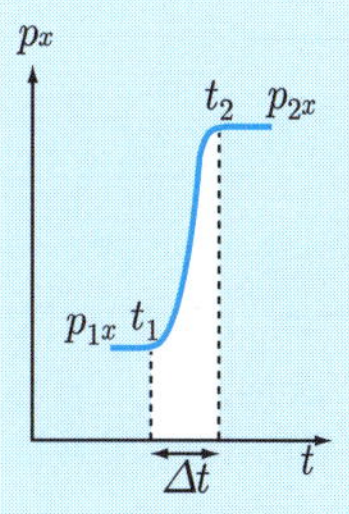

図 4.2 p_x の変化

4.2 運動量保存則

質点系 これまで1個の質点に注目してきたが，何個かの質点の集合体があるとき，これら全部の質点を一まとめとし，それを**質点系**という．以下，n 個の質点を含む質点系を考え，i 番目の質点の質量を m_i，その位置ベクトルを $\boldsymbol{r}_i$ とする $(i=1,2,\cdots,n)$．一般に，注目する質点系の外部から作用する力を**外力**，質点系内の質点同士に働く力を**内力**という．i 番目の質点に働く外力を $\boldsymbol{F}_i$ とし，j 番目の質点 $(j \neq i)$ がこれに及ぼす内力を $\boldsymbol{F}_{ij}$ と書く．各質点に対する運動方程式を加え合わせ，運動の第三法則を利用すると

質点系内の質点は互いに相互作用を及ぼし合うし，また質点系以外からも力を受ける．

$$
\begin{aligned}
m_1\ddot{\boldsymbol{r}}_1 \ &+\ m_2\ddot{\boldsymbol{r}}_2 + \cdots + m_n\ddot{\boldsymbol{r}}_n \\
&= \boldsymbol{F}_1 + \boldsymbol{F}_2 + \cdots + \boldsymbol{F}_n
\end{aligned}
\tag{4.5}
$$

という方程式が導かれる（例題3）．

運動量保存則 i 番目の質点の運動量を $\boldsymbol{p}_i$ とすれば，$\boldsymbol{p}_i = m_i\boldsymbol{v}_i = m_i\dot{\boldsymbol{r}}_i$ と書ける．ここで

$$
\begin{aligned}
\boldsymbol{P} &= \boldsymbol{p}_1 + \boldsymbol{p}_2 + \cdots + \boldsymbol{p}_n \\
&= m_1\dot{\boldsymbol{r}}_1 + m_2\dot{\boldsymbol{r}}_2 + \cdots + m_n\dot{\boldsymbol{r}}_n
\end{aligned}
\tag{4.6}
$$

で定義される $\boldsymbol{P}$ を質点系の**全運動量**という．$m_1, m_2, \cdots, m_n$ が時間によらないとすれば，(4.5) から

$$
d\boldsymbol{p}/dt = \boldsymbol{F} \tag{4.7}
$$

が導かれる．ただし，$\boldsymbol{F}$ は

$$
\boldsymbol{F} = \sum_{i=1}^{n} \boldsymbol{F}_i \tag{4.8}
$$

で与えられ，これは質点系に作用する外力の総和である．$\boldsymbol{F}$ が0の場合

$\boldsymbol{F}$ が0だと $\boldsymbol{P}$ は運動の定数である．

$$
d\boldsymbol{P}/dt = 0 \qquad \therefore \quad \boldsymbol{P} = \text{一定のベクトル} \tag{4.9}
$$

が成立する．すなわち，外力の和が0だと全運動量は一定に保たれる．これを**運動量保存則**という．

例題 3　質点系中の個々の質点に対する運動方程式を加え合わせ，(4.5) が導かれることを示せ．

解　個々の質点に対するニュートンの運動方程式は次のようになる．

$$\left.\begin{aligned} m_1\ddot{\boldsymbol{r}}_1 &= \boldsymbol{F}_1 + \boldsymbol{F}_{12} + \boldsymbol{F}_{13} + \cdots + \boldsymbol{F}_{1n} \\ m_2\ddot{\boldsymbol{r}}_2 &= \boldsymbol{F}_2 + \boldsymbol{F}_{21} + \boldsymbol{F}_{23} + \cdots + \boldsymbol{F}_{2n} \\ &\cdots \\ m_n\ddot{\boldsymbol{r}}_n &= \boldsymbol{F}_n + \boldsymbol{F}_{n1} + \boldsymbol{F}_{n2} + \cdots + \boldsymbol{F}_{n,n-1} \end{aligned}\right\} \quad ③$$

運動の第三法則により $\boldsymbol{F}_{ij} = -\boldsymbol{F}_{ji}$ が成り立つから，③のすべての式を加え合わせると，例えば $\boldsymbol{F}_{12}$ は $\boldsymbol{F}_{21}$ と打ち消し合う．同様なことがすべての内力で起こり，(4.5) が得られる．

参考　重心

$$\boldsymbol{r}_{\mathrm{G}} = \frac{m_1\boldsymbol{r}_1 + m_2\boldsymbol{r}_2 + \cdots + m_n\boldsymbol{r}_n}{m_1 + m_2 + \cdots + m_n} \quad ④$$

の位置ベクトルで決まる点を質点系の**重心**という．質点系中に含まれる質点の全質量を M とすれば $M = m_1 + m_2 + \cdots + m_n$ で④は

$$M\boldsymbol{r}_{\mathrm{G}} = m_1\boldsymbol{r}_1 + m_2\boldsymbol{r}_2 + \cdots + m_n\boldsymbol{r}_n \quad ⑤$$

と書け，(4.5) から

$$M\ddot{\boldsymbol{r}}_{\mathrm{G}} = \boldsymbol{F} \quad ⑥$$

という重心に対する運動方程式が導かれる．

有限な物体を微小部分に分割したとし，各微小部分を質点と考えれば，物体を質点系とみなすことができる．

一般に，物体に働く全重力は重心（質量 M）に働く重力で表される．

⑥からわかるように質点系の全質量が重心に集中したとし，各質点に働くすべての外力の和が重心に働くと考えると，重心を質点のように扱ってよい．

例題 4　2 個の質点から構成される体系の力学を二体問題という．図 4.3 で示すような質量 m_1，m_2 の 2 質点に対する二体問題を論じよ．

解　⑥で $\boldsymbol{F} = 0$ であるから $\ddot{\boldsymbol{r}}_{\mathrm{G}} = 0$ となり $\boldsymbol{r}_{\mathrm{G}}$ は等速直線運動を行う．一方，

$$m_1\ddot{\boldsymbol{r}}_1 = \boldsymbol{f}, \quad m_2\ddot{\boldsymbol{r}}_2 = -\boldsymbol{f}$$

の運動方程式が成り立つ．上式から $\boldsymbol{r} = \boldsymbol{r}_1 - \boldsymbol{r}_2$ に対し $\mu\ddot{\boldsymbol{r}} = \boldsymbol{f}$ が得られる．μ は

$$\frac{1}{\mu} = \frac{1}{m_1} + \frac{1}{m_2} \quad ⑦$$

と定義され，μ を**換算質量**という．結局，二体問題は質量 μ の質点に対する一体問題に帰着する．

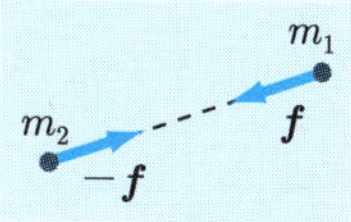

図 4.3　二体問題

4.3 角運動量

一般にベクトル $\boldsymbol{A}$ で表される物理量があるとき $\boldsymbol{r} \times \boldsymbol{A}$ を $\boldsymbol{A}$ の**モーメント**という．角運動量は運動量のモーメントである．

角運動量の大きさの単位は $\mathrm{kg \cdot m^2/s}$ である．

角運動量の定義　適当な原点Oから測った質点（質量 m）の位置ベクトルを $\boldsymbol{r}$，その質点の運動量を $\boldsymbol{p}$ とする．$\boldsymbol{r}$ と $\boldsymbol{p}$ のベクトル積（右ページ参照）をとり

$$\boldsymbol{L} = \boldsymbol{r} \times \boldsymbol{p} \tag{4.10}$$

の $\boldsymbol{L}$ を質点が点Oの回りにもつ**角運動量**という．ベクトル積の定義により，$\boldsymbol{L}$ は $\boldsymbol{r}$ と $\boldsymbol{p}$ の両者に垂直な方向をもつ．$\boldsymbol{p} = m\dot{\boldsymbol{r}}$ であるから，$\boldsymbol{L}$ は次のようにも書ける．

$$\boldsymbol{L} = m(\boldsymbol{r} \times \dot{\boldsymbol{r}}) \tag{4.11}$$

角運動量に対する方程式　(4.11) を時間 t で微分すると（例題5）

$$\frac{d\boldsymbol{L}}{dt} = \frac{d}{dt}m(\boldsymbol{r} \times \dot{\boldsymbol{r}}) = m(\dot{\boldsymbol{r}} \times \dot{\boldsymbol{r}}) + m(\boldsymbol{r} \times \ddot{\boldsymbol{r}})$$

となる．同じベクトル同士のベクトル積は0であるから（右の⑪），$\dot{\boldsymbol{r}} \times \dot{\boldsymbol{r}} = 0$ となる．また，質点に働く力を $\boldsymbol{F}$ とすれば $m\ddot{\boldsymbol{r}} = \boldsymbol{F}$ が成り立つので，上式から

$$\dot{\boldsymbol{L}} = \boldsymbol{N} \tag{4.12}$$

$$\boldsymbol{N} = \boldsymbol{r} \times \boldsymbol{F} \tag{4.13}$$

が導かれる．(4.13) の $\boldsymbol{N}$ を力 $\boldsymbol{F}$ の点Oに関する**力のモーメント**という．$\boldsymbol{N} = 0$ であれば $\boldsymbol{L}$ は一定となるが，これを**角運動量保存則**という．

平面上の質点　質点が平面上を運動する場合を考え，この平面を xy 面にとる（図**4.4**）．$\boldsymbol{r}$，$\boldsymbol{p}$ は

$$\boldsymbol{r} = (x, y, 0), \quad \boldsymbol{p} = (p_x, p_y, 0) \tag{4.14}$$

と表され，これから⑨を利用して

$$\begin{aligned} L_x &= yp_z - zp_y = 0, \\ L_y &= zp_x - xp_z = 0, \\ L_z &= xp_y - yp_x \end{aligned}$$

となり，$\boldsymbol{L}$ は z 方向を向くことがわかる．

$\boldsymbol{r}$ も $\boldsymbol{p}$ も xy 面内にあり，$\boldsymbol{L}$ は $\boldsymbol{r}$ と $\boldsymbol{p}$ の両方に垂直であるから，$\boldsymbol{L}$ が z 方向を向くのは当然の結果である．

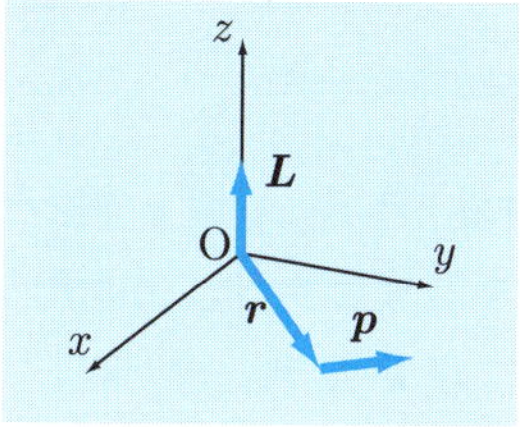

図 4.4 平面上の質点

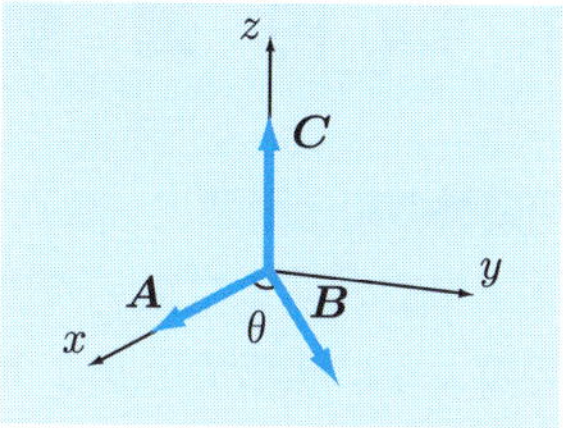

図 4.5 ベクトル積

参考 ベクトル積 2 つのベクトル $\boldsymbol{A}$ と $\boldsymbol{B}$ とがあるとき

$$\boldsymbol{C} = \boldsymbol{A} \times \boldsymbol{B} \quad ⑧$$

という記号を導入し，$\boldsymbol{C}$ の x, y, z 成分は

$$C_x = A_y B_z - A_z B_y, \quad C_y = A_z B_x - A_x B_z$$
$$C_z = A_x B_y - A_y B_x \quad ⑨$$

で与えられるとする．$\boldsymbol{C}$ を $\boldsymbol{A}$ と $\boldsymbol{B}$ の**ベクトル積**という．⑧，⑨から次の関係が成り立つ．

$$\boldsymbol{B} \times \boldsymbol{A} = -\boldsymbol{A} \times \boldsymbol{B} \quad ⑩$$

特に $\boldsymbol{B} = \boldsymbol{A}$ とおけば次のようになる．

$$\boldsymbol{A} \times \boldsymbol{A} = 0 \quad ⑪$$

$\boldsymbol{A}$ と $\boldsymbol{B}$ とを含む平面を $\boldsymbol{xy}$ 面に選びベクトル $\boldsymbol{A}$ が $\boldsymbol{x}$ 軸を向くようにする（図4.5）．また，$\boldsymbol{A}$ と $\boldsymbol{B}$ とのなす角を図のように θ とする（ただし，$0 \leq \theta \leq \pi$）．このような座標系をとると

$$\boldsymbol{A} = (A, 0, 0), \quad \boldsymbol{B} = (B\cos\theta, B\sin\theta,\ 0)$$

と書ける．したがって，⑨から

$$C_x = 0, \quad C_y = 0, \quad C_z = A_x B_y = AB\sin\theta \quad ⑫$$

となり，ベクトル $\boldsymbol{C}$ は z 方向，すなわち $\boldsymbol{A}$ と $\boldsymbol{B}$ の両方に垂直な方向をもつ．またその大きさは $AB\sin\theta$ に等しい．

$(\boldsymbol{x}, \boldsymbol{y}, \boldsymbol{z}) \to (\boldsymbol{y}, \boldsymbol{z}, \boldsymbol{x}) \to (\boldsymbol{z}, \boldsymbol{x}, \boldsymbol{y})$ という変換を行うと⑨は覚えやすい．

$\boldsymbol{A} \times \boldsymbol{B}$ は $\boldsymbol{A}$ から $\boldsymbol{B}$ へと π より小さい角度で右ねじを回すときそのねじの進む向きをもつ．

例題 5 $\boldsymbol{A}$，$\boldsymbol{B}$ が時間 t の関数のとき

$$\frac{d}{dt}(\boldsymbol{A} \times \boldsymbol{B}) = (\dot{\boldsymbol{A}} \times \boldsymbol{B}) + (\boldsymbol{A} \times \dot{\boldsymbol{B}})$$

の関係が成立することを示せ．

解 $d(\boldsymbol{A} \times \boldsymbol{B})/dt$ の x 成分をとると

$$\begin{aligned} \frac{d}{dt}(A_y B_z - A_z B_y) &= \dot{A}_y B_z - \dot{A}_z B_y + A_y \dot{B}_z - A_z \dot{B}_y \\ &= (\dot{\boldsymbol{A}} \times \boldsymbol{B})_x + (\boldsymbol{A} \times \dot{\boldsymbol{B}})_x \end{aligned}$$

となり，同様な関係が $\boldsymbol{y}$，z 成分に対しても成り立つ．

4.4 円 運 動

円運動の角運動量 質点P（質量 m）が xy 面上で原点Oを中心とする半径 r の円運動を行うとする（図 4.6）．図のように回転角を θ とすれば，点Pの x，y 座標は

電車の車輪，ハンマー投げ，CDなど，物体の回転はよく見られるがこれらは円運動として記述される．

$$x = r\cos\theta, \quad y = r\sin\theta \tag{4.15}$$

となる．上式を時間で微分すると

$$\dot{x} = -r\dot{\theta}\sin\theta, \quad \dot{y} = r\dot{\theta}\cos\theta \tag{4.16}$$

が得られる．$\dot{\theta}$ を**角速度**という．$L_z = m(x\dot{y} - y\dot{x})$ に (4.15)，(4.16) を代入すると次式が導かれる．

$\boldsymbol{r}$ も $\boldsymbol{p}$ も xy 面内にあるので $\boldsymbol{L}$ は z 軸に沿う．

$$L_z = mr^2\dot{\theta} \tag{4.17}$$

等速円運動 $\dot{\theta}$ が一定な円運動を等速円運動という．この一定値を ω とすれば，$\dot{\theta} = \omega$ から $\theta = \omega t + \alpha$ と書ける．(4.15)，(4.16) から

図 4.7(a)，(b) のように，xy 面内で質点が正（負）の向きに回転していれば $\boldsymbol{L}$ は z 軸の正（負）方向を向く．

$$x = r\cos(\omega t + \alpha), \qquad y = r\sin(\omega t + \alpha) \tag{4.18}$$

$$\dot{x} = -r\omega\sin(\omega t + \alpha), \quad \dot{y} = r\omega\cos(\omega t + \alpha) \tag{4.19}$$

y に対する式は単振動を記述する．

となり，(4.19) から質点の速さ v に対し，$v^2 = r^2\omega^2$ が得られる．したがって，v は次のように表される．

ω は符号をもつ．

$$v = r\,|\omega| \tag{4.20}$$

等速円運動では v は一定となる．

(4.19) をさらに t で微分すると次のように計算される．

$$\ddot{x} = -\omega^2 x, \quad \ddot{y} = -\omega^2 y \tag{4.21}$$

加速度 $\boldsymbol{a}$ と位置ベクトル $\boldsymbol{r}$ には次の関係が成り立つ．

$$\boldsymbol{a} = -\omega^2\boldsymbol{r} \tag{4.22}$$

向心力 質点P（質量 m）に働く力 $\boldsymbol{F}$ は運動の第二法則により $\boldsymbol{F} = m\boldsymbol{a}$ と書けるので，(4.22) からわかるように，質点には円（半径 r）の中心に向かって大きさ

ある中心に向かって働くような力を**中心力**という．

$$F = mr\omega^2 \tag{4.23}$$

の力が働く．これを**向心力**という．

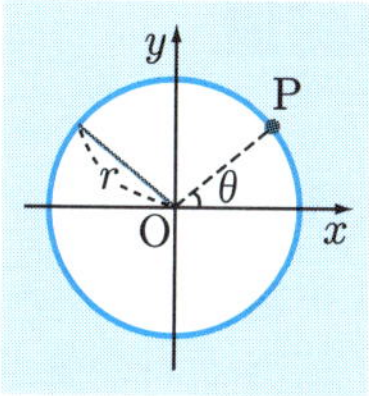

図 **4.6**　円運動

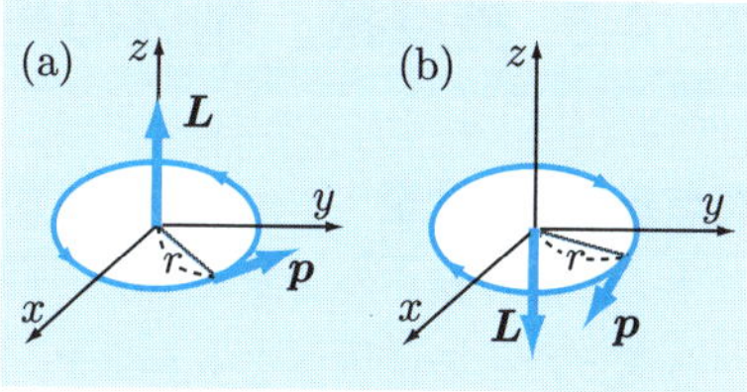

図 **4.7**　円運動の角運動量

参考　**周期と回転数**　質点が円周上を 1 周するのに必要な時間を**周期**といい，通常 T で表す．円周の長さは $2\pi r$，質点の速さは一定値 $r\omega$ なので，T は次のように表される．

$$T = \frac{2\pi r}{r\omega} = \frac{2\pi}{\omega} \quad ⑬$$

一方，単位時間の間に質点が回転する回数を**回転数**といい，νと書く．質点が1回転するのに必要な時間がTであるから，νは

$$\nu = 1/T = \omega/2\pi \quad ⑭$$

で与えられる．1 秒間に 1 回転するときを ν の単位とし，これを 1 ヘルツ (Hz) という．

例題 6　太陽（質量 M）を中心として質量 m の惑星が等速円運動をしているとする．円の半径 r と公転周期 T との間の関係を求めよ．

解　惑星に働く向心力は太陽，惑星間の万有引力であるから

$$mr\omega^2 = G\frac{Mm}{r^2} \quad ⑮$$

が得られる．$\omega = 2\pi/T$ の関係を代入すると

$$T^2 = \frac{4\pi^2}{GM}r^3 \quad ⑯$$

となる．すなわち，$T^2 \propto r^3$ の比例関係が成り立つ．

例題 7　地球の T が 365 日であることを利用し，太陽の質量を求めよ．

解　$T = 365 \times 24 \times 60 \times 60\ \mathrm{s} = 3.16 \times 10^7\mathrm{s}$，$r = 1.5 \times 10^8\ \mathrm{km}$ で，M は次のように計算される．

$$M = \frac{4\pi^2 r^3}{GT^2} = \frac{4\pi^2 \times (1.5 \times 10^{11})^3}{6.67 \times 10^{-11} \times (3.16 \times 10^7)^2} = 2.0 \times 10^{30}\mathrm{kg}$$

$\omega > 0$ の場合を考える．

単振動の場合，ν に相当する量を**振動数**という．

$\omega = 2\pi\nu$ で ω と νとは2πの因数だけ違うのに注意する必要がある．

$M \gg m$ が成り立つので，⑦により換算質量は m に等しいと考えてよい．

人工衛星の周期から地球の質量が求まる．

惑星は太陽を焦点とする楕円上を運動する．楕円の長径を a とすると $T^2 \propto a^3$である．

4.5 質点系，剛体の角運動量

質点系の角運動量　n 個の質点から成り立つ質点系を考え i 番目の質点の質量を m_i，運動量を $\boldsymbol{p}_i$，また点 O から測ったその位置ベクトルを $\boldsymbol{r}_i$ とする．i 番目の質点の角運動量 $\boldsymbol{L}_i$ は $\boldsymbol{L}_i = \boldsymbol{r}_i \times \boldsymbol{p}_i$ と書けるが，この $\boldsymbol{L}_i$ をすべての質点に関して加え合わせ

$$\boldsymbol{L} = \sum_i \boldsymbol{L}_i = \sum_i (\boldsymbol{r}_i \times \boldsymbol{p}_i) \tag{4.24}$$

の $\boldsymbol{L}$ を点 O の回りにもつ質点系の**全角運動量**という．

L に対する方程式　i 番目の質点に対する運動方程式は

F_i は i 番目の質点に働く外力，F_{ij} は質点 j が質点 i に及ぼす内力である．

$$m_i \ddot{\boldsymbol{r}}_i = \boldsymbol{F}_i + \sum_{j \neq i} \boldsymbol{F}_{ij} \tag{4.25}$$

と表される．ここで，$j \neq i$ は j で和をとるとき $j = i$ の項は除くことを意味する．$\boldsymbol{r}_i$ と (4.25) のベクトル積をとり i について加えると次式が導かれる（例題 8）．

$$\sum m_i (\boldsymbol{r}_i \times \ddot{\boldsymbol{r}}_i) = \sum (\boldsymbol{r}_i \times \boldsymbol{F}_i) \tag{4.26}$$

ここで $\sum$ は i に関する和を意味し，今後同様の記号を用いることにする．上式を利用すると全角運動量に対する

$$\dot{\boldsymbol{L}} = \sum (\boldsymbol{r}_i \times \boldsymbol{F}_i) \tag{4.27}$$

の方程式が得られる（例題 9）．あるいは

$$\boldsymbol{N} = \sum (\boldsymbol{r}_i \times \boldsymbol{F}_i) \tag{4.28}$$

とおけば，(4.27) は

$$\dot{\boldsymbol{L}} = \boldsymbol{N} \tag{4.29}$$

と表され，(4.12) と同様の式が導かれる．

弾性体，気体，液体などは力を加えると変形する．このような変形する物体の力学は第 **6** 章で論じる．

剛体の場合　現実に存在する物体では，力を加えたとき，何らかの変形を起こす．しかし，力を加えても変形しないような理想的な固体を想定し，これを**剛体**という．剛体を多数の微小部分に分割し，各微小部分を質点で代表させれば，剛体は一種の質点系であるとみなされる．ただし，各質点間の距離は常に一定であると考える．

剛体は質点系と考えられるので，これまで導いた関係は剛体の場合にも成立する．

例題 8　質点系に対する (4.26) の関係を導け．

解　(4.25) から

$$\sum_i m_i(\boldsymbol{r}_i \times \ddot{\boldsymbol{r}}_i) = \sum_i(\boldsymbol{r}_i \times \boldsymbol{F}_i) + \sum_i\sum_{j\neq i}(\boldsymbol{r}_i \times \boldsymbol{F}_{ij}) \quad ⑰$$

となる．上式の右辺第 2 項で $\boldsymbol{F}_{12}$ と $\boldsymbol{F}_{21}$ とを含む項を考えると，$\boldsymbol{F}_{21} = -\boldsymbol{F}_{12}$ を使い $(\boldsymbol{r}_1 - \boldsymbol{r}_2)\times\boldsymbol{F}_{12}$ が得られる．$\boldsymbol{F}_{12}$ は $(\boldsymbol{r}_1 - \boldsymbol{r}_2)$ と平行なのでこの項は 0 となる．同じことが任意の $\boldsymbol{F}_{ij}$ と $\boldsymbol{F}_{ji}$ とのペアに対して成り立ち，結局⑰の右辺第 2 項は 0 で，⑰は (4.26) に帰着する．

$\boldsymbol{A}$ と $\boldsymbol{B}$ とが平行だと両者のなす角が 0 なので $\boldsymbol{A}\times\boldsymbol{B}$ は 0 となる．

例題 9　質点系の全角運動量 $\boldsymbol{L}$ を考え，$\dot{\boldsymbol{L}}$ に対する方程式を導出せよ．

解　全角運動量 $\boldsymbol{L}$ は

$$\boldsymbol{L} = \sum m_i(\boldsymbol{r}_i \times \dot{\boldsymbol{r}}_i) \quad ⑱$$

と書けるから，これを時間で微分し次式が得られる．

$$\dot{\boldsymbol{L}} = \sum m_i(\dot{\boldsymbol{r}}_i \times \dot{\boldsymbol{r}}_i) + \sum m_i(\boldsymbol{r}_i \times \ddot{\boldsymbol{r}}_i)$$

右辺第 1 項は 0 なので (4.27) が導かれる．

補足　**角運動量，力のモーメントの求め方**　角運動量 $\boldsymbol{L} = \boldsymbol{r}\times\boldsymbol{p}$ を求める便法を紹介する．$\boldsymbol{r}$，$\boldsymbol{p}$ を含む平面を xy 面にとり，原点 O から $\boldsymbol{p}$ の延長線に垂線を下ろしてその足を R とする（図 4.8）．ベクトル積の定義から $\boldsymbol{L}$ の大きさ $|\boldsymbol{L}|$ は

$$|\boldsymbol{L}| = pr\sin\theta \quad ⑲$$

で与えられる．図 4.8 から $\overline{\mathrm{OR}} = r\sin\theta$ であることがわかり，⑲は次のように書ける．

$$|\boldsymbol{L}| = p \times \overline{\mathrm{OR}} \quad ⑳$$

ここで，p，r はそれぞれ $\boldsymbol{p}$，$\boldsymbol{r}$ の大きさで，また θ は $\boldsymbol{p}$ と $\boldsymbol{r}$ とのなす角である．

$\boldsymbol{L} = \boldsymbol{r}\times\boldsymbol{p}$ の定義から明らかなように，$\boldsymbol{L}$ は z 軸に沿って生じる．質点が点 O の回りで反時計回りに（正の向きに）運動するときには L_z は正，時計回りに（負の向きに）運動するときには L_z は負となる．上述の議論で $\boldsymbol{p}\to\boldsymbol{F}$ と変換すれば，力のモーメント $\boldsymbol{N} = \boldsymbol{r}\times\boldsymbol{F}$ が求まる．すなわち，点 O から $\boldsymbol{F}$ の延長線に下ろした垂線の足を P としたとき

$$N_z = \pm(F \times \overline{\mathrm{OP}}) \quad ㉑$$

で，反時計回りの場合には +，時計回りの場合には − をとる．

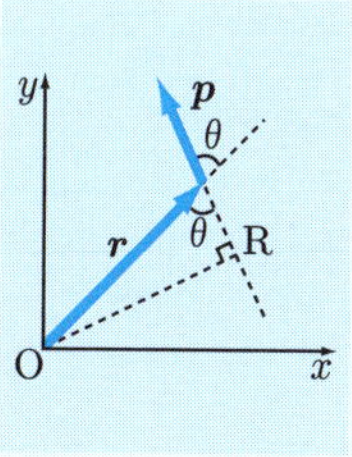

図 4.8　角運動量の求め方

演 習 問 題
第4章

1 体重 60 kg の人が 8 m/s の速さで走っているとき，この人のもつ運動量の大きさを求めよ．

2 質量 0.145 kg の静止しているボールを仰角 45° でバットで打ち上げ，90 m の水平距離まで飛ばしたい．このためには，どれだけの力積をボールに与えればよいか．ただし，空気の抵抗は無視してよいとする．

3 一直線上を右向きに運動する 2 つの質点 A（質量 m，速さ v），B（質量 m'，速さ v'）があり，A は B の左側にあるとする．$v > v'$ であれば A は B に追いつき衝突する．衝突後，A，B は一体となり運動すると仮定しその速さ V を求めよ．ただし，A，B に外力は働かないものとする．

4 全質量 M のロケットが速さ v で飛んでいるとき，その後尾から質量 m の火薬を瞬間的に後方に吹き出した．火薬はロケットに対し V の速さで噴出されるとして，以下の設問に答えよ．

(a) 火薬を吹き出す前にロケットのもっていた運動量を求めよ．

(b) 火薬を吹き出した後，ロケットと火薬全体に対する全運動量はいくらか．ただし，火薬を吹き出した後のロケットの速さを v' とする．

(c) 運動量保存則を利用して v' を求めよ．

5 半径 r の等速円運動する質点を考え，質点の位置ベクトルを $\boldsymbol{r}$ とする．円運動という条件から

$$\boldsymbol{r}^2 = r^2 = 一定$$

となる．この性質を利用し，$\boldsymbol{r}$ と $\boldsymbol{v}$ は直交することを示せ．同様に等速という条件から $\boldsymbol{v}$ と $\boldsymbol{a}$ が直交することを証明せよ．

6 n 個の質点から構成される質点系があり，各質点に重力が働くとする．ある点 O に関する重力のモーメントの総和は，重心に集中した全重力が点 O の回りにもつモーメントに等しいことを示せ．

第5章

剛体の力学

剛体の釣合い，固定軸をもつ剛体，慣性モーメント，剛体の平面運動など剛体の力学を扱う．

本章の内容

5.1 剛体の釣合い

質点では合力が0ということが平衡の条件だが，剛体ではさらにそれが回転しないという条件が必要となる．

力の釣合い 2.2節で質点の場合に力の釣合いについて論じた．質点系，剛体でも同様で，いくつかの力が働くとき，たまたま力の作用が打ち消し合って，体系が静止したままのことがある．このとき，その体系は**平衡**の状態にあるという．また，これらの力は**釣合っている**という．

釣合いの条件 剛体の釣合いに対する条件を導こう．剛体を細かく分割すれば質点系とみなせるから，剛体の釣合いは基本的には質点系の釣合いと等価である．質点系が静止している場合，体系中の質点はすべて静止していて，その全運動量は0である．このため(4.7)により

$\sum$ は i に関する和を意味する．

$$\sum \boldsymbol{F}_i = 0 \tag{5.1}$$

が成り立つ．すなわち，1つの条件として剛体に働く外力の和は0でなければならない．

質点系が平衡の状態にあると，個々の $\boldsymbol{p}_i$ は0で全角運動量も0となる．このため，(4.27)により

$$\sum(\boldsymbol{r}_i \times \boldsymbol{F}_i) = 0 \tag{5.2}$$

点O′を選ぶときなるべく多くの力のモーメントが0となるようにすれば計算は楽である．

が得られる．この場合，点Oの選び方は任意でよい．例えば点O′をとり，OからO′に至るベクトルを $\boldsymbol{r}_0$ とし

$$\boldsymbol{r}_i = \boldsymbol{r}_0 + \boldsymbol{r}'_i \tag{5.3}$$

と表したとする．(5.3)を(5.2)に代入し(5.1)を使うと

$$\begin{aligned}\sum(\boldsymbol{r}_i \times \boldsymbol{F}_i) &= \sum(\boldsymbol{r}_0 \times \boldsymbol{F}_i) + \sum(\boldsymbol{r}'_i \times \boldsymbol{F}_i) \\ &= \sum(\boldsymbol{r}'_i \times \boldsymbol{F}_i) = 0 \end{aligned} \tag{5.4}$$

が導かれる．すなわち，もう1つの条件は任意の点に関する外力のモーメントの和が0となることである．

例題 1　長さ L，質量 M の一様な棒の一端 A に糸をつけてこれを天井から吊るし，他端 B を大きさ F の力で水平方向にひっぱる（図 5.1）．このとき，糸および棒が鉛直線となす角の正接（tan）を求めよ．

棒を吊るす糸は十分軽くこれに働く重力は無視できるとする．

解　一様な棒であるから重心 G は棒の中心にある．図 5.1 で釣合いの条件を考えると

$$F - T\sin\alpha = 0 \qquad ①$$

$$Mg - T\cos\alpha = 0 \qquad ②$$

となり，これから次の結果が求まる．

$$\tan\alpha = \frac{F}{Mg} \qquad ③$$

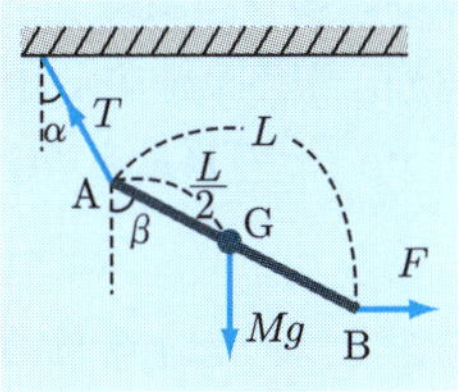

図 5.1　棒の釣合い

点 A に関する力のモーメントを考えると，次のようになる．

$$FL\cos\beta - \frac{L}{2}Mg\sin\beta = 0$$

$$\therefore \quad \tan\beta = \frac{2F}{Mg} \qquad ④$$

例題 2　長さ L，質量 M の一様な棒を滑らかな壁に立てかけたとき，この棒は粗い床と角 θ をなしたとする（図 5.2）．棒が滑らないためには，θ はどんな範囲の値をとればよいか．ただし，棒と床との間の静止摩擦係数を μ とする．

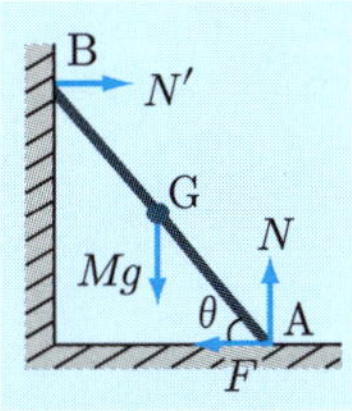

図 5.2　壁に立てかけた棒

解　釣合いの条件は

$$N' - F = 0 \qquad ⑤$$

$$N - Mg = 0 \qquad ⑥$$

$$\frac{L}{2}Mg\cos\theta - N'L\sin\theta = 0 \qquad ⑦$$

と書ける．⑤，⑦から

$$F = \frac{Mg}{2\tan\theta}$$

となり，$F \leq \mu N$ から次の θ の範囲

$$\frac{1}{2\mu} \leq \tan\theta \qquad ⑧$$

が求まる．

⑦を導くとき点 A のまわりのモーメントを考える．

5.2 剛体の運動

図 5.3 のように，剛体を投げ上げたとき重心の回りで剛体は回転運動するが，重心は放物運動を行う．

重心の運動　剛体（質量 M）の重心の運動方程式は

$$M\ddot{\boldsymbol{r}}_\mathrm{G} = \boldsymbol{F} \tag{5.5}$$

で与えられ，重心は質点として扱える．

重心の回りの運動　重心の回りで起こる運動を調べるため，剛体を細かく分割したとし，i 番目の位置ベクトルを $\boldsymbol{r}_i$，その質量を m_i とする．また $\boldsymbol{r}_i$ を

(5.6) は (5.3) で r_0 を r_G と選んだことに相当する．

$$\boldsymbol{r}_i = \boldsymbol{r}_\mathrm{G} + \boldsymbol{r}'_i \tag{5.6}$$

とおく．$\boldsymbol{r}'_i$ は i 番目の微小部分を重心からみた位置ベクトルである（図 5.4）．重心の定義式

$$M\boldsymbol{r}_\mathrm{G} = \sum m_i \boldsymbol{r}_i \tag{5.7}$$

に (5.6) を代入し，$M = \sum m_i$ を使うと，下記の関係

$$\sum m_i \boldsymbol{r}'_i = 0 \tag{5.8}$$

が得られる．剛体の全角運動量 $\boldsymbol{L}$ は，重心の回りの量 $\boldsymbol{L}'$ を

$$\boldsymbol{L}' = \sum m_i (\boldsymbol{r}'_i \times \dot{\boldsymbol{r}}'_i) \tag{5.9}$$

と定義すれば次のように表される（例題 3）．

$\dot{r}_\mathrm{G} \times \dot{r}_\mathrm{G} = 0$ であることに注意する．

$$\boldsymbol{L} = \sum m_i (\boldsymbol{r}_\mathrm{G} \times \dot{\boldsymbol{r}}_\mathrm{G}) + \boldsymbol{L}' \tag{5.10}$$

(5.10) を時間で微分し，(5.5) を利用すると

$$\dot{\boldsymbol{L}} = (\boldsymbol{r}_\mathrm{G} \times \boldsymbol{F}) + \dot{\boldsymbol{L}}' \tag{5.11}$$

が導かれる．一方，力のモーメントの和 $\boldsymbol{N}$ は

剛体の運動は重心運動と重心の回りの運動とに分離される．

$$\begin{aligned} \boldsymbol{N} &= \sum (\boldsymbol{r}_i \times \boldsymbol{F}_i) = \sum (\boldsymbol{r}_\mathrm{G} \times \boldsymbol{F}_i) + \sum (\boldsymbol{r}'_i \times \boldsymbol{F}_i) \\ &= (\boldsymbol{r}_\mathrm{G} \times \boldsymbol{F}) + \boldsymbol{N}' \end{aligned}$$

と書ける．ただし $\boldsymbol{N}'$ は重心に関する力のモーメントの和

$$\boldsymbol{N}' = \sum (\boldsymbol{r}'_i \times \boldsymbol{F}_i) \tag{5.12}$$

を意味する．こうして，(5.11) から

$$\dot{\boldsymbol{L}}' = \boldsymbol{N}' \tag{5.13}$$

という重心の回りの運動に対する方程式が求まる．

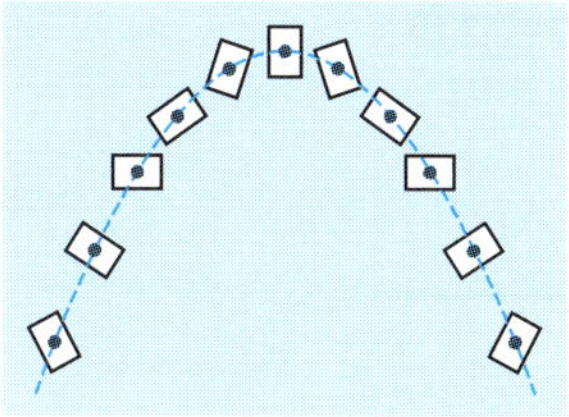

図 5.3 重心の放物運動

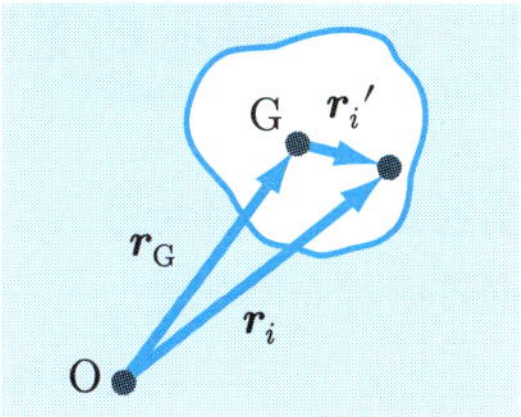

図 5.4 i 番目の微小部分

例題 3 剛体の全角運動量 $\boldsymbol{L}$ に対する (5.10) を導け.

解 $\boldsymbol{L}$ に対する第 4 章の⑱に (5.6) を代入すると

$$\boldsymbol{L} = \sum m_i(\boldsymbol{r}_\mathrm{G} \times \dot{\boldsymbol{r}}_\mathrm{G}) + \sum m_i(\boldsymbol{r}_\mathrm{G} \times \dot{\boldsymbol{r}}_i') + \sum m_i(\boldsymbol{r}_i' \times \dot{\boldsymbol{r}}_\mathrm{G}) + \sum m_i(\boldsymbol{r}_i' \times \dot{\boldsymbol{r}}_i') \quad ⑨$$

となる. (5.8) およびその時間微分を利用すると⑨の右辺第 2, 3 項は 0 となり, (5.10) が得られる.

参考 **剛体の運動エネルギー** 剛体の全運動エネルギー K を考えよう. K は

$$K = \frac{1}{2}\sum m_i \dot{\boldsymbol{r}}_i^2 \quad ⑩$$

で与えられるが, これに (5.6) から導かれる

$$\dot{\boldsymbol{r}}_i = \dot{\boldsymbol{r}}_\mathrm{G} + \dot{\boldsymbol{r}}_i' \quad ⑪$$

を代入すると

$$K = \frac{1}{2}\sum m_i(\dot{\boldsymbol{r}}_\mathrm{G}^2 + 2\dot{\boldsymbol{r}}_\mathrm{G} \cdot \dot{\boldsymbol{r}}_i' + \dot{\boldsymbol{r}}_i'^2) \quad ⑫$$

となる. (5.8) の時間微分を用いると

$$\sum m_i \dot{\boldsymbol{r}}_i' = 0 \quad ⑬$$

が成り立ち, ⑫の右辺の第 2 項は 0 となる. 結局 K は

$$K = \frac{1}{2}M\dot{\boldsymbol{r}}_\mathrm{G}^2 + \frac{1}{2}\sum m_i \dot{\boldsymbol{r}}'^2 \quad ⑭$$

と表される. これからわかるように, 剛体の運動エネルギーは, 重心に全質量が集中したと考えたとき重心のもつ運動エネルギーと, 重心があたかも静止したと考えたときその回りにもつ剛体の運動エネルギーの和として表される. 剛体の運動エネルギーに注目したとき, 重心運動と重心の回りの運動とは独立であり, 互いに干渉しないと考えられる.

図 5.3 で重心の放物運動と剛体の回転とは互いに独立である.

5.3 固定軸をもつ剛体

時計の針の回転，モーターの回転子の回転などは固定軸の回りの回転である．

固定軸 剛体を適当な2点A，Bで支え，この2点を通る直線を回転軸として，剛体が回転する場合を考える（図**5.5**）．この回転軸は空間に固定されているとするので，それを**固定軸**という．

運動方程式 固定軸を z 軸にとり，z 軸上に原点Oを選び座標系 x, y, z を導入する（図**5.5**）．$\dot{\boldsymbol{L}} = \boldsymbol{N}$ の z 成分をとると

$$\dot{L}_z = N_z \tag{5.14}$$

剛体の位置を指定するには，固定軸の回りの回転角という**1**個の変数だけを考えればよい．固定軸の回りの回転は剛体の運動のうちもっとも簡単である．

と書ける．剛体を支えている点A，Bには抗力 $\boldsymbol{R}_{\mathrm{A}}$，$\boldsymbol{R}_{\mathrm{B}}$ が働くが，(5.14) の運動方程式でこれらの抗力は考慮する必要がない（例題4）．図**5.5**のように i 番目の微小部分P(質量 m_i) から z 軸に垂線を下ろしてその足をQとし，PQ間の距離を r_i とする．PはQを中心とする円運動を行うので，r_i は時間に依存しない．また，図のように角 φ_i をとる．その結果，x_i，y_i は

$$x_i = r_i \cos\varphi_i, \quad y_i = r_i \sin\varphi_i \tag{5.15}$$

と書ける．r_i が時間に依存しないことに注意し，また $\dot{\varphi}_i$ は i によらないのでこれを ω とおけば

$$\dot{x}_i = -r_i\omega \sin\varphi_i, \quad \dot{y}_i = r_i\omega \cos\varphi_i \tag{5.16}$$

となる．L_z は

右の $\boldsymbol{L_z}$ の計算は**4.4**節の円運動の結果を剛体に拡張したものである．

$$L_z = \sum m_i(x_i\dot{y}_i - y_i\dot{x}_i) \tag{5.17}$$

と表され，(5.15)，(5.16) を (5.17) に代入すると

$$L_z = I\omega \tag{5.18}$$

が得られる．ただし，I は

$$I = \sum m_i r_i^2 = \sum m_i(x_i^2 + y_i^2) \tag{5.19}$$

角加速度は直線運動の加速度に相当する．

で，I を固定軸の回りの**慣性モーメント**という．また，I は時間に依存しないので (5.14)，(5.18) から

$$I\dot{\omega} = N_z \tag{5.20}$$

となる．$\dot{\omega}$ を**角加速度**という．

例題 4　(5.14) で $\boldsymbol{R}_\mathrm{A}$，$\boldsymbol{R}_\mathrm{B}$ の抗力を考慮しなくてよいのはなぜか．

解　点 O に関する $\boldsymbol{R}_\mathrm{A}$ のモーメントは z 軸と垂直で，その z 成分は 0 となるためである．$\boldsymbol{R}_\mathrm{B}$ についても同じ事情が成立する．

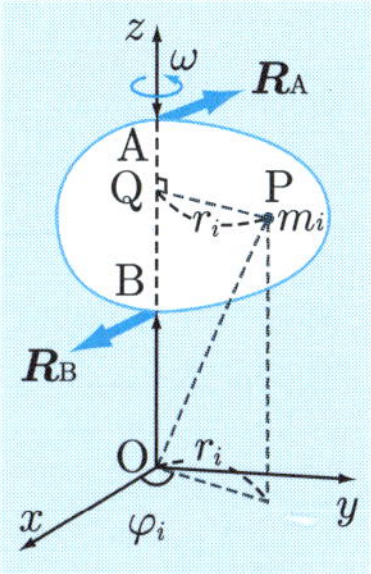

図 5.5　固定軸をもつ剛体

例題 5　質量 M の剛体の 1 点 O を通る水平な軸を固定軸として，剛体を鉛直面内で振動させる振り子を**剛体振り子**または**物理振り子**という．図 5.6 のように点 O と重心 G との間の距離を d とする．OG と x 軸とのなす角を θ とし，微小振動として振動の周期を求めよ．

剛体は点 O を通り紙面と垂直な軸の回りで振動を行うとする．

解　剛体には点 O における抗力 $\boldsymbol{R}$，重心 G に作用する重力 Mg が働く．抗力 $\boldsymbol{R}$ は点 O を通るためこの点の回りでモーメントをもたない．また，$\omega = \dot{\theta}$ と表され，(5.20) の左辺は $I\ddot{\theta}$ と書ける．一方，N_z は

$$N_z = \sum(x_i Y_i - y_i X_i) \qquad ⑮$$

と書け，$X_i = m_i g$，$Y_i = 0$ が成り立つので

X_i，Y_i は i 番目の微小部分に働く外力の x，y 成分である．

$$N_z = -g\sum m_i y_i = -Mgy_\mathrm{G} \qquad ⑯$$

となる．ただし，y_G は重心の y 座標で，図 5.6 からわかるように，$y_\mathrm{G} = d\sin\theta$ である．こうして運動方程式は

$$I\ddot{\theta} = -Mgd\sin\theta \qquad ⑰$$

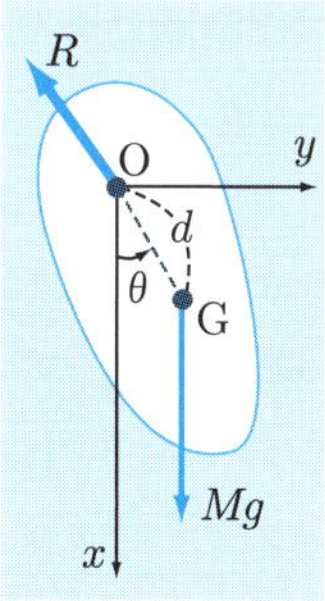

図 5.6　剛体振り子

と表される．微小振動の場合には $\sin\theta \simeq \theta$ と近似し

$$I\ddot{\theta} = -Mgd\theta \qquad ⑱$$

が得られる．これから単振動の角振動数 ω は

$$\omega^2 = \frac{Mgd}{I} \qquad ⑲$$

となり，振動の周期 T は次のように求まる．

$$T = \frac{2\pi}{\omega} = 2\pi\sqrt{\frac{I}{Mgd}} \qquad ⑳$$

5.4 慣性モーメント

棒の太さは無視できるとする.

一様な棒ではσは一定で$M = \sigma l$である.

慣性モーメントは剛体の力学を論じる際，重要な役割をもつ物理量だが，いくつかの例について計算を行う.

一様な細い棒（重心の回り）　長さlの一様な剛体があるとし，重心を通り棒と垂直な回転軸に関する慣性モーメントIを考える［図 5.7(a)］. 棒の重心を座標原点Oに選び，棒の単位長さ当たりの質量（線密度）をσとすれば，棒の質量をMとし次のようになる.

$$I = \sigma \int_{-l/2}^{l/2} x^2 dx = \sigma \frac{l^3}{12} = \frac{Ml^2}{12} \tag{5.21}$$

一様な細い棒（棒の端の回り）　図 5.7(b) のように，棒の端Oを通り棒と垂直な固定軸の回りのIは，上と同様な議論により

$$I = \sigma \int_0^l x^2 dx = \frac{\sigma l^3}{3} = \frac{Ml^2}{3} \tag{5.22}$$

と計算される.

一様な円板（中心の回り）　半径aの一様な円板の中心Oを通り円板と垂直な固定軸の回りにもつ慣性モーメントIを考える. 円板の単位面積当たりの質量（面密度）をσとしよう. 半径がrの円と$r + dr$の円にはさまれた部分（図 5.8 の青い部分）の面積は$2\pi r dr$となり，この部分の質量は$2\pi\sigma r dr$で与えられる. したがって，Iは

$$I = \int_0^a 2\pi\sigma r^3 dr = \frac{\pi\sigma}{2} a^4$$

と表される. 円板の質量Mはσと円の面積πa^2の積で$M = \sigma\pi a^2$と書けるので

$$I = \frac{Ma^2}{2} \tag{5.23}$$

が得られる. なお，半径aの一様な円筒の中心軸に関する慣性モーメントも (5.23) で与えられる（例題 7）.

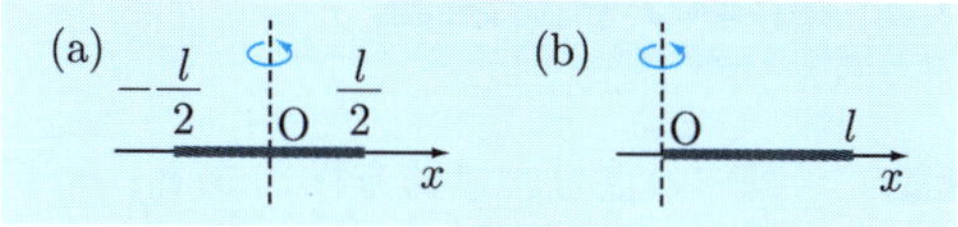

図 **5.7**　棒の慣性モーメント

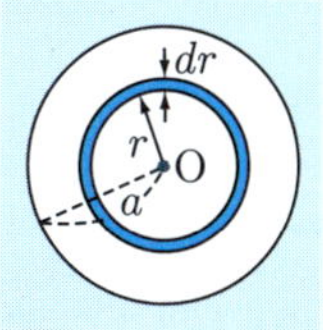

図 **5.8** 円板の慣性モーメント

例題 6　一様な剛体の棒（長さ l）の一端を支点とするような剛体振り子の周期 T を求めよ．

解　⑳に $d = l/2$, $I = Ml^2/3$ を代入すると

$$T = 2\pi\sqrt{\frac{2l}{3g}} \qquad ㉑$$

となる．㉑は単振り子に比べ $\sqrt{2/3}$倍 $= 0.816$ 倍 である．

例題 7　半径 a, 質量 M, 高さ h の一様な円筒の中心軸に関する慣性モーメント I はいくらか．

解　円筒の密度を ρ とする．中心軸を z 軸にとると，$z \sim z + dz$ の微小部分の z 軸に関する慣性モーメントは $\rho\pi a^4 dz/2$ である．これを z に関し積分して，I は次のように計算される．

$$I = \int_0^h \frac{\rho\pi a^4}{2}dz = \frac{\rho\pi a^4 h}{2} = \frac{Ma^2}{2} \qquad ㉒$$

参考　**一様な球（半径 a）の中心を通る軸に関する慣性モーメント I**　球の中心を座標原点とする x, y, z 軸をとり，x, y, z 軸に関する慣性モーメント I_x, I_y, I_z を導入する．球の密度を ρ とすれば

$$I_x = \rho\int(y^2 + z^2)dV, \quad I_y = \rho\int(z^2 + x^2)dV$$

$$I_z = \rho\int(x^2 + y^2)dV$$

となり，これらの和をとると $(r^2 = x^2 + y^2 + z^2)$

対称性により $I_x = I_y = I_z = I$ となる．

$$3I = 2\rho\int r^2 dV = 8\pi\rho\int_0^a r^4 dr = \frac{8\pi\rho a^5}{5} \qquad ㉓$$

$dV = 4\pi r^2 dr$ と書ける．

が得られる．球の質量 M は $M = (4\pi/3)\rho a^3$ と書けるので，㉓から I は次のように表される．

$$I = (2/5)Ma^2 \qquad ㉔$$

5.5 剛体の平面運動

平面運動　剛体の重心の運動方程式 $M\ddot{\boldsymbol{r}}_{\mathrm{G}} = \boldsymbol{F}$ で $\boldsymbol{F}$ の z 成分が 0 であれば，重心の z 座標 z_{G} は $\ddot{z}_{\mathrm{G}} = 0$ を満たす．この解のうちで特に $z_{\mathrm{G}} = 0$ の場合に注目すると，重心は xy 面内だけで運動する．さらに，剛体は z 軸に平行な回転軸の回りで回転すると仮定しよう．以上の仮定下で剛体の各点は xy 面と平行に運動するので，これを**剛体の平面運動**という．この運動を決めるには重心の x，y 座標，回転軸の回りの回転角，計 3 つの変数を指定すればよい．

運動を決めるのに 3 つの変数が必要なとき，**運動の自由度**は 3 であるという．

運動方程式　剛体の平面運動の場合，重心の運動方程式で x，y 成分をとると，力の x，y 成分をそれぞれ X，Y と書き

$$M\ddot{x}_{\mathrm{G}} = X, \quad M\ddot{y}_{\mathrm{G}} = Y \qquad (5.24)$$

が得られる．X，Y がわかっていれば，この運動方程式を解いて重心の運動が求まる．次に，重心の回りの運動を調べるため (5.6) の変換 $\boldsymbol{r}_i = \boldsymbol{r}_{\mathrm{G}} + \boldsymbol{r}'_i$ を利用すると，図 5.9 のように，$'$ のついた座標系は重心 G を原点とする，xy 系に対する並進座標系である．$x'y'$ 系で見たとき G は固定されているから，この系での剛体の運動は G を通り xy 面と垂直な固定軸（G 軸）の回りの回転として記述される．このため，(5.20) に対応して

x', y', z' の各軸が x, y, z 軸に平行なとき，$x'y'z'$ 系は xyz 系に対する**並進座標系**であるという．

$$I_{\mathrm{G}}\dot{\omega} = N'_z \qquad (5.25)$$

が成り立つ．ここで，I_{G} は G 軸の回りの慣性モーメント，N'_z は重心に関する力のモーメントの z 成分である．あるいは，図 5.9 のように剛体に固定された線分 GP が x' 軸となす角を θ とすれば，$\omega = \dot{\theta}$ と書け (5.25) は

$$I_{\mathrm{G}}\ddot{\theta} = N'_z \qquad (5.26)$$

と表される．(5.25)，(5.26) が剛体の平面運動を決める基本的な運動方程式である．

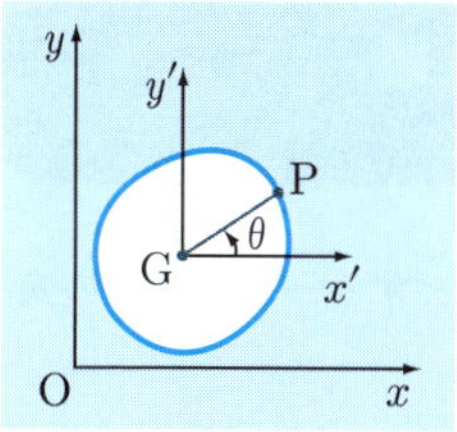

図 5.9 重心の回りの運動   **図 5.10** 斜面上をころがる球

例題 8 図 5.10 に示すように，半径 a，質量 M の一様な球が，水平面と角 α をなす粗い斜面上を滑らずにころがり落ちるとする．球に働く力が斜面からの垂直抗力 N，摩擦力 F，重力 Mg であることを考慮し，重心の x 座標に対する運動方程式を導き，$\ddot{x}_G$ を計算せよ．

解 x_G の運動方程式は次式で与えられる．

$$M\ddot{x}_G = Mg\sin\alpha - F \quad \text{㉕}$$

Mg，N は重心 G の回りでモーメントをもたず，F は z 軸の正の向きに大きさ aF のモーメントを生じるので，(5.26) は

$$I_G\ddot{\theta} = aF \quad \text{㉖}$$

と書ける．㉕，㉖から F を消去すると

$$M a\ddot{x}_G + I_G\ddot{\theta} = Mga\sin\alpha \quad \text{㉗}$$

である．球は滑らないとしたから回転角 θ が 0 のとき $x_G = 0$ になるよう座標を選んだとすれば

$$x_G = a\theta \quad \text{㉘}$$

が成り立つ．㉗，㉘から

$$(Ma^2 + I_G)\ddot{x}_G = Mga^2\sin\alpha \quad \text{㉙}$$

となる．いまの場合，㉔により $I_G = 2Ma^2/5$ であるから

$$\ddot{x}_G = (5/7)g\sin\alpha \quad \text{㉚}$$

が導かれる．

参考 円筒の場合 円筒では㉒により，$I_G = Ma^2/2$ であるから

$$\ddot{x}_G = (2/3)g\sin\alpha \quad \text{㉛}$$

となる．$\ddot{x}_G$ は球の方が大きい．

物体が滑らないとき，完全に粗い斜面と称する場合がある．

図 5.10 のように斜面に沿って下向きに x 軸，これと垂直に y 軸をとると，z 軸は紙面に垂直で紙面の裏から表へと向かう．

摩擦のない斜面上を質点が滑り落ちるときには
$$\ddot{x}_G = g\sin\alpha$$
である．

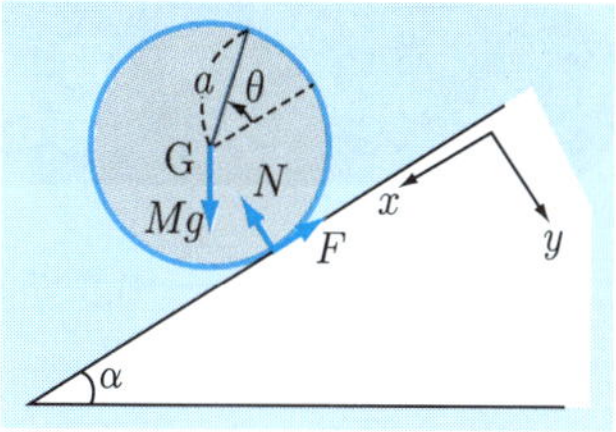

演習問題 第5章

1　例題1で $F/Mg = 0.5$ であるとする．この場合の角 α，β を求めよ．

2　例題2で $\mu = 0.1$ のとき，棒が滑らないための θ の範囲はどのように表されるか．

3　長さ l の一様な細い棒の中心を G とし，棒上で G から距離 d の点を O とする．O を通り棒と垂直な軸が回転軸であるとし，以下の問に答えよ．ただし，棒の質量を M とする．

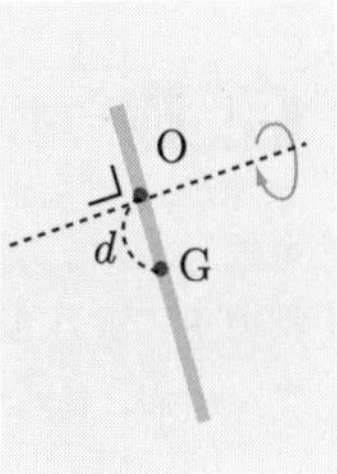

(a)　回転軸に関する棒の慣性モーメント I を求めよ．

(b)　回転軸の回りで棒が単振動するような剛体振り子を考えたとき，振動の周期 T を計算せよ．

(c)　$d = l/2$ のとき，周期 T は例題6で導いた㉑と一致することを確かめよ．

4　長さ 1 m の一様な細い棒の一端から 10 cm のところを固定して棒を微小振動させる．振動の周期は何 s か．

5　半径 a，質量 M の一様なピンポン玉がある．中心を通る軸に関する慣性モーメント I を求めよ．

6　半径 a のピンポン玉が滑らずに，水平面と角 α をなす斜面上を転がるとき重心の加速度はどのように表されるか．

7　一様な球，一様なピンポン玉，一様な円筒が斜面上を滑らずに転がるときの重心の加速度をそれぞれ $a_{\text{球}}$，$a_{\text{ピ}}$，$a_{\text{円}}$ としたとき，これらの加速度の大小関係について論じよ．ただし，これらの物体が転がり落ちる向きを正の向きとする．

8　一様な球が斜面上を滑らずに転がる場合，力学的エネルギー保存則が適用できる．以下の設問に答えよ．

(a)　力学的エネルギーが保存されるのはなぜか．

(b)　力学的エネルギー保存則を用いて重心の加速度を求め，本文中に得られた結果と一致することを確かめよ．

第6章

変形する物体の力学

前半で弾性体，フックの法則，弾性率など主として固体の関連事項，後半で流体力学の初歩を学ぶ．

本章の内容

6.1 弾 性 体

物質の三態 物質は圧力，温度に応じて

固体，液体，気体

のどれかの状態をとる．この 3 つを物質の**三態**という．固体は変形しにくく，また体積変化も小さい．液体では体積は変わりにくいが変形しやすい．水を容器に入れると，水は容器の形をとりその上部に**自由表面**ができる．気体は自由に変形するし，その体積も変わりやすい．液体も気体も流れやすいので両者を総称し**流体**という．

物質の三態については，熱と関連し第 7 章でも論じる．

フックの法則 剛体は固体の理想像であるが，現実にはどんなに固い物体でも，力が加わると変形する．変形の仕方には，図 6.1 で定性的に示すように，のび，ずれ，たわみ，ねじれなどがある．加わる力が小さいと力を取り去った後，物体は元の形に戻る．この性質を**弾性**，弾性を示す物体を**弾性体**という．変形が小さい間は，加えた力の大きさは変形の大きさに比例する．これを**フックの法則**という．

弾性という概念は固体だけでなく流体でも通用する．例えば，風船を押しても力をなくすと風船は元に戻る．

ヤング率 断面積 S，長さ l の直方体状の物体の両端を大きさ F の力で引っ張るとき，図 6.2 に示すように，その長さが Δl だけ伸びたとする．物体が弾性を示す範囲内で，F は単位長さ当たりののび $\Delta l/l$ に比例し，S に比例する．すなわち

$$F = ES\frac{\Delta l}{l} \tag{6.1}$$

が成り立つ．上記の E は S，l，F には依存せず物体の性質だけに関係する定数（**物質定数**）で，これを**ヤング率**あるいは**のびの弾性率**という．その単位は $\mathrm{N/m^2}$ と表される．

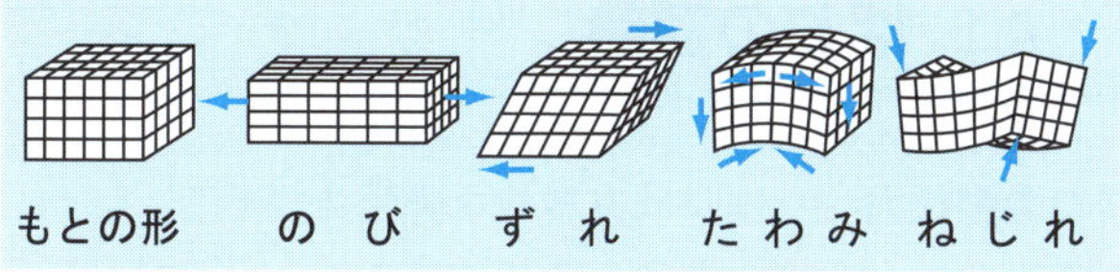

図 **6.1** 物体の変形

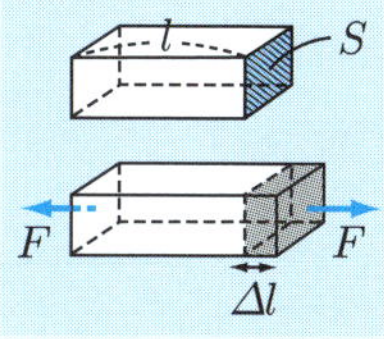

図 **6.2** ヤング率

例題 1 断面積 5 mm^2，長さ 5 m のアルミニウムの針金に 10 kg の物体をつるすと，この針金はどれだけ伸びるか．ただし，アルミニウムのヤング率を $7.1 \times 10^{10}\ \mathrm{N/m^2}$ とする．

解 つるす物体に働く重力の大きさは 98.1 N である．したがって，針金ののびを Δl とすると

$$\Delta l = \frac{5 \times 98.1}{7.1 \times 10^{10} \times 5 \times 10^{-6}}\ \mathrm{m} = 1.4 \times 10^{-3}\ \mathrm{m}$$

と計算される．すなわち伸びは 1.4 mm である．

参考 **応力とひずみ** 図 **6.3** のように，物体内部の点線部分での力の釣合いを考えると，左向きの力が右側の薄黒い部分に働くことになる．逆に左側の部分は薄黒い部分から右向きの力を受ける．このように，物体の内部に仮想的な任意の面をとったとき，この面の両側が及ぼし合う力を**応力**という．厳密には単位面積当たりの力で応力を定義し，以下 $f = F/S$ で応力を表す．また $e = \Delta l/l$ という無次元の量を導入し，これを**ひずみ**という．

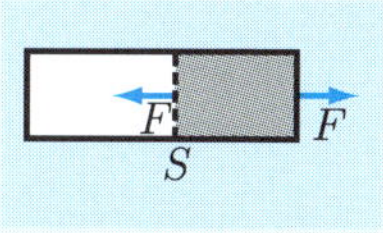

図 **6.3** 応力

例題 2 物体の長さを l から $l + \Delta l$ にしたとき，力のする仕事 U を求めよ．

解 物体の長さが x だけ伸びている状態でさらに長さを dx だけ伸ばすのに必要な仕事は (6.1) を使い $Fdx = (ESx/l)dx$ と表される．U はこれを x で 0 から Δl まで積分し

$$U = \frac{ES}{l}\int_0^{\Delta l} x dx = \frac{ES(\Delta l)^2}{2l} \qquad ①$$

と求まる．Δl だけ伸びた弾性体には ① のエネルギーが蓄えられている．これを**弾性エネルギー**という．単位体積当たりの弾性エネルギーは $u = U/Sl = Ee^2/2$ と書ける．これを**弾性エネルギー密度**という．

エネルギー密度という考えは電磁場でも現われる．

6.2 ばねの振動

ばねの弾性力　ばねは典型的な弾性体である．ばねの一端を固定し，ばねを伸び縮みさせると，ばねは他端につけた物体に力を及ぼす．これをばねの**弾性力**という．ばねの伸びる向きを正の向きとするような x 軸をとり，自然長からのばねの変位を x とする（図 6.4）．フックの法則により，x が小さいとばねの弾性力 F は

$x > 0$ のとき力は負の向き($F < 0$)，$x < 0$ のとき $F > 0$ で，k は正とするので(6.2)に − 符号が必要となる．

$$F = -kx \tag{6.2}$$

と表される．k はそのばねに特有な定数で，これを**ばね定数**という．

ばねの振動　図 6.4 で示したばねの右端に質量 m の物体を固定し，x 軸に沿って運動させたとき抵抗などが働かなければ，運動方程式は $m\ddot{x} = -kx$ と書ける．k を

$$k = m\omega^2 \tag{6.3}$$

とおけば，運動方程式は $\ddot{x} = -\omega^2 x$ となり，その解は

$$x = A\sin(\omega t + \alpha) \tag{6.4}$$

の単振動である．

減衰振動　現実のばねの振動では，抵抗力などが働き，単振動とは若干異なる振動が観測される．物体の速度 v に比例する抵抗力が作用するとし，これを $-2m\gamma v$ と表す（γ：正の定数）．その結果，運動方程式は

便宜上，抵抗力を $-2m\gamma v$ というように係数 2 をつけて表す．

$$\ddot{x} + 2\gamma\dot{x} + \omega^2 x = 0 \tag{6.5}$$

となる．この方程式の解は $\omega > \gamma$ のとき

$$x = Ae^{-\gamma t}\sin\left(\sqrt{\omega^2 - \gamma^2}\,t + \alpha\right) \tag{6.6}$$

で与えられる（例題 3）．(6.6) は振動の角振動数が $\sqrt{\omega^2 - \gamma^2}$ であることを意味する．また，(6.6) は振幅が時間とともに減少する振動を表し，これを**減衰振動**という（図 6.5）．x は実数だが (6.5) を解くとき形式上複素数の解 z を導入し，その実数部分，虚数部分が方程式の解であることを利用する（右ページの補足）．

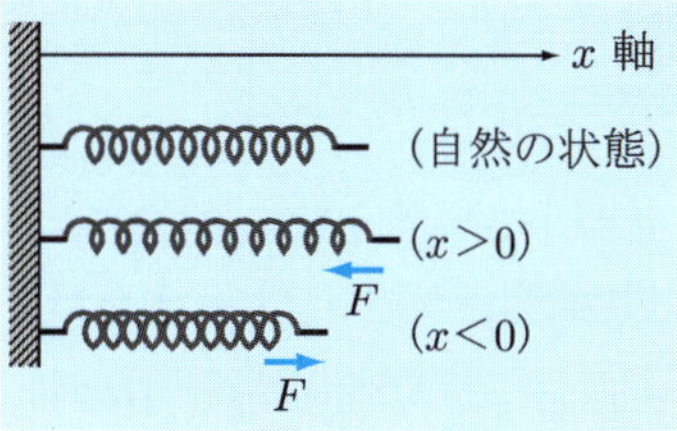

図 6.4 ばねの弾性力

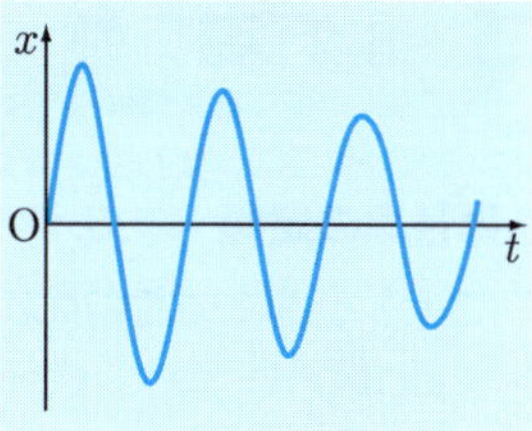

図 6.5 減衰振動

補足 **方程式の複素数の解** (6.5) の複素数の解を z とすれば，これは $\ddot{z}+2\gamma\dot{z}+\omega^2 z=0$ を満たす．z を実数部分 x_1 と虚数部分 x_2 とに分け，$z=x_1+ix_2$ とし (6.5) に代入すれば，x_1，x_2 がそれぞれ (6.5) の解となる．

例題 3 (6.5) の解を求めよ．

解 $x=e^{\alpha t}$ とおき，(6.5) に代入すると

$$\alpha^2+2\gamma\alpha+\omega^2=0 \qquad ②$$

が求まる．②のαに対する2次方程式を解くと，$\omega>\gamma$のとき

$$\alpha=-\gamma\pm\sqrt{\omega^2-\gamma^2}\,i \qquad ③$$

が得られる．よって，平方根の前の + 符号をとり，オイラーの公式（下の参考）を利用すると次の結果が得られる．

$$\begin{aligned} x &= e^{-\gamma t}e^{\sqrt{\omega^2-\gamma^2}it} \\ &= e^{-\gamma t}(\cos\sqrt{\omega^2-\gamma^2}\,t+i\sin\sqrt{\omega^2-\gamma^2}\,t) \qquad ④ \end{aligned}$$

(6.5) の一般解は次のように書ける（a，b : 任意定数）

$$x=e^{-\gamma t}(a\sin\sqrt{\omega^2-\gamma^2}\,t+b\cos\sqrt{\omega^2-\gamma^2}\,t) \qquad ⑤$$

⑤で $a=A\cos\alpha$，$b=A\sin\alpha$ とおけば (6.6) が導かれる．

$\omega<\gamma$ のときには α は実数となり，方程式の解は振動を記述しない．

参考 **オイラーの公式** 一般に，z を変数とするとき，指数関数 e^z は

$$e^z=1+z+\frac{z^2}{2!}+\frac{z^3}{3!}+\frac{z^4}{4!}+\cdots$$

で定義される．$z=i\theta$ とおくと

$$\begin{aligned} e^{i\theta} &= 1+i\theta+\frac{(i\theta)^2}{2!}+\frac{(i\theta)^3}{3!}+\frac{(i\theta)^4}{4!}+\frac{(i\theta)^5}{5!}+\cdots \\ &= \left(1-\frac{\theta^2}{2!}+\frac{\theta^4}{4!}-\cdots\right)+i\left(\theta-\frac{\theta^3}{3!}+\frac{\theta^5}{5!}-\cdots\right) \\ &= \cos\theta+i\sin\theta \qquad ⑥ \end{aligned}$$

$i^2=-1$，$i^3=-i$，$i^4=1$，… である．

が得られる．⑥の関係を**オイラーの公式**という．

6.3 弾 性 率

弾性率の定義 ひずみ e が小さいとそれに対応する応力 f も小さく両者の間には比例関係が成り立つ．すなわち

$$f = ce \tag{6.7}$$

と書ける．定数 c をそのひずみに対する**弾性率**という．ヤング率はのびに対する弾性率である．弾性率あるいはこれと関連した量をいくつか紹介しよう．

弾性率はばね定数を一般化した概念である．

体積弾性率 大気中の物体は大気圧を受けている．圧力は応力の一種で，単位面積当たりの力である．本書ではそれを p の記号で表す．圧力を Δp だけ増やしたとき，体積が V から ΔV だけ増加したとする．この場合

圧力の単位は**パスカル**（Pa）で N/m^2 に等しい．

$$\Delta p = -k\frac{\Delta V}{V} \tag{6.8}$$

とおき，**体積弾性率** k を定義する．$\Delta p > 0$ だと $\Delta V < 0$ であるから k は正である．k の逆数を**圧縮率**という．

ポアソン比 固体をある方向に引っ張り伸ばせば，それと垂直方向では固体は縮む．逆にある方向に縮めると，垂直方向では伸びる．ある方向のひずみを e，それと垂直方向のひずみを e' とすれば

$$\sigma = -\frac{e'}{e} \tag{6.9}$$

で定義される σ は正の物質定数である．これを**ポアソン比**という．$\sigma < 1/2$ という不等式が成り立つ（例題 4）．

剛性率 図 6.6 に示すように，固体の 1 つの面を固定し，これと平行な他の面に平行な応力 f を加えると，面に垂直であった固体内の直線がある角 θ だけ傾く．このひずみを**ずれ**，θ を**ずれの角**という．固定面と平行な面を考えると，面の両側は互いに接線力を及ぼし合う．単位面積当たりのこの接線力の大きさ f を**ずれの応力**，また

ずれの場合，体積変化はないが，変形は起こる．気体，液体ではずれが生じないので，剛性率は 0 である．

$$f = n\theta \tag{6.10}$$

で定義される n を**剛性率**または**ずれの弾性率**という．

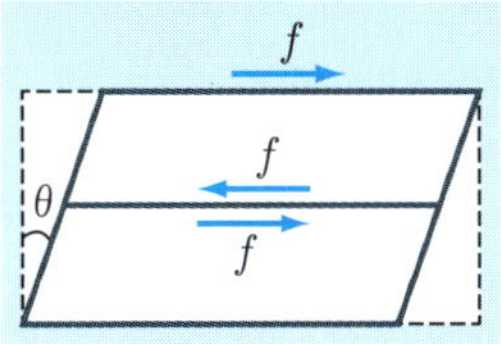

図 6.6　剛性率

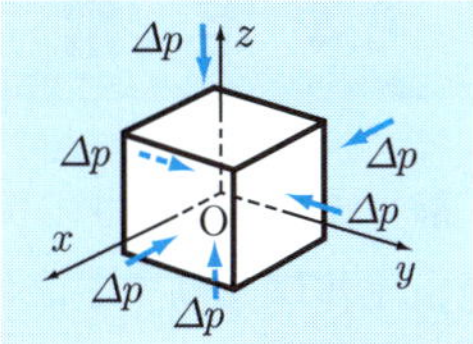

図 6.7　立方体の各辺の長さの変化

例題 4　図 6.7 で示すような各辺の長さが l の立方体を考え，各辺に沿って x, y, z 軸が配置されているとする．各面での圧力を Δp だけ増加させたとし，各辺の長さの変化を求め，体積弾性率，ヤング率，ポアソン比の間に成り立つ関係を導け．また，これを利用し $\sigma < 1/2$ の不等式を証明せよ．

解　z 方向の長さの変化を考察する．(6.1) は $\Delta l = lF/ES$ と書けるが，F/S がいまの Δp に相当すると考えられる．このため，z 方向の Δp により長さは $l\Delta p/E$ だけ縮む．一方，x 方向の Δp により長さは $\sigma l \Delta p/E$ だけ伸びる．y 方向の Δp も同様でのびを求めるには 2 倍をとる必要がある．こうして変形後の辺の長さ l' は

x，y 方向の l' も⑦で与えられる．

$$\begin{aligned} l' &= l - l\Delta p/E + 2\sigma l \Delta p/E \\ &= l\,[1 - (1-2\sigma)\Delta p/E\,] \end{aligned} \quad ⑦$$

となる．したがって，体積は $V = l^3$，$V' = l'^3$ として

$$\begin{aligned} V' &= V\,[1 - (1-2\sigma)\Delta p/E\,]^3 \\ &\simeq V\,[1 - 3(1-2\sigma)\Delta p/E\,] \end{aligned} \quad ⑧$$

x が十分小さいと

$$(1+x)^a \simeq 1 + \alpha x$$

となる．

と表される．⑧から $\Delta V = V' - V$ とおき

$$\frac{\Delta V}{V} = -\frac{3(1-2\sigma)}{E}\Delta p \quad ⑨$$

が得られる．(6.8) の k の定義式を使うと，⑨から

$$k = \frac{E}{3(1-2\sigma)} \quad ⑩$$

が導かれる．$k > 0$ だから $\sigma < 1/2$ となる．

参考　**ねじれ秤**　細長い針金をねじって変形を与えると元へ戻るような力のモーメントが生じる．適当な材料（例えば石英線）を使うとねじれの回転角から微弱な力を測定することができる．このような装置をねじれ秤といい，万有引力，クーロン力などの測定に利用されている．

6.4 定　常　流

静止流体，運動する流体は身の回りでよく観測される．静止流体は運動する流体が静止しているという特別な場合であるから，以下，もっぱら運動する流体を扱う．

流線　運動する流体に注目したとき，流体の速度 $\boldsymbol{v}$ は，一般に場所を表す位置ベクトル $\boldsymbol{r}$ と時間 t の関数である．すなわち，$\boldsymbol{v}$ は

$$\boldsymbol{v} = \boldsymbol{v}(\boldsymbol{r}, t) \tag{6.11}$$

と表される．ある瞬間を考え，$t =$ 一定 とすれば，$\boldsymbol{r}$ を与えたとき $\boldsymbol{v}$ が決まる．このように場所の関数としてあるベクトルが決まるときその空間を**ベクトル場**という．

保存力もベクトル場として記述される．

ある瞬間で，図 **6.8** のように，流体の流れの中に適当な曲線を考え，その曲線上の任意の点 P における曲線への接線が，P における $\boldsymbol{v}$ の方向と一致していれば，この曲線は流体の流れを表す．これを**流線**という．流線は適当な方程式で記述される（例題 5）．

流体に小さな粉をまき，ある瞬間での粉の運動を見れば流線が観測される．

流管　流れの中の任意の閉曲線をとり，その上の各点を通る流線の群れを考えると，これらは 1 つの管を作る．この管を**流管**という．

定常流と非定常流　流線の様子が時間とともに変わらず一定の状態を保つとき，いいかえると (6.11) の時間依存性がないとき，その流れを**定常流**という．また，流線の様子が時間依存性をもつとき，それを**非定常流**という．以下，主として定常流を扱う．

流線が交わることことはない．もし交わると，同じ点で **2** つの速度が存在するからである．

連続の法則　定常流の中に 1 つの細い流管を考え，この管内の任意の点における流速を v $(v = |\boldsymbol{v}|)$，その点での流体の密度を ρ，流管の垂直断面積を S とすれば，この流管について（図 **6.9**）

$$\rho v S = 一定 \tag{6.12}$$

である．これを**連続の法則**という（右ページの参考）．

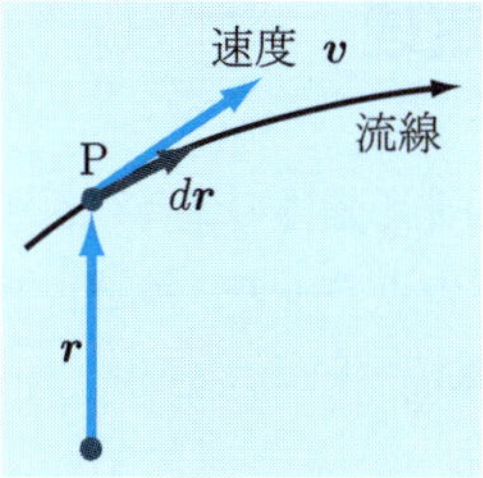

図 6.8　流線

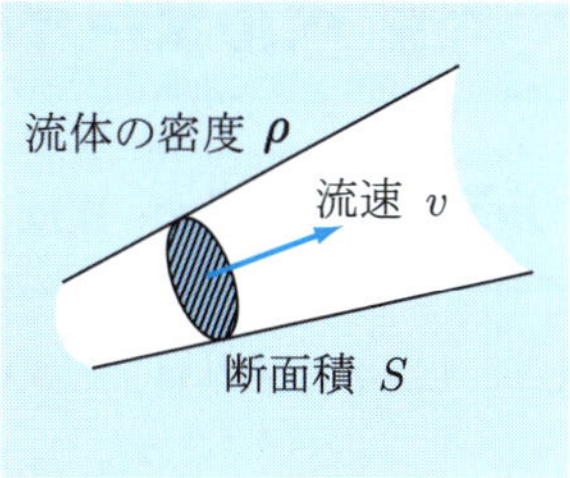

図 6.9　連続の法則

例題 5　流体中の流線を決めるべき方程式を導け．

解　位置ベクトル $\boldsymbol{r}$ の点 P での流線を考える（図 6.8）．流線上の微小ベクトルを $d\boldsymbol{r}$ とすれば流線の定義により $d\boldsymbol{r}$ は $\boldsymbol{r}$ における速度 $\boldsymbol{v}$ に比例し

$$d\boldsymbol{r} = A\boldsymbol{v}$$

が成り立つ．この x, y, z 成分をとると $dx = Av_x$，$dy = Av_y$，$dz = Av_z$ が得られる．これから A を消去すると，流線を決める方程式として次式が導かれる．

$$\frac{dx}{v_x} = \frac{dy}{v_y} = \frac{dz}{v_z}$$

参考　**連続の法則の導出**　細い流管について，任意の垂直断面 A, B を考える（図 6.10）．A における流速を v_{A}，密度を ρ_{A}，垂直断面積を S_{A} とし，同様な量を B に対して導入する．A を底とする高さ $v_{\mathrm{A}}\Delta t$ の円筒中の流体は微小時間 Δt の間に必ず流管の中に流れ込む．同様に，B を底とする高さ $v_{\mathrm{B}}\Delta t$ の円筒中の流体は同じ Δt の間に必ず流管の外へ流れ出る．流管中に入る質量と出る質量が違うと，AB 間の流体の質量が増減することとなり定常流という仮定に反する．入る質量は $\rho_{\mathrm{A}}v_{\mathrm{A}}S_{\mathrm{A}}\Delta t$，出る質量は $\rho_{\mathrm{B}}v_{\mathrm{B}}S_{\mathrm{B}}\Delta t$ で両者は等しいから $\rho_{\mathrm{A}}v_{\mathrm{A}}S_{\mathrm{A}} = \rho_{\mathrm{B}}v_{\mathrm{B}}S_{\mathrm{B}}$ となる．A，B はどこにとってもよいので (6.12) が導かれる．

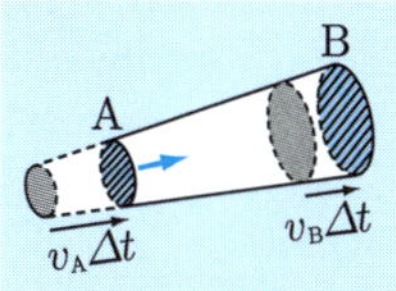

図 6.10　連続の法則の導出

補足　**非圧縮性流体の場合**　ρ が一定であるような流体を非圧縮性流体という．液体は大体，非圧縮性流体と考えてよい．この場合，連続の法則は

$$vS = 一定 \quad ⑪$$

と表される．すなわち，流速は断面積に反比例する．

川の流れで淵では流速が遅く，瀬では流速が速い．これは⑪を表す．

6.5 ベルヌーイの定理

ベルヌーイの定理　密度 ρ の非圧縮性の流体に対する定常流で，1つの流線上の任意の点の圧力，流速，高さを p，v，h とすれば，その流線について

$$p + \frac{1}{2}\rho v^2 + \rho g h = \text{一定} \tag{6.13}$$

が成り立つ．これを**ベルヌーイの定理**という．

ベルヌーイの定理は流体に粘性が働くと成り立たない．

ベルヌーイの定理の証明　1つの細い流管内で任意の2つの直交断面A，Bをとり微小時間 Δt の間に $\mathrm{A} \to \mathrm{A}'$，$\mathrm{B} \to \mathrm{B}'$ と移動したとする（図 **6.11**）．定常流ではこの移動は $\mathrm{AA}' \to \mathrm{BB}'$ の移動と等価で，この移動に伴う力学的エネルギーの増加は

運動エネルギーと重力の位置エネルギーを考慮する．

$$(1/2)\rho S_\mathrm{B} v_\mathrm{B} \Delta t\, v_\mathrm{B}^2 + \rho S_\mathrm{B} v_\mathrm{B} \Delta t\, g h_\mathrm{B}$$
$$- (1/2)\rho S_\mathrm{A} v_\mathrm{A} \Delta t\, v_\mathrm{A}^2 - \rho S_\mathrm{A} v_\mathrm{A} \Delta t\, g h_\mathrm{A} \tag{6.14}$$

と書ける．一方，上式は $\mathrm{AB} \to \mathrm{A}'\mathrm{B}'$ の移動の際，外力のする仕事に等しい．Aでは $p_\mathrm{A} S_\mathrm{A}$ の力が働き，移動の向きと力の向きは同じである．Bでは両者の向きは逆になる．こうして，上記の仕事は

流管の側面に働く力は，流れの方向と垂直で仕事をしない．

$$p_\mathrm{A} S_\mathrm{A} v_\mathrm{A} \Delta t - p_\mathrm{B} S_\mathrm{B} v_\mathrm{B} \Delta t \tag{6.15}$$

と表される．(6.14)，(6.15) を等しいとおき，連続の法則 $v_\mathrm{A} S_\mathrm{A} = v_\mathrm{B} S_\mathrm{B}$ を使えば (6.13) が導かれる．

静圧と動圧　図 **6.12** のような水平な流線に対しては $h = \text{一定}$ で，(6.13) から $p + \rho v^2/2 = \text{一定}$ となる．すなわち

v 大なところほど p 小となる．

$$p_\mathrm{B} - p_\mathrm{A} = \frac{1}{2}\rho v_\mathrm{A}^2 - \frac{1}{2}\rho v_\mathrm{B}^2 \tag{6.16}$$

である．p を**静圧**，$\rho v^2/2$ を**動圧**という．

トリチェリの定理　容器内の液面から深さ h のところにある小さな穴から流れ出る液体の流速は（図 **6.13**）

$$v = \sqrt{2gh} \tag{6.17}$$

となり（例題6），v は物体が h だけ自由落下したときの速さに等しい．これを**トリチェリの定理**という．

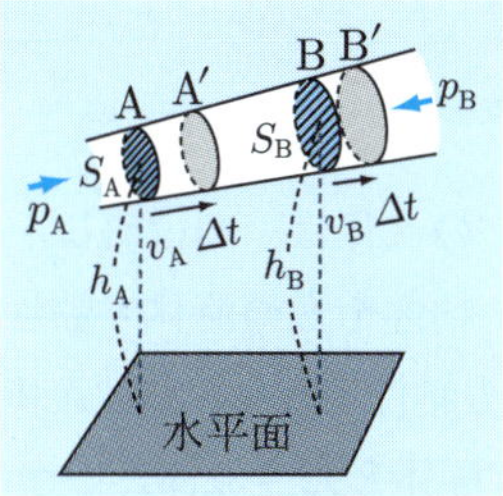

図 6.11　ベルヌーイの定理の証明

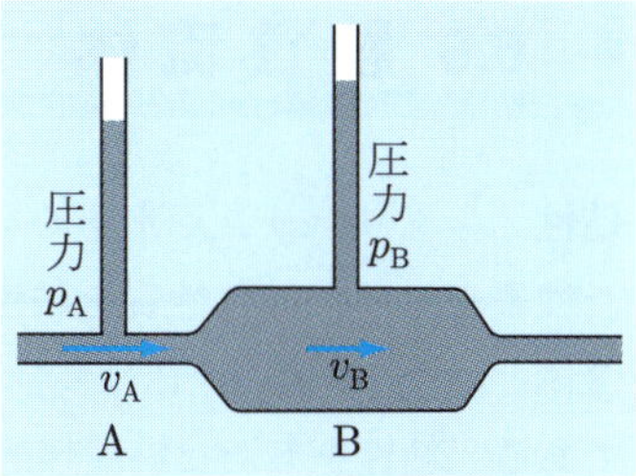

図 6.12　静圧と動圧

参考　**静止流体の圧力**　静止流体では $v = 0$ と書け，点 A，B で $p_A - p_B = \rho g(h_B - h_A)$ が成り立つ．これからわかるように，海の深いところほど圧力が大きくなる．水中では 10 m ごとにほぼ 1 気圧の割合で加圧される．

例題 6　トリチェリの定理を導け．

解　穴が容器の断面積に比べ非常に小さいと，液面が落下する速さは 0 とみなされる．このため，いまの問題は近似的に定常流とみなされる．図 6.13 の流線 AB で $p_A = p_B = p_0$（大気圧），$v_A = 0$，$h_A = h$，$v_B = v$，$h_B = 0$ で，ベルヌーイの定理により次の結果が導かれる．

$$\rho gh = (1/2)\rho v^2 \qquad \therefore \quad v = \sqrt{2gh}$$

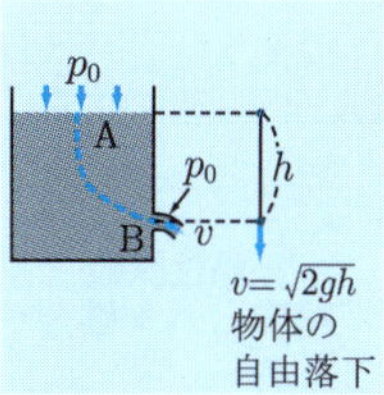

図 6.13　トリチェリの定理

例題 7　大きな容器に水が満たされていて，この容器の底にある半径aの円形の穴から水が静かに落ちるとする．穴を出るときの流速をvとして，図6.14のように穴からhの距離における水流の半径を r とする．r を h の関数として求めよ．

解　水流を 1 つの流管とみなし連続の法則を適用すると $S_A = \pi a^2$，$S_B = \pi r^2$ であるから

$$va^2 = v_B r^2 \qquad ⑫$$

となる．また，水流の表面を流れる流線にベルヌーイの定理を用いると，$p_A = p_B =$ 大気圧 で

$$v_B^2 = v^2 + 2gh \qquad ⑬$$

である．⑫から v_B を解き，⑬に代入し次式を得る．

$$r = \left(\frac{v^2 a^4}{v^2 + 2gh}\right)^{1/4}$$

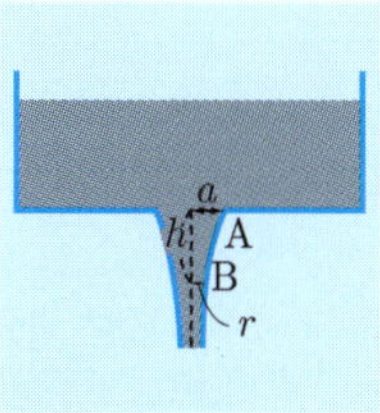

図 6.14　r と h の関係

6.6 粘性流体

粘性があると熱が発生するため，ベルヌーイの定理は成り立たない．

粘性　グリセリンや水あめなどの液体は，ねばねばした性質をもつ．この性質を**粘性**，粘性をもつ流体を**粘性流体**という．現実の流体は多少とも粘性をもち，粘性流体である．粘性をもたない理想的な流体を**完全流体**という．

粘性率　水平方向（x 軸）に流れている流体があるとし，流速を v_x とする．y 軸を図 **6.15** のようにとったとき，$\partial v_x/\partial y$ を**速度勾配**という．速度勾配が正だと，A の部分は速く，B の部分は遅く流れるので，この境界面に摩擦力が働き，A は B を加速しようとし，B は A を減速しようとする．互いに滑りあう流体間に運動摩擦が働くわけで，単位面積当たりの摩擦力の大きさ f を

$$f = \eta \frac{\partial v_x}{\partial y} \tag{6.18}$$

η を**粘性係数**とか**粘度**という場合がある．

と表し，**粘性率** η を定義する．η は物質定数で η の大きいほど粘性が大きい．例えば，1 気圧，25°C の場合，水の η は 0.890×10^{-3} Pa·s，ひまし油のは 700×10^{-3} Pa·s である．η の単位については例題 8 を参照せよ．

終速度　粘性流体中を物体が運動するとき，物体は流体の粘性のため抵抗力を受ける．これを**粘性抵抗**という．詳しい研究によると，半径 a の球状の物体が v の速さで運動するとき，この物体の受ける抵抗力の大きさは

$$F = 6\pi a\eta v \tag{6.19}$$

と表される．これを**ストークスの法則**という．

スカイダイビングでの終速度は時速 200 km という新幹線並のスピードになる．

質量 m の質点には mg の重力が働く．落下の際，物体は回りの流体から Av の抵抗力を受けるとする．この場合，どんな初期状態から出発しても，物体の最終的な落下の速さは重力と抵抗力が釣り合う

$$v = \frac{mg}{A} \tag{6.20}$$

となる（例題 9）．これを**終速度**という．

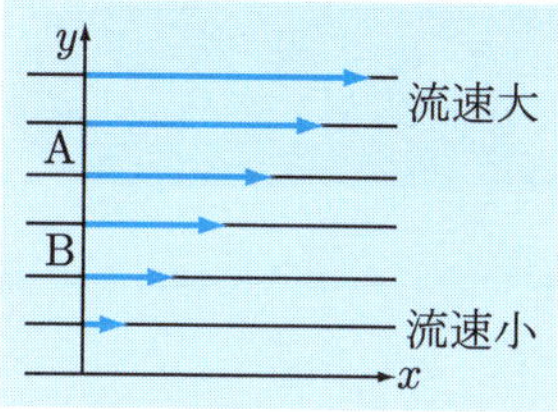

図 6.15 粘性率

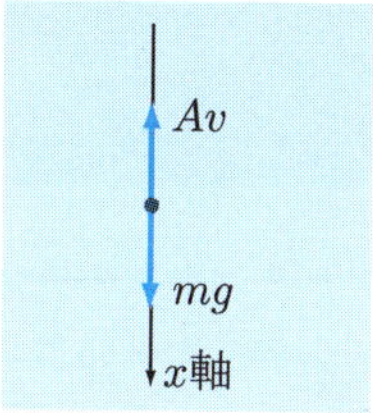

図 6.16 重力と抵抗力

例題 8 粘性率の単位を求めよ.

解 (6.18) で左辺の f は圧力と同じ次元をもちその単位は Pa である. 一方, 速度勾配の次元は

$$[長さ/時間] \ / \ [長さ] = [時間]^{-1}$$

となり, その単位は s^{-1} と書ける. このため, 粘性率の単位は Pa·s と表される.

例題 9 図 6.16 のように, 鉛直下向きの x 軸に沿って質量 m の質点が落下する場合を考える. 質点には重力の他に Av の抵抗力が働くと仮定し, 質点の最終的な速さが mg/A であることを示せ.

解 質点に対する運動方程式は

$$m\frac{dv}{dt} = mg - Av \qquad ⑭$$

と表される. この微分方程式を解くため $v = (mg/A) + v'$ とおき⑭に代入すると $m(dv'/dt) = -Av'$ が得られる. この方程式の解は C を任意定数として $Ce^{-At/m}$ と書ける. このため, どのような初期条件から出発しても $t \to \infty$ で $v' \to 0$ となり, v は最終的に mg/A に落ち着く.

v の初速度を v_0 とすれば

$$C = v_0 - \frac{mg}{A}$$

と表される.

参考 **マグヌス効果** 球 A が回転しながら v の速さで流体中を左に進むとする. 球から見ると, 流体は右の方へ速さ v で流れる (図 6.17). 流体の粘性のため, A の上方で流体がひきずられ, そこでの流速は A の下部より速くなる. したがって, 上部の圧力 p は下部の圧力 p_0 より小さくなり, そのため, 全体として A には上向きの力が働く. このような現象を**マグヌス効果**という. 野球や卓球のボールに回転を与えたとき, ボールがカーブするのはこの効果のためである.

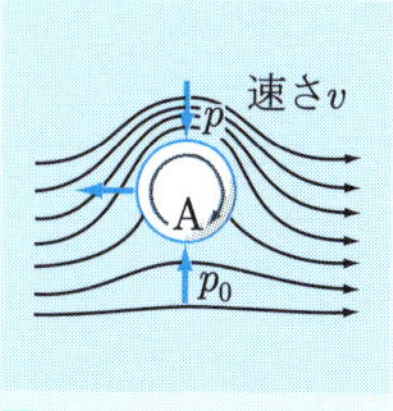

図 6.17 マグヌス効果

演 習 問 題
第6章

1　アルミニウムの針金を例題 1 で論じたように伸ばしたとき，力のした仕事は何 J か．

2　図 6.4 のようなばねの右端に 4 g の物体を固定しばねを振動させたとき，その振動の周期がちょうど 1 s であった．このばねのばね定数を求めよ．

3　銅の剛性率は $4.83 \times 10^{10}\ \mathrm{N/m^2}$ と測定されている．ずれの角が 10° のときのずれの応力を求めよ．

4　物体が変形するとき，場所 $\boldsymbol{r}$ の点の変位が $\boldsymbol{u}$ で与えられるとする．このような変位に伴う体積変化を考えたとき，変位が十分小さければ

$$\frac{\Delta V}{V} = \mathrm{div}\ \boldsymbol{u}$$

と書けることを示せ．ただし，$\mathrm{div}\,\boldsymbol{u}$ はベクトルの発散で

$$\mathrm{div}\ \boldsymbol{u} = \frac{\partial u_x}{\partial x} + \frac{\partial u_y}{\partial y} + \frac{\partial u_z}{\partial z}$$

と定義される（第 11 章の (11.5) を参照せよ）．

5　水槽に水を満たし深さ 0.5 m のところに穴をあけたとする．この穴を通して流れ出る水の速さを求めよ．

6　水が 10 m/s の速さで運動しているとき，その動圧を求めよ．また，この圧力は何気圧となるか．ただし，圧力に対して次の関係が成り立つ．

$$1\ \mathrm{Pa} = 1\ \mathrm{N/m^2}$$
$$1\ 気圧 = 1.013 \times 10^5\ \mathrm{Pa}$$

7　例題 7 で水流の半径が円の半径 a の 1/3 になるときの h の値を求めよ．

8　雨滴を半径 a の一様な球とみなし，雨滴が空気中を落下するときの終速度を求めよ．また，雨滴の直径が 1 mm，2 mm のときの終速度は何 m/s となるか．空気の粘性係数を $18.2 \times 10^{-6}\ \mathrm{Pa \cdot s}$ として計算せよ．さらに，直径と終速度との関係が日常的に経験されるかについて論じよ．

第7章

熱力学第一法則

温度と熱，状態方程式，内部エネルギー，熱力学第一法則，熱機関などについて述べる．

本章の内容

7.1 温度と熱

温度 寒暖の度合いを定量的に表すものを**温度**という．物理で使う単位は**セルシウス度**あるいは**セ氏温度**で，1気圧の下，氷の溶ける温度を0，水が沸騰する温度を100と決め，この間を100等分して1度とする．この温度を記号的に°Cで表す．セルシウス度t °Cから

27 °Cはほぼ300 Kに等しい．

$$T = t + 273.15 \tag{7.1}$$

で決められる温度を**絶対温度**という．その単位は**ケルビン**（K）である．また，温度差を表すとき，°CではなくKの記号を用いる．

今後，温度といえば絶対温度を意味するものとする．

熱と熱量 高温物体と低温物体を接触させると，前者は冷え，後者は暖まる．このとき，高温物体から低温物体へ熱が移動したという．一般に，物体の温度を変える原因になるものを**熱**，また熱を定量的に表したものを**熱量**という．熱量の単位として1 gの水の温度を1 Kだけ上げるのに必要な熱量を考え，これを1**カロリー**（cal）という．

熱の仕事当量 種々の実験結果から，ある一定の仕事W Jは常にある一定の熱量Q calに相当し，両者間に

熱の仕事当量を初めて測定したのはイギリスの物理学者ジュールである．

$$W = JQ \tag{7.2}$$

が成立することがわかる．(7.2)のJは1 calの熱量が何Jの仕事に相当するかを表す量で，これを**熱の仕事当量**という．Jの値は

$$J = 4.19 \text{ J/cal} \tag{7.3}$$

と測定されている．

参考 **比熱** ある物体の温度を 1 K だけ上げるのに必要な熱量をその物体の**熱容量**という．特に，1 g の物質の熱容量をその物質の**比熱**という．比熱は物質定数である．質量 m g の物体の温度を t K だけ上げるのに必要な熱量 Q は，比熱を c cal/g・K として次式で与えられる．

$$Q = mct \qquad ①$$

厳密にいうと比熱は温度に依存する．

温度が t だけ下がるとき失われる Q も①に等しい．

例題 1 20 g の水の温度を 10 K だけ上げるのに必要な熱量は何 cal か．また，それは何 J か．

解 カロリーの定義により水の比熱は 1cal/g・K である．したがって，必要な熱量は次のように求まる．

$$Q = 20 \times 1 \times 10 \text{ cal} = 200 \text{ cal} = 838 \text{ J}$$

参考 **熱量保存の法則** 外部との間に熱の出入りがないようにして，高温物体と低温物体と互いに接触させたり，または混合させたりするとき

(高温物体の失った熱量) = (低温物体の受け取った熱量) ②

の関係が成り立つ．これを**熱量保存の法則**という．

物体の比熱は熱量保存の法則を利用して測定することができる．

例題 2 質量 m g，温度 t K の水の中に，質量 M g，温度 T K の物体を入れ放置しておいたところ，しばらくして両者は共通の温度 T'K になった．物体の比熱 c を求めよ．ただし，$t < T' < T$ とし，外部との熱の出入りはないとする．

解 物体の失った熱量は $Mc(T - T')$，水の受けとった熱量は $m(T' - t)$ である．両者は等しいから次の結果が得られる．

$$Mc(T - T') = m(T' - t) \quad \therefore \quad c = \frac{m(T' - t)}{M(T - T')} \text{ cal/g·K}$$

補足 **熱伝導と熱平衡** 日常よく経験しているように，高温物体 A と低温物体 B を接触させると A から B へ熱の移動が起こる．この現象を**熱伝導**という．しばらく放置しておくと，熱の移動が止み，例題 2 のように両者は同じ温度に達する．このとき A，B は**熱平衡**の状態にあるという．A と B，A と C が熱平衡だと B と C も熱平衡となる．これを熱力学第 0 法則という場合がある．A が B に比べ十分大きいと，熱の出入りがあっても A の温度はほとんど変化しない．このように外界と熱の授受があっても温度が変わらないような熱の供給源（あるいは熱の吸収源）を**熱源**という．

体温計は身体と熱平衡に達したときの温度を測定する．

7.2 状態方程式

状態量 一様な物体が温度 T の熱源と接しこれと熱平衡状態にあるとする．このような均質な物体の巨視的な状態を記述するには，圧力 p，体積 V，温度 T といった物理量を指定すればよい．一般に，物体の状態を表す物理量を**状態量**という．状態量の間に成り立つ関係を議論する立場が**熱力学**である．熱力学では物体が多数の原子・分子から構成されているという微視的な視点に立ち入らず，巨視的に観測される状態量を扱う．

物体は巨視的に見て静止しているとする．

熱力学でも微視的な考察から得られる結果は役立つ．

状態方程式 均質な体系の状態量として，圧力 p，体積 V，温度 T を考える．実験結果によると，これらのうち独立変数は2個で，独立変数として T, V を選ぶと，p は

$$p = p(T, V) \tag{7.4}$$

と書ける．状態量の間に成り立つ上のような方程式を**状態方程式**という．

理想気体の状態方程式 n モルの理想気体を考えると，その状態方程式は

分子間力を無視できるような気体を**理想気体**という．

$$pV = nRT \tag{7.5}$$

と表される．R は気体の種類などに依存しない普遍的な定数で**気体定数**と呼ばれる．その値は

$$R = 8.314\ \mathrm{J/mol\cdot K} = 1.987\ \mathrm{cal/mol\cdot K} \tag{7.6}$$

である（例題3）．(7.5) は T が一定のとき $pV =$ 一定（**ボイルの法則**），p が一定のとき $V \propto T$（**シャルルの法則**）の関係を表す．両者をまとめ，(7.5) を**ボイル・シャルルの法則**という．

ボイル・シャルルの法則にしたがう気体が理想気体である．

独立変数として V，p をとり，Vp 面で等温変化を記述するような曲線を**等温線**という．温度を変えることにより沢山の等温線が描かれる．理想気体ではボイルの法則により等温線に対して $pV =$ 一定 となるので，等温線は Vp 面上の双曲線で表される（図 **7.1**）．

理想気体の等温圧縮率 κ_T は

$$\kappa_T = -\frac{(\partial V/\partial p)_T}{V} = \frac{1}{p}$$ である．

（第8章の演習問題8参照）

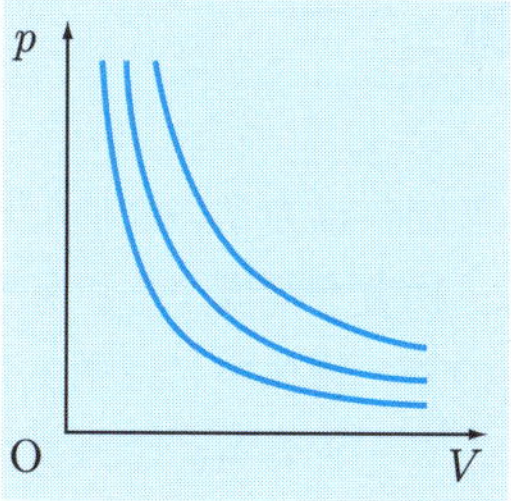

図 7.1　理想気体の等温線

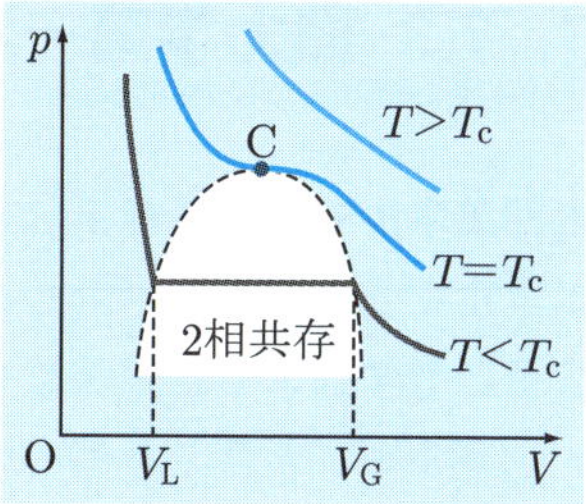

図 7.2　等温線

例題 3　すべての気体の 1 モルは標準状態 (0°C, 1 気圧) で 22.4 l の体積を占めることが知られている．この性質を利用して気体定数を求めよ．ただし，1 気圧 $= 1.013 \times 10^5$ N/m^2 である．

解　(7.5) を利用し次のように計算される．

$$R = \frac{1.013 \times 10^5 \times 22.4 \times 10^{-3}}{273} \frac{\mathrm{J}}{\mathrm{mol \cdot K}} = 8.31 \frac{\mathrm{J}}{\mathrm{mol \cdot K}}$$

参考　**2 相共存と臨界点**　実際の物質の等温線は図 7.2 のようになる．物質に固有な**臨界温度** T_c があり，$T > T_\mathrm{c}$ では気体をいくら圧縮しても液化せず，等温線も理想気体と似た振る舞いを示す．$T < T_\mathrm{c}$ では気体を圧縮したとき V が V_G に達すると，気体の一部が液体に変わる（**凝縮**）．圧縮を続けると，圧力は一定のまま液体の部分が増加し，$V_\mathrm{L} < V < V_\mathrm{G}$ の領域では気体と液体が共存する．これを **2 相共存**の領域という．また，この領域の最上点 C を**臨界点**という．

熱力学では均質な性質をもつ部分を**相**という．

補足　**状態図**　Tp 面で物質の三態を示す図を**状態図**または**相図**という．その一例を図 7.3 に示す．**三重点**は，気相，液相，固相が共存する点で原点 O から三重点に至る曲線を**昇華曲線**，液相－固相の境界の曲線を**融解曲線**という．三重点から臨界点までの曲線は，気相－液相の共存曲線で，この曲線上の p がその温度での**飽和蒸気圧**である．また，p を与えるとそれに対応する**沸点**が決まる．液体が固体や気体になるとき熱の出入りがある．これを**潜熱**という．例えば，1 気圧の下で 0°C の氷を溶かして同温度の水にするには 1 g 当たり 80 cal の熱量（**融解熱**）を加える必要がある．また，100 °C の水を同温度の水蒸気にするには 1 g 当たり 539 cal の熱量（**気化熱**）を加えねばならない．

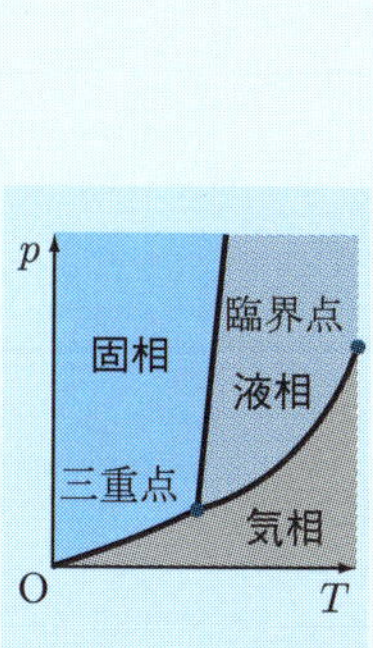

図 7.3　状態図

7.3 熱力学第一法則

内部エネルギー 静止している物体は力学の立場ではエネルギーをもたない．しかし，物質を構成する原子や分子は力学的エネルギーをもつので，物体中にはある種のエネルギーが蓄えられていると考えられる．これを**内部エネルギー**という．熱力学では内部エネルギーを状態量として扱う．

熱力学第一法則 熱は力学的な仕事と等価であるから，物体に仕事と熱が同時に加わるとその合計分だけ，物体の内部エネルギーが増加する．すなわち，静止している物体に仕事 W，熱量 Q が加わり，物体の状態が A から B まで変わったとする．内部エネルギーは状態量なので状態 A，B での内部エネルギーを $U(\mathrm{A})$，$U(\mathrm{B})$ と書けば

$$U(\mathrm{B}) - U(\mathrm{A}) = W + Q \tag{7.7}$$

熱力学第一法則は仕事と熱に関する一種のエネルギー保存則である．

が成り立つ．これを**熱力学第一法則**という．(7.7) で W，Q は符号をもつ点に注意する必要がある．物体に加わる向きを正としたので，物体が外部に対して仕事をするときには $W < 0$ である．また，物体が熱を放出する（物体から熱を奪う）ときには $Q < 0$ となる．

微小変化の場合 (7.7) で B が A に限りなく近づくと同式の左辺は U の微分 dU と書ける．右辺の W や Q は状態量ではないため，これを微分で表せないがこれらの量が微小量であることは確かなので，それらを $d'W$，$d'Q$ と書く．そうすると微小変化では次の結果が得られる．

$$dU = d'W + d'Q \tag{7.8}$$

$d'W$ の表式 熱力学では熱平衡を保ったままゆっくり行う状態変化を導入することがあり，これを**準静的過程**という．この過程で $d'W$ に対する一般的な表式は

$$d'W = -pdV \tag{7.9}$$

と書ける（例題 5）．

例題 4　5 J の仕事を加え，それと同時に 2 cal の熱量を奪ったとき，物体の内部エネルギーはどう変化したか．

解　(7.7) に $W = 5$ J，$Q = -2$ cal $= -8.38$ J を代入し $U(\mathrm{B}) - U(\mathrm{A}) = -3.38$ J となる．すなわち，内部エネルギーは 3.38 J 減少する．

例題 5　準静的過程では $d'W = -pdV$ と書けることを示せ．この場合，熱力学第一法則はどのように表されるか．

解　摩擦のないシリンダーの中に気体を入れ，図 7.4 のようにピストンを気体の体積が増す向きに dl だけ移動させたとする．ピストン（断面積 S）に働く外圧を $p^{(e)}$ とすればピストンが気体に及ぼす外力は $p^{(e)}S$ である．準静的過程では $p^{(e)}$ は気体の圧力 p に等しいと仮定する．気体が上述のように膨張する場合，外力と移動の向きとはちょうど逆向きなため，外力のする仕事 $d'W$ は

$$d'W = -pSdl = -pdV \qquad ③$$

と表される．気体が圧縮される場合には，外力が気体に対し仕事を行い $d'W > 0$ だが，このときには③で $dV < 0$ となり，気体が膨張するときでも，圧縮されるときでも③が成立する．③を熱力学第一法則 (7.8) に代入すると次式が得られる．

$$dU = -pdV + d'Q \qquad ④$$

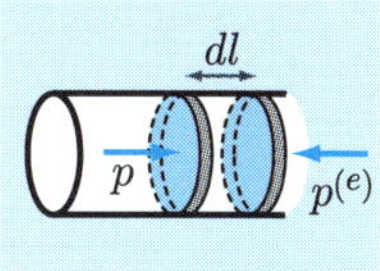

図 7.4　準静的過程

③は液体や固体の場合にも成り立つ．

例題 6　一定の温度で n モルの理想気体が体積 V_A から体積 V_B に膨張するとき，気体のした仕事を求めよ．

解　求める仕事 W は次のように計算される．

$$W = \int_{V_\mathrm{A}}^{V_\mathrm{B}} pdV = nRT \int_{V_\mathrm{A}}^{V_\mathrm{B}} \frac{dV}{V} = nRT \ln \frac{V_\mathrm{B}}{V_\mathrm{A}} \qquad ⑤$$

参考　**サイクル**　ある 1 つの状態から出発し，再びその状態に戻るような一回りの状態変化を**サイクル**という．サイクルでは (7.7) で $\mathrm{A} = \mathrm{B}$ とおき

$$W + Q = 0 \qquad ⑥$$

である．これから $-W = Q$ となる．すなわち，体系が外部にした仕事と吸収した熱量は等しい．あるいは，符号を逆にすると，体系に外部から加わる仕事と放出した熱量は等しい，といえる．

1 サイクルの間に 10 J の仕事が加わると，同量の 10 J = 2.39 cal の熱量が放出される．

7.4 第一法則の応用

体積一定な場合　体系の体積が一定だと，④は $d'Q = dU$ と書ける．両辺を dT で割れば，体系の熱容量 C_V は $C_V = d'Q/dT$ と表されるので，C_V は

熱力学では多変数を扱うので，偏微分の際，一定に保つ変数を添字として明記することが多い．

$$C_V = \left(\frac{\partial U}{\partial T}\right)_V \tag{7.10}$$

となる．体積が一定な場合の比熱を**定積比熱**という．

圧力一定な場合　④は一般に

$$d'Q = dU + pdV \tag{7.11}$$

と書ける．p を一定とし，圧力が一定という条件に対する熱容量 C_p を導入すれば，上と同様に考え

$$C_p = \left(\frac{\partial U}{\partial T}\right)_p + p\left(\frac{\partial V}{\partial T}\right)_p \tag{7.12}$$

が得られる．特に，理想気体の C_V は定数であることがわかる（第 9 章）．このため，(7.10) を T で積分すると

(7.13) では $T=0$ で $U=0$ となるよう内部エネルギーの原点を決めている．

$$U = C_V T \tag{7.13}$$

となる．1 モルでは $pV = RT$ と書け $p(\partial V/\partial T)_p = R$ である．したがって，(7.12)，(7.13) から

$$C_p - C_V = R \tag{7.14}$$

マイヤーの関係は気体の種類と無関係に成り立つ．

が得られる．上式を**マイヤーの関係**という．1 モルの C_p，C_V をそれぞれ**定圧モル比熱**，**定積モル比熱**という．

一般の場合　独立変数として T，V を選んだとすれば

$$dU = \left(\frac{\partial U}{\partial T}\right)_V dT + \left(\frac{\partial U}{\partial V}\right)_T dV \tag{7.15}$$

と書け，これを (7.11) に代入し

$$d'Q = \left(\frac{\partial U}{\partial T}\right)_V dT + \left[p + \left(\frac{\partial U}{\partial V}\right)_T\right] dV \tag{7.16}$$

が得られる．$p =$ 一定として上式を dT で割ると

$$C_p = C_V + \left[p + \left(\frac{\partial U}{\partial V}\right)_T\right]\left(\frac{\partial V}{\partial T}\right)_p \tag{7.17}$$

の C_p，C_V に対する一般的な関係が導かれる．

参考 **断熱変化** 外部との間に熱の出入りがない状態変化を**断熱変化**または**断熱過程**という．(7.16) で $d'Q = 0$ とおくと断熱変化は次式で記述される．

$$\left(\frac{\partial U}{\partial T}\right)_V dT + \left[p + \left(\frac{\partial U}{\partial V}\right)_T\right] dV = 0 \qquad ⑦$$

特に，理想気体では U は温度だけの関数で $(\partial U/\partial V)_T = 0$ とおける．簡単のため 1 モルの場合を考えると，$p = RT/V$ を⑦に代入し

$$C_V dT + RT dV/V = 0 \qquad ⑧$$

である．$R = C_p - C_V$ を使い

$$\gamma = \frac{C_p}{C_V} \qquad ⑨$$

で定義される**比熱比** γ を導入すると

$$\frac{dT}{T} + (\gamma - 1)\frac{dV}{V} = 0$$

$$\therefore \quad \ln T + (\gamma - 1) \ln V = \text{一定} \qquad ⑩$$

となる．⑩から

$$TV^{\gamma-1} = \text{一定} \qquad ⑪$$

が導かれる．一方，状態方程式 $T \propto pV$ を利用すれば⑪から

$$pV^{\gamma} = \text{一定} \qquad ⑫$$

が得られる．

$C_p > C_V$ であるから $\gamma > 1$ である．He，Ar などの単原子分子では $\gamma = 5/3$，O_2，N_2 の二原子分子では $\gamma = 7/5$ となる．

例題 7 Vp 面で断熱変化を記述する曲線は**断熱線**と呼ばれる．理想気体の等温線と断熱線の勾配を比較せよ．

解 断熱線上では $\ln p + \gamma \ln V = \text{一定}$ が成り立ち，これを V で微分すると

$$\left(\frac{\partial p}{\partial V}\right)_{\text{ad}} = -\gamma \frac{p}{V} \qquad ⑬$$

となる．等温変化では $\ln p + \ln V = \text{一定}$ となり形式的に⑬で $\gamma = 1$ とおけばよい．$\gamma > 1$ だから断熱線は等温線より急勾配である（図 7.5）．

adiabatic を略し ad という添字を付ける．

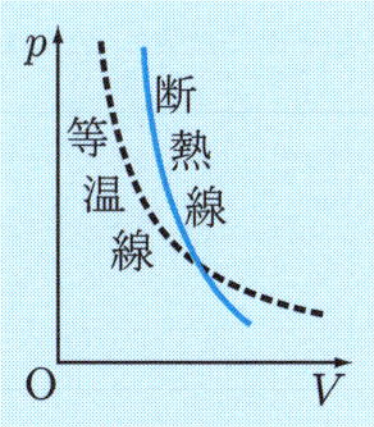

図 7.5 断熱線と等温線

補足 **断熱圧縮と断熱膨張** ⑪で $\gamma - 1 > 0$ であるから，V を小（大）にすると T は大（小）になる．すなわち断熱圧縮では温度が上がり，断熱膨張では温度が下がる．前者の性質はディーゼルエンジン，後者の性質は電気冷蔵庫やエアコンなどに利用されている．

7.5 カルノーサイクル

蒸気機関，自動車のエンジンなどは熱機関である．

熱機関　熱を仕事に変える装置を**熱機関**，熱機関に利用される物質を**作業物質**という．熱機関Cでは図7.6のように温度T_1の高温熱源R_1と温度T_2の低温熱源R_2の間で作業物質に1サイクルの状態変化を行わせる．1サイクルの後，CがR_1からQ_1の熱量を吸収し，R_2へQ_2の熱量を放出したとすれば，Cは$W = Q_1 - Q_2$だけの仕事を外部に対して行う．次のηは受け取った熱量のうち，仕事に変わった比を表し，これを熱機関の**効率**という．

効率100％の熱機関はあり得ない．これは技術が不完全なためではなく，熱本来の性質のためである．

$$\eta = \frac{Q_1 - Q_2}{Q_1} \tag{7.18}$$

カルノーサイクル　作業物質としてnモルの理想気体を考え，これを摩擦のないシリンダー中に入れ，Vp面上で図7.7で示す準静的な状態変化をさせたとする．これを**カルノーサイクル**という．$1 \to 2$の間は気体は等温膨張するが，等温では内部エネルギーは変わらず，Q_1は$1 \to 2$で気体のする仕事に等しい．よって，⑤から

1，2での体積をV_1，V_2と書く．以下，同様の記号を使う．

$$Q_1 = \int_{V_1}^{V_2} pdV = nRT_1 \ln \frac{V_2}{V_1} \tag{7.19}$$

となる．$2 \to 3$は断熱膨張で温度がT_2になったところで，R_2と接しながら$3 \to 4$と変化させる．Q_2は

$$Q_2 = \int_{V_4}^{V_3} pdV = nRT_2 \ln \frac{V_3}{V_4} \tag{7.20}$$

と計算される．(7.19)，(7.20)で$V_2/V_1 = V_3/V_4$が成り立ち（例題8），次の関係が導かれる．

$4 \to 1$は断熱圧縮で体系は元の状態1に戻る．

$$\frac{Q_1}{T_1} = \frac{Q_2}{T_2} \tag{7.21}$$

$$\eta = \frac{T_1 - T_2}{T_1} \tag{7.22}$$

R_1，R_2間の熱機関のうち，カルノーサイクルは最大の効率をもち，そのような点で理想的な熱機関である．

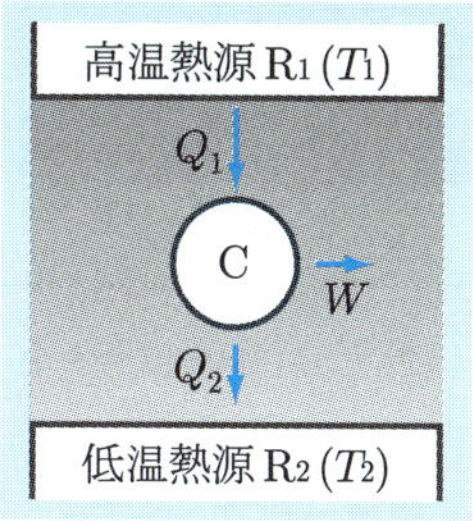

図 7.6　熱機関

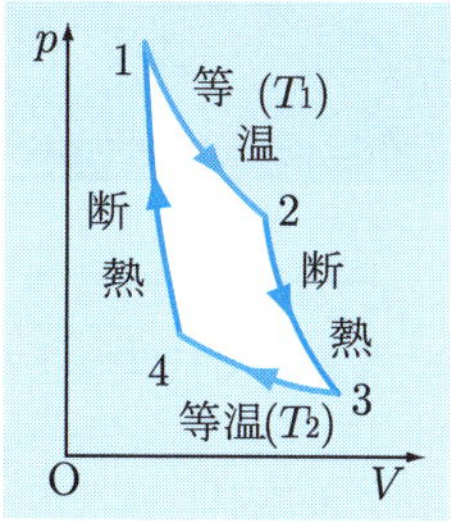

図 7.7　カルノーサイクル

例題 8　カルノーサイクルにおいて

$$\frac{V_2}{V_1} = \frac{V_3}{V_4}$$

が成り立つことを証明せよ．

解　$2 \to 3$ は断熱変化であり，このため $T_1 V_2^{\gamma-1} = T_2 V_3^{\gamma-1}$ が成り立つ．同様に，$T_2 V_4^{\gamma-1} = T_1 V_1^{\gamma-1}$ である．この両式から

$$\frac{T_2}{T_1} = \left(\frac{V_2}{V_3}\right)^{\gamma-1} = \left(\frac{V_1}{V_4}\right)^{\gamma-1} \quad \therefore \quad \frac{V_2}{V_3} = \frac{V_1}{V_4}$$

となり，これから与式が得られる．

参考　**逆カルノーサイクル**　図 7.7 の矢印の向きを逆向きにしたサイクルを**逆カルノーサイクル**という．カルノーサイクルでは準静的な状態変化を考えるので，変化を逆向きにさせると逆の変化が起こる．すなわち，逆カルノーサイクルでは低温熱源から Q_2 の熱量が吸収され，これに外部からの仕事 $Q_1 - Q_2$ が加わって，高温熱源に両者の和 Q_1 の熱量が供給される．低温熱源から高温熱源へと熱が運ばれるので逆カルノーサイクルは冷凍機としての機能をもつ．そこでこのサイクルを**カルノー冷凍機**という場合もある．

例題 9　理想気体を作業物質とする図 7.8 のようなサイクルで $1 \to 2$，$3 \to 4$ は等温変化，$2 \to 3$，$4 \to 1$ は等積変化とする．このサイクルの効率を求めよ．

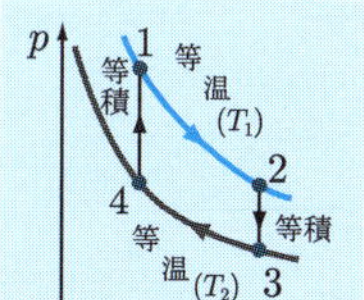

図 7.8

解　$2 \to 3$ では体系の温度が T_1 から T_2 に下がるので，$C_V(T_1 - T_2)$ だけの熱量を放出する．一方，$4 \to 1$ では同量の熱量を体系が吸収し，結局，両者の過程で熱の収支は打ち消し合う．また，(7.19)，(7.20) で $V_2 = V_3$，$V_1 = V_4$ となるので，カルノーサイクルでの結果 $\eta = (T_1 - T_2)/T_1$ が成り立つ．

演 習 問 題
第7章

1 4 g の銅の温度を 5 K だけ高めるのに必要な熱量は何 cal か．また，それは何 J か．銅の比熱を 0.094 cal/g・K とせよ．

2 ある湯沸かし器のガス消費量は熱量に換算して毎分 250 kcal である．この湯沸かし器を使って水を沸かし，そのときの温度より 40 K 高い湯が毎分 5 kg 得られた．このとき，水の温度上昇のために有効に使われた熱量は加えた熱量のうちの何 %か．

3 10 g の氷を熱し，これを全部水蒸気にするために必要な熱量は何 cal か．

4 一定量の気体の絶対温度を a 倍，圧力を b 倍にしたとき，その体積は何倍になるか．

5 20 g のチッ素の気体は 28°C，2 気圧において何 m^3 の体積を占めるか．ただし，チッ素の原子量を 14 とせよ．

6 均質な体系の状態量として p，V，T を考えたとき，一般に

$$\left(\frac{\partial p}{\partial V}\right)_T \left(\frac{\partial V}{\partial T}\right)_p \left(\frac{\partial T}{\partial p}\right)_V = -1$$

の関係が成り立つことを証明せよ．

7 次の関係を導け．

$$\left(\frac{\partial p}{\partial V}\right)_T \left(\frac{\partial V}{\partial p}\right)_T = 1$$

8 状態 A（体積 V_{A}，圧力 p_{A}，温度 T_{A}）にある n モルの理想気体を状態 B（体積 V_{B}，圧力 p_{B}，温度 T_{B}）へ断熱変化させた．この間に気体のした仕事 W を求めよ．

9 1000 K と 300 K の熱源の間で働くカルノーサイクルについて以下の問に答えよ．

(a) 効率は何%か．

(b) 高温熱源が供給する熱量が 500 J のとき，外部にする仕事，低温熱源の得る熱量はそれぞれ何 J か．

第8章

熱力学第二法則

可逆過程と不可逆過程，熱力学第二法則，エントロピー，主要な熱力学関数などについて学ぶ．

本章の内容

8.1 熱力学第二法則

可逆過程と不可逆過程 ある体系を状態 1 から状態 2 へ変化させたとする．この変化は，例えば Vp 面上の 1 つの経路で記述される（図 8.1）．体系が状態 2 に達したとき，一般には注目する体系の外部になんらかの変化が生じている．図 8.1 の矢印を逆転させ同じ経路を逆向きにたどって，体系が $2 \to 1$ と変化し元の状態に戻ったとき，外部の変化が帳消しになれば $1 \to 2$ の変化を**可逆過程**または**可逆変化**という．これに対し，$2 \to 1$ のどんな経路をとっても，外部に必ず変化が残るとき，$1 \to 2$ の変化を**不可逆過程**または**不可逆変化**という．例えば，カルノーサイクルでシリンダーとピストンの間に摩擦が働くと，気体の圧縮，膨張の際，摩擦熱が発生し，サイクルは不可逆過程となる．

カルノーサイクルは逆カルノーサイクルで元の状態に戻るので，可逆過程である．

熱力学第二法則 不可逆過程の特徴を表すのに次のような 2 つの方法がある．すなわち

熱は低温部から高温部へひとりでに移動しない (8.1)

ということで，これを**クラウジウスの原理**という．また

熱はひとりでに力学的な仕事に変わらない (8.2)

とも表現でき，これを**トムソンの原理**という．これらの原理を**熱力学第二法則**という．上記の原理は一見，異なったことを述べているように思われるが，実は同じことを違ったふうに表現したものである（例題 2）．なお,「ひとりでに」というのは一種のキーワードで正確には「外部になんらの変化を残さないで」という意味である．

ある現象のビデオをとり，そのテープを逆転させたとする．その映像が実際に起こるものであれば，現象は可逆，実現不可能なものであれば，現象は不可逆である．

例題 1　次の現象は可逆か，不可逆か．

(a)　減衰振動　　(b)　水の蒸発

(c)　火薬の爆発　　(d)　拡散

解　(a)　不可逆（静止していた質点がひとりでに振動を始め，その振幅が増大することはない）．

(b)　可逆（水蒸気を冷やすと元の水になる）．

(c)　不可逆（爆発して飛び散った破片や爆発の際生じる煙などがひとりでに元に戻ることはない）．

(d)　不可逆（水中に広がったインキがひとりでに集まりもとの滴になることはない）．

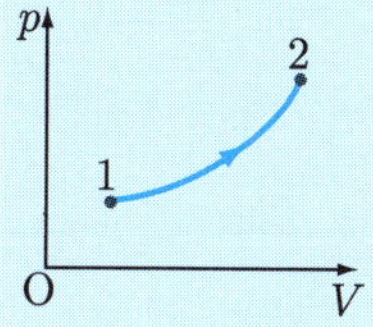

図 8.1　$1 \to 2$ の状態変化

例題 2　クラウジウスの原理とトムソンの原理とが等価であることを示せ．ただし，両原理が等価であるとは，「前者が成立すれば後者も成立し，逆に後者が成立すれば前者も成立する」という意味である．

解　両者の原理の等価性を証明するため，クラウジウスの原理を命題 A，トムソンの原理を命題 B とし，A が成立するとき B が成立することを A→B と記す．また A，B を否定する命題をそれぞれ A'，B' と書く．$\mathrm{A} \to \mathrm{B}$，$\mathrm{B} \to \mathrm{A}$ を証明する代わりに $\mathrm{A}' \to \mathrm{B}'$，$\mathrm{B}' \to \mathrm{A}'$ を証明してもよい．この結果が証明されたとする．一般に，$\mathrm{A} \to \mathrm{B}$ か $\mathrm{A} \to \mathrm{B}'$ のどちらかが正しいが，もし後者が成立すれば $\mathrm{A} \to \mathrm{B}' \to \mathrm{A}'$ となり，A と A' とは両立するはずはなく矛盾に導く．したがって，$\mathrm{A} \to \mathrm{B}$ でなければならない．同様に $\mathrm{B} \to \mathrm{A}$ が導かれる．

A' が成立すると熱は低温部から高温部へひとりでに移動する．そこで，カルノーサイクル C を運転させ，高温部から Q_1 の熱量を吸収し，低温部へ Q_2 の熱量を放出したとする．C は $Q_1 - Q_2$ だけの仕事を外部に対して行う．ここで，Q_2 の熱量をひとりでに高温部へ移動させると，低温部の変化が消滅し，高温部の熱量 $Q_1 - Q_2$ がひとりでに仕事に変わって B' が成立し，$\mathrm{A}' \to \mathrm{B}'$ が証明される．逆に，B' が正しいと仮定し，低温部の熱量 Q' がひとりでに仕事になったとして，この仕事で逆カルノーサイクル $\overline{\mathrm{C}}$ を運転させる．低温部から Q_2 の熱量が失われたとすれば，1 サイクルの後，外部の仕事は帳消しとなり，低温部から $Q_2 + Q'$ の熱量がひとりでに高温部へ移動したことになる．こうして $\mathrm{B}' \to \mathrm{A}'$ が示された．

逆カルノーサイクルを $\overline{\mathrm{C}}$ の記号で表す．

8.2 可逆サイクルと不可逆サイクル

可逆サイクルと不可逆サイクル　可逆過程から構成されるサイクルを**可逆サイクル**，その熱機関を**可逆機関**という．一方，不可逆過程を含むサイクルを**不可逆サイクル**，その熱機関を**不可逆機関**という．

現実の熱機関は摩擦熱，熱伝導など不可逆過程を伴うので不可逆機関である．

クラウジウスの式　高温熱源 R_1（温度 T_1）と低温熱源 R_2（温度 T_2）との間で働く任意のサイクル（可逆でも不可逆でもよい）を C とする．この C が 1 サイクルの間に R_1 から Q_1，R_2 から Q_2 の熱量を吸収したとすれば

$$\frac{Q_1}{T_1} + \frac{Q_2}{T_2} \leq 0 \tag{8.3}$$

の関係が成立する（例題 3）．ただし，(8.3) で $=$ は可逆サイクル，$<$ は不可逆サイクルの場合に対応する．上の関係を**クラウジウスの式**という．

Q は C が吸収した熱量とするので，C が熱機関の場合には $Q_1 > 0$，$Q_2 < 0$ である．

熱機関の効率　サイクルの性質により，外部からなされた仕事 W に対し $Q_1 + Q_2 + W = 0$ の関係が成立する．そのため，1 サイクルの間に熱機関が外部にした仕事は

$$-W = Q_1 + Q_2 \tag{8.4}$$

と表される．したがって，C の効率は

$$\eta = \frac{Q_1 + Q_2}{Q_1} = 1 + \frac{Q_2}{Q_1} \tag{8.5}$$

と書ける．C が外部に仕事をするときには $Q_1 > 0$ で (8.3) から，$T_2 > 0$ に注意して

$$\frac{T_2}{T_1} + \frac{Q_2}{Q_1} \leq 0 \qquad \therefore \quad \frac{Q_2}{Q_1} \leq -\frac{T_2}{T_1}$$

が得られる．その結果，(8.5) により

$$\eta \leq \frac{T_1 - T_2}{T_1} \tag{8.6}$$

第 7 章の例題 9 は (8.6) の一例である．

となる（$=$ は可逆，$<$ は不可逆）．上式の右辺はカルノーサイクルの効率 η_C で，2 つの熱源間で働く任意の熱機関の効率の最大値は η_C に等しいことがわかる．

例題 3　クラウジウスの式を導け．

解　任意のサイクルを C，カルノーサイクルを C′ とし，両者を高温熱源 R_1 と低温熱源 R_2 との間で運転させ，1 サイクルの間に C，C′ はそれぞれ図 8.2 に示すような熱量を吸収したと仮定する．元に戻ったとき，C は Q_1+Q_2，C′ は $Q_1'+Q_2'$ の仕事を外部に行い，結局，外部には $Q_1+Q_2+Q_1'+Q_2'$ だけの仕事が残る．ここですべての操作が終わったとき R_2 に変化が残らないように Q_2' を決める．すなわち

$$Q_2+Q_2'=0 \quad ①$$

とする．その結果，C，C′ が元に戻ったとき R_2 は元に戻るが，R_1 は Q_1+Q_1' の熱量を失い，それに等しい仕事が外部に残っている．

もし，Q_1+Q_1' が正であれば，正の熱量がひとりでに仕事に変わったことになり，トムソンの原理に反する．したがって

$$Q_1+Q_1' \leq 0 \quad ②$$

でなければならない．この場合は $|Q_1+Q_1'|$ の仕事が同量の熱量に変わりそれを R_1 が吸収する変化を表し，仕事が熱に変わる現象に対応する．C が可逆サイクルなら逆向きの状態変化が可能で上の操作がすべて逆転でき，Q，Q' の符号がすべて逆転する．このため $Q_1+Q_1' \geq 0$ となり②と両立するためには $Q_1+Q_1'=0$ が必要となる．逆にこれが成立すれば，すべての変化が帳消しになるので，C は可逆サイクルである．すなわち，②の ≤ 0 で $=0$ と可逆サイクルとは等価である．したがって，<0 と不可逆サイクルとが等価になる．C′ はカルノーサイクルであるから，(7.21) により

$$\frac{Q_1'}{T_1}+\frac{Q_2'}{T_2}=0 \quad ③$$

が成立する．①から得られる $Q_2'=-Q_2$ を上式に代入すると $Q_2/T_2=Q_1'/T_1$ となる．②から $Q_1' \leq -Q_1$ が導かれるので

$$\frac{Q_2}{T_2} \leq -\frac{Q_1}{T_1} \quad ④$$

となり，(8.3) が得られる．

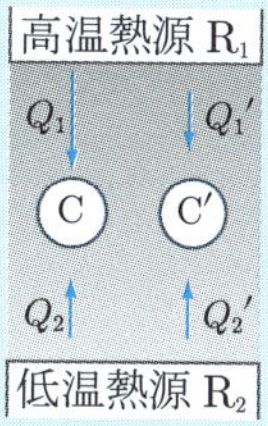

図 8.2　サイクル C，C′

摩擦熱の発生のように仕事が熱に変わるのは珍しい現象ではない．

(7.21) の Q_2 は $Q_2=-Q_2'$ である．

例題 4　800 K の高温熱源と 300 K の低温熱源の間で働く一般の熱機関の最大効率は何％か．

解　最大効率は $500/800=0.625=62.5$ % となる．

8.3 クラウジウスの不等式

n 個の熱源　(8.3) は多数の熱源がある場合に拡張される．任意の体系が行う任意のサイクル C があり，1 サイクルの間に C は温度 T_1 の熱源 R_1 から熱量 Q_1，温度 T_2 の熱源 R_2 から熱量 Q_2，⋯，温度 T_n の熱源 R_n から熱量 Q_n を吸収したとすれば

$$\frac{Q_1}{T_1} + \frac{Q_2}{T_2} + \cdots + \frac{Q_n}{T_n} \leq 0 \tag{8.7}$$

である．等号が可逆サイクル，不等号が不可逆サイクルに対応し，これを**クラウジウスの不等式**という．

(8.7) で $n = 2$ とすれば，同式は (8.3) に帰着する．

不等式の証明　温度 T をもつ任意の熱源 R を考え，R と $\mathrm{R}_1, \mathrm{R}_2, \cdots, \mathrm{R}_n$ との間にカルノーサイクル $\mathrm{C}_1, \mathrm{C}_2, \cdots, \mathrm{C}_n$ を働かせる（図 **8.3**）．これらを元に戻したとき図のように熱量を吸収したとすれば，(7.21) により

$$\frac{Q'_i}{T} = \frac{Q_i}{T_i} \quad (i = 1, 2, \cdots, n) \tag{8.8}$$

となる．すべてのサイクルが完了した時点で，$\mathrm{C}, \mathrm{C}_1, \mathrm{C}_2, \cdots, \mathrm{C}_n$ は元に戻り，また熱源 R_i からは Q_i と $-Q_i$ の熱量が出ているから差し引き変化は 0 で，$\mathrm{R}_1, \mathrm{R}_2, \cdots, \mathrm{R}_n$ も元に戻る．1 サイクルの間に C_i は $Q'_i - Q_i$，C は $Q_1 + Q_2 + \cdots + Q_n$ の仕事を外部に対して行う．これらを総計すると，結局，外部にした仕事は $Q'_1 + Q'_2 + \cdots + Q'_n$ となる．よって，すべてのサイクルが完了したとき，変化があるのは R が $Q'_1 + Q'_2 + \cdots + Q'_n$ の熱量を失い，外部にこれだけの仕事が残っているという点である．もし，この仕事が正だと，熱がひとりでに仕事に変わったことになり，トムソンの原理に反する．このため $Q'_1 + Q'_2 + \cdots + Q'_n \leq 0$ と書け，前節と同様の議論により $= 0$ と可逆サイクルとが，< 0 と不可逆サイクルとが等価になる．(8.8) を代入し $T > 0$ に注意すれば，(8.7) が導かれる．

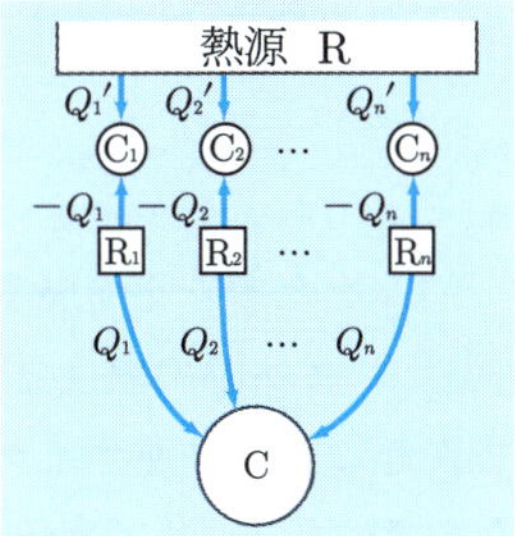

図 8.3　クラウジウスの不等式の導出

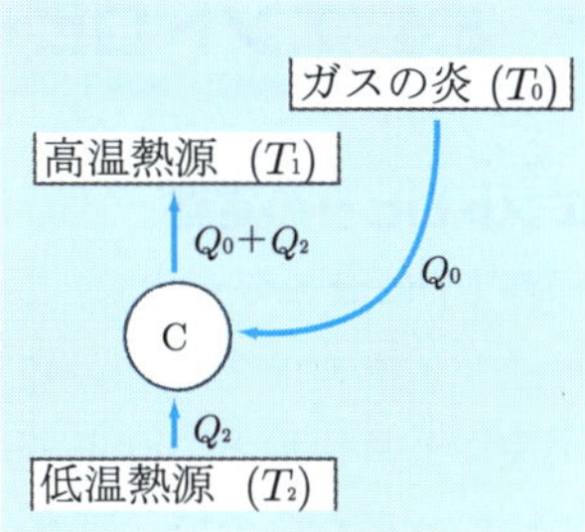

図 8.4　ガス冷蔵庫の原理

例題 5　図 8.4 はガス冷蔵庫の原理を示す．あるサイクルがガスの炎（温度 T_0）から Q_0，低温熱源（温度 T_2）から Q_2 の熱量を吸収し，また高温熱源（温度 T_1）に Q_0+Q_2 の熱量を供給して元に戻ったとする．すべての変化が可逆的であるとして，Q_2 を求めよ．

解　すべての変化が可逆的であれば，(8.7) で等号が成立し

$$\frac{Q_0}{T_0} - \frac{Q_0+Q_2}{T_1} + \frac{Q_2}{T_2} = 0 \qquad ⑤$$

となり，これから Q_2 を解いて次式が得られる．

$$Q_2 = \frac{T_2}{T_0}\frac{T_0-T_1}{T_1-T_2}Q_0 \qquad ⑥$$

$T_1 > T_2$ であるから，$T_0 > T_1$ なら $Q_2 > 0$ となる．

$T_0 > T_1 > T_2$ だと低温熱源から高温熱源へと熱が移動し冷蔵庫としての機能が生じる．

参考　**連続的な状態変化**　サイクルが連続的に温度の変わる熱源との間で熱を交換するとし，体系の 1 サイクルを概念的に図 8.5 のような閉曲線で表す．この曲線を細かく分割し，各微小部分で体系が吸収する熱量を $d'Q$，そのときの熱源の温度を T' とする．T' と $'$ をつけたのは，それが体系の温度 T ではなく，熱源の温度であることを明記するためである．分割を十分細かくすれば (8.7) の左辺は積分として表され

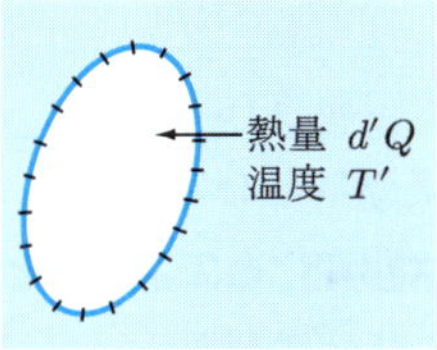

図 8.5　連続的な状態変化

$$\oint \frac{d'Q}{T'} \leq 0 \qquad ⑦$$

の関係が得られる．ここで，積分記号につけた○はサイクル（閉曲線）に関する積分を意味する．⑦は次に述べるように，エントロピーの議論の出発点となる．

8.4 エントロピー

エントロピーの定義　図 8.6(a) のように，1 から 2 に経路 L_1 に沿って変化し，$2 \to 1$ と L_2' をたどり元へ戻る可逆サイクルを考える．体系の温度 T と熱源の温度 T' が違うと熱伝導という不可逆過程が起こり，可逆サイクルになり得ないので，可逆サイクルでは $T = T'$ である．このため⑦は

$$\int_{L_1} \frac{d'Q}{T} + \int_{L_2'} \frac{d'Q}{T} = 0 \qquad (8.9)$$

となる．図 8.6(b) のように，L_2' と逆向きの経路を L_2 とすれば，(8.9) は

可逆過程では変化の向きを逆転させると熱量の符号が逆転する．

$$\int_{L_1} \frac{d'Q}{T} = \int_{L_2} \frac{d'Q}{T} \qquad (8.10)$$

と表される．すなわち，$1 \to 2$ の可逆過程を表す任意の経路を L としたとき

$$\int_{L} \frac{d'Q}{T} \qquad (8.11)$$

は L の選び方に依存しない．L の始点 0 を決め $0 \to 1$，$0 \to 2$ の可逆過程を表す任意の経路を新たに，L_1，L_2 とする (図 8.7)．0 を固定したと思えば

$$\int_{L_1} \frac{d'Q}{T} = S(1), \quad \int_{L_2} \frac{d'Q}{T} = S(2) \qquad (8.12)$$

で定義される $S(1)$，$S(2)$ はそれぞれ状態 1，2 に依存し状態量となる．この S を**エントロピー**という．

基準状態 0 の選び方は任意であるからエントロピーには不定性がある．

状態変化とエントロピーの差　図 8.7 のように，$1 \to 2$ の任意の経路 L（可逆でも不可逆でもよい）を考え，$0 \to 1 \to 2 \to 0$ のサイクルに⑦を適用すると

$$\int_{L} \frac{d'Q}{T'} \leq S(2) - S(1) \qquad (8.13)$$

が得られる．ただし，等号（不等号）は $1 \to 2$ の状態変化が可逆（不可逆）な場合を表す．

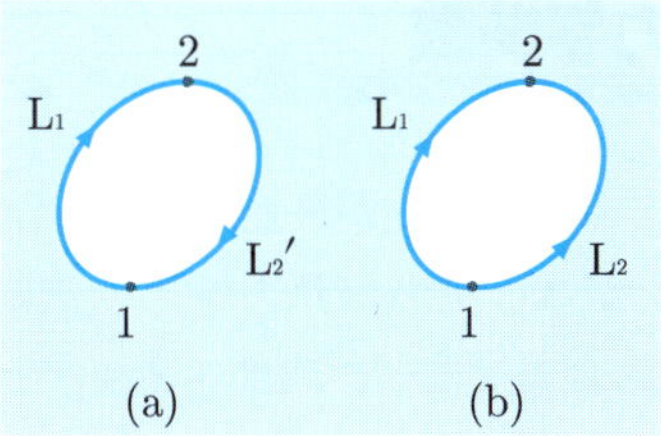

図 **8.6**　可逆サイクル

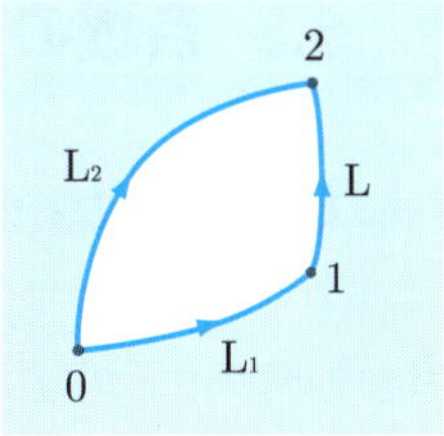

図 **8.7**　エントロピーの定義

例題 6　質量 m，比熱 c の物体の温度を T_1 から T_2 まで可逆的に上昇させたとき，物体のエントロピーはどれだけ増加するか．

解　物体の温度を dT だけ上げるのに必要な熱量は $d'Q = mcdT$ である．したがって，エントロピーの増加分は次式で与えられる．

$$\int_{T_1}^{T_2} mc\frac{dT}{T} = mc \ \ln \ \frac{T_2}{T_1}$$

c は温度に依存しないと仮定する．

例題 7　1 気圧の下で 100 °C の水を同温度の水蒸気にするための気化熱は 1 g 当たり 539 cal である．5 g の水を同温度の水蒸気にしたときのエントロピーの増加分を求めよ．

解　100 °C = 373K で，加える熱量は 2695cal = 11292J である．したがって，エントロピーの増加分は次のように計算される．

$$\frac{11292}{373} \text{ J/K} = 30.3 \text{ J/K}$$

融解や気化では状態変化が起こる温度は一定なので，**(8.12)** の T は積分記号の外にだせる．

参考　**微小変化の場合**　(8.13) で状態 2 が状態 1 に限りなく近づくと，この式は微小量の間の関係となり

$$\frac{d'Q}{T'} \leq dS \qquad ⑧$$

と書ける．不等号は不可逆過程の場合を表す，一方，可逆過程では⑧で等号が成立し，T' は T に等しい．したがって

$$d'Q = TdS \qquad ⑨$$

と表される．この関係の応用については次節で述べる．

参考　**エントロピー増大則**　断熱過程 ($d'Q = 0$) を考えると，$0 \leq dS$ となる．すなわち，可逆断熱過程ではエントロピーは不変だが，不可逆断熱過程ではエントロピーは必ず増大する．これを**エントロピー増大則**という．

全宇宙は断熱不可逆的なのでそのエントロピーは増大する一方であると考えられている．

8.5 各種の熱力学関数

内部エネルギーの変化　体系の変化が可逆過程の場合，⑨によって $d'Q = TdS$ が成り立ち，熱力学第一法則 $dU = -pdV + d'Q$ と組み合わせると，内部エネルギーの変化に対し次式が得られる．

(8.14) は熱力学における 1 つの重要な関係式である．

$$dU = -pdV + TdS \tag{8.14}$$

理想気体のエントロピー　(8.14) の 1 つの応用例として理想気体のエントロピーを求めよう．n モルの理想気体では，定積モル比熱を C_V として，$dU = nC_V dT$，$pV = nRT$ が成り立ち，(8.14) は

$$dS = nC_V \frac{dT}{T} + nR\frac{dV}{V} \tag{8.15}$$

と表される．これを積分すると，S は

$$S = nC_V \ln T + nR \ln V + S_0 \tag{8.16}$$

で与えられる．上式の S_0 は積分定数で，この付加項はエントロピーの不定性を意味する．

ヘルムホルツの自由エネルギー　(8.14) を利用すると，目的に応じ便利な熱力学関数が導入できる．例えば，独立変数として T，V を選んだときには

$$F = U - TS \tag{8.17}$$

のヘルムホルツの自由エネルギーが用いられる．(8.14) を利用すると次式が導かれる．

$$\begin{aligned} dF &= -pdV + TdS - TdS - SdT \\ &= -SdT - pdV \end{aligned} \tag{8.18}$$

ギブスの自由エネルギー　独立変数をT,pとしたときに便利な熱力学関数がギブスの自由エネルギー G で G は

$$G = U - TS + pV \tag{8.19}$$

と定義される．この微分は次式のようになる．

$$dG = -SdT + Vdp \tag{8.20}$$

例題 8　独立変数として T, V を選んだとき，エントロピーは $S = S(T, V)$ と表される．この関数形を実験的に決める方法を考えよ．

解　(8.18) で $V =$ 一定，あるいは $T =$ 一定 のときを考えると

$$S = -\left(\frac{\partial F}{\partial T}\right)_V, \quad p = -\left(\frac{\partial F}{\partial V}\right)_T \qquad ⑩$$

となる．偏微分の公式を利用すると

$$\left(\frac{\partial S}{\partial V}\right)_T = \left(\frac{\partial p}{\partial T}\right)_V \qquad ⑪$$

となる．一方，⑨を dT で割ると $d'Q/dT = T(dS/dT)$ であるが，特に $V =$ 一定 の場合，定積熱容量 C_V に対し

$$\left(\frac{\partial S}{\partial T}\right)_V = \frac{C_V}{T} \qquad ⑫$$

が成り立つ．⑪，⑫の右辺は実験的に測定できる量なので，これらの式を積分し $S(T, V)$ の関数形が決められる．

$(\partial/\partial V)(\partial F/\partial T) = (\partial/\partial T)(\partial F/\partial V)$

⑪は**マクスウェルの関係式**と呼ばれるものの一種である．

例題 9　n モルの理想気体に対するヘルムホルツの自由エネルギーを求めよ．

解　$U = nC_VT + U_0$ と書けるので，(8.16) を利用し

$$\begin{aligned} F &= U - TS \\ &= nC_VT - nC_VT \ln T - nRT \ln V + F_0 \end{aligned} \qquad ⑬$$

が得られる．ただし，$F_0 = U_0 - TS_0$ である．

例題 10　⑬の F から $p = -(\partial F/\partial V)_T$ の式を用いて圧力を計算し，n モルの理想気体に対する状態方程式が導かれることを確かめよ．

解

$$p = nRT \frac{\partial \ln V}{\partial V} = \frac{nRT}{V}$$

例題 11　ギブスの自由エネルギーから導かれるマクスウェルの関係式はどのように表されるか．

解　(8.20) より $S = -(\partial G/\partial T)_p$,　$V = (\partial G/\partial p)_T$ となり，これから $(\partial S/\partial p)_T = -(\partial V/\partial T)_p$ が導かれる．

演習問題
第 8 章

1　1000 K の高温熱源と 300 K の低温熱源との間で働く熱機関の最大効率は何%か.

2　ある体系が温度 T_1, T_2, T_3 の熱源からそれぞれ Q_1, Q_2, Q_3 の熱量を吸収して元の状態に戻った. この場合, クラウジウスの不等式はどのように表されるか.

3　ある可逆サイクルが 3 つの熱源と熱のやりとりを行い, $T_1 = 300$ K の熱源から 100 cal の熱量を吸収し, $T_2 =$ 400 K の熱源に 200 cal の熱量を与えた. $T_3 = 360$ K の熱源との間にはどのような熱の収支があったか.

4　水 1 g を可逆的に 0 °C から 100 °C まで熱したとき, 水のエントロピーはどれだけ増加するか. ただし, 水の比熱 c は温度によらず $c = 1$ cal/g·K であるとする.

5　体積を一定に保ち, 温度を a 倍にしたとき, 理想気体のエントロピーの増加分はどのように表されるか.

6　エンタルピー H は

$$H = U + pV$$

で定義される. dH を求め, これから導かれるマクスウェルの関係式について論じよ.

7　等温圧縮率 κ_T は

$$\kappa_T = -\frac{1}{V}\left(\frac{\partial V}{\partial p}\right)_T$$

で与えられる. $1/\kappa_T$ をヘルムホルツの自由エネルギーで表す公式を導け.

8　理想気体に対する等温圧縮率を求めよ.

9　熱膨張率 α は

$$\alpha = \frac{1}{V}\left(\frac{\partial V}{\partial T}\right)_p$$

で定義される. 次の設問に答えよ.

(a)　α とヘルムホルツの自由エネルギーとの関係を論じよ.

(b)　理想気体の α を求めよ.

第9章

電　　流

直流と交流，オームの法則，電流密度，電力，ジュール熱，直流回路などを説明する．

本章の内容

9.1 直流と交流

電池の内部では，電流は陰極から陽極へ流れる．

電源 電池やバッテリーは電流の供給源でこれを**電源**という．電池は**陽極**（+ 極）と**陰極**（− 極）の 2 つの極をもち，通常，図 9.1(a) のように陽極を細長い線，陰極を太く短い線で表す．電池の外部で電流は陽極から陰極へと一方的に流れる．このような一方向きの電流を**直流**という．一方，家庭のコンセントから得られる電流は時間的に振動していて，この種の電流を**交流**という．交流電源は図 9.1(b) のような記号で表される．

アンペアの正確な定義は後の章で学ぶ．

家庭の電気の起電力は 100 V である．

オームの法則 電流の大きさを測るには，電流計を利用すればよい．電流の単位は**アンペア**（A）であるが，**ミリアンペア**（$= 10^{-3}$A, mA）や**マイクロアンペア**（$= 10^{-6}$A, μA）などの単位も使われる．電源は電流を流すような能力をもつが，これを**起電力**という．起電力の単位は**ボルト** (V) で，1 個の電池，バッテリーの起電力はそれぞれ 1.5 V，2 V である．

実験の結果によると，起電力 V の電池に物体をつないだとき，物体を流れる電流 I と V との間には

$$V = RI \tag{9.1}$$

の関係が成り立つ．これを**オームの法則**，R をその物体の**電気抵抗**という．電気抵抗は回路図でギザギザの線で表される（図 9.2）．電気抵抗の単位は**オーム** (Ω) で，1 V の起電力に対し 1 A の電流が流れるときを 1 Ω と決めている．交流の場合，V，I は時間とともに変動するが，ある瞬間では (9.1) の関係が成り立つ．

電気抵抗 R に電流 I が流れるとき，抵抗の両端の電位差（電圧）V は (9.1) で与えられる．例えば 5 Ω の電気抵抗に 3 A の電流が流れている場合，抵抗の両端間の電位差は 15 V となる．

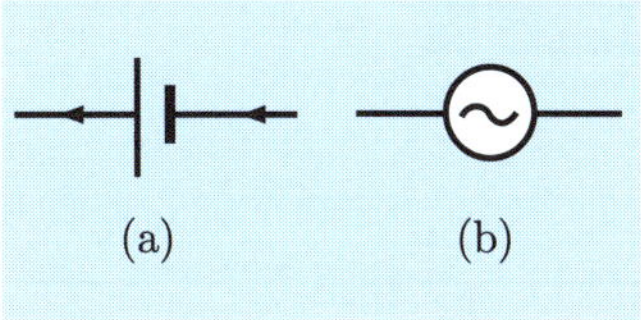

図 9.1　電源

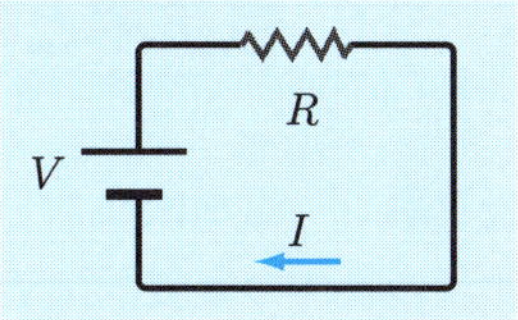

図 9.2　オームの法則

例題 1　懐中電灯の電源として電池を 2 個直列にした場合を考える．豆電球の電気抵抗が 5 Ω だと，点灯したときに流れる電流は何 A か．

解　電池を直列にすると，起電力は個数倍となるので，起電力は 3 V である．よって，電流は $I = (3/5)\mathrm{A} = 0.6\ \mathrm{A}$ となる．

回路図で導線は直線で表され，その電気抵抗は 0 とする．

参考　**電流のキャリヤー**　金属のようによく電流を流すものを**導体**，逆に電流を流さないものを**絶縁体**という．また，電気を運ぶ担い手を**キャリヤー**という．キャリヤーには大別して 2 種類あり，正の電荷をもつものと負の電荷をもつものとがある．金属の場合，キャリアーは負の電荷をもつ**電子**である．電子は電池の陰極から出て陽極に入り，その流れの向きは電流の向きと逆になる．

n 型半導体のキャリヤーは電子であるが，p 型半導体のは**正孔**という正の電気量をもつ荷電粒子である．

電磁気学ではキャリヤーのミクロな実体に立ち入らず正の荷電粒子と負の荷電粒子の 2 種を考え，それぞれを**正電荷**，**負電荷**という．歴史的な経緯で電流の向きは正電荷の流れる向きと決められている．1 A の電流が導線を流れるとき，流れの向きと垂直な断面を毎秒あたり通過する電荷を 1 **クーロン**（C）という．陽子 1 個がもつ電荷は e，電子 1 個がもつ電荷は $-e$ で，e は

電荷は電気量と同じ意味で使われる．

$$e = 1.602 \times 10^{-19}\ \mathrm{C} \qquad ①$$

で与えられる．e を**電気素量**または**素電荷**という．

例題 2　導線に 3 A の電流が流れているとき，この導線の断面を 5 秒間に通過する電子の数を求めよ．

解　5 秒間には $5 \times 3\ \mathrm{C} = 15\ \mathrm{C}$ の電荷が通過するので，電子の数は $-15/(1.602 \times 10^{-19}) = -9.36 \times 10^{19}$ となり，-9.36×10^{19} 個の電子が通過することがわかる．$-$ 符号は電流と反対向きの電子の通過を意味している．したがって，電流とは逆向きに 9.36×10^{19} 個の電子が通過する．

9.2 抵抗率と電流密度

抵抗率　図 9.3 のような断面積が S，長さが L の直方体状の物体の電気抵抗 R に対し，実験的に

$$R = \rho \frac{L}{S} \tag{9.2}$$

の関係が得られる．比例定数 ρ を**抵抗率**または**電気抵抗率**あるいは**比抵抗**という．抵抗率の単位は $\Omega \cdot \mathrm{m}$ である．

ρ は物質の種類と温度に依存する．

電気伝導率　抵抗率の逆数を**電気伝導率**という．すなわち，電気伝導率 σ は $\sigma = 1/\rho$ と定義される．電気伝導率の単位は $\Omega^{-1} \cdot \mathrm{m}^{-1}$ である．

σ の大きい物質ほど電気をよく通す．

電流密度　σ の意味を見るため，(9.1)，(9.2) から

$$\frac{I}{S} = \frac{V}{\rho L} \tag{9.3}$$

の関係を導く．上式の左辺は単位面積を流れる電流の大きさであるが，$j = I/S$ と書き j を電流密度の大きさという．また，電流と同じ向き，方向で，大きさ j をもつベクトル $\boldsymbol{j}$ を導入し，これを**電流密度**という．

一方，(9.3) の右辺 V/L は単位長さ当たりの電圧で

$$E = \frac{V}{L} \tag{9.4}$$

と書き，E を**電場**（あるいは**電界**）の大きさという．こうして，(9.3) は次式のように表される．

E の単位は $\mathrm{V/m}$ である．

$$j = \sigma E \tag{9.5}$$

電場　図 9.4 のように，電池の陽極，陰極につながった面をそれぞれ A，B とし A の電位は B の電位より V だけ高いとする．この V が電位差（電圧）である．(9.4) の E をベクトルに拡張するとき，そのベクトル $\boldsymbol{E}$ は電位の高い方から低い方へ向くとする．$\boldsymbol{E}$ を**電場**というが，図 9.4 のように，電場は上向きで電流の向き，方向と一致する．こうして $\boldsymbol{j}$ は $\boldsymbol{E}$ に比例し次式が成り立つ．

高水位から低水位へ水が流れるように，電流は**電位**の高い方から低い方へ流れるとする．電位の正確な定義は次章で述べる．

$$\boldsymbol{j} = \sigma \boldsymbol{E} \tag{9.6}$$

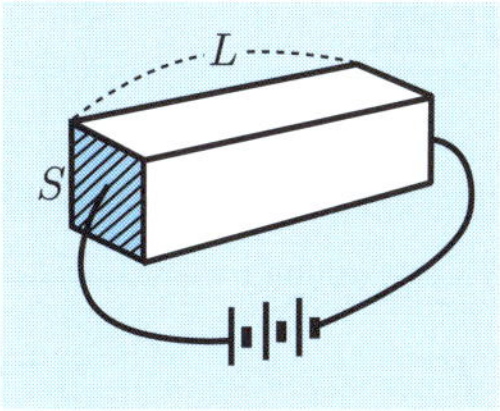

図 9.3 直方体状の物体

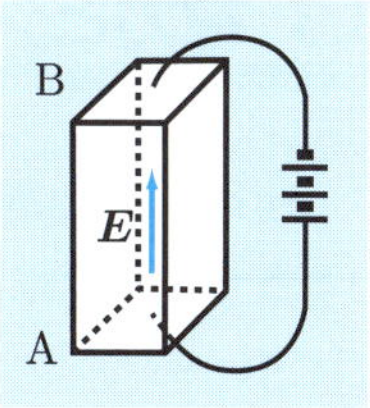

図 9.4 電場の向き

例題 3 断面積が $3\mathrm{mm}^2$，長さ 50 m の銅線の電気抵抗は 25°C において何 Ω か．ただし，25°C における銅の抵抗率は $1.72 \times 10^{-8}\ \Omega\cdot\mathrm{m}$ である．

解 $1\ \mathrm{mm}^2 = 10^{-6}\ \mathrm{m}^2$ であるから，銅線の電気抵抗 R は (9.2) により，次のように計算される．

$$R = 1.72 \times 10^{-8} \times \frac{50}{3 \times 10^{-6}}\ \Omega = 0.287\ \Omega$$

例題 4 図 9.4 で物体は 25 °C の銅であるとし，AB 間の長さ，電位差を 0.1 m，4.5 V とする．E，j を求めよ．

解 E は $E = (4.5/0.1)\mathrm{V/m} = 45\mathrm{V/m}$ となる．また j は

$$j = \frac{45\ \mathrm{V/m}}{1.72 \times 10^{-8}\ \Omega\cdot\mathrm{m}} = 2.62 \times 10^{9}\ \mathrm{A/m^2}$$

と計算される．ただし，$\mathrm{V}/\Omega = \mathrm{A}$ の関係を利用した．

参考 **電場のする仕事** 空間中のある 1 点に電荷 q をおいたとき，それが受ける力 $\boldsymbol{F}$ は次のように表される．

電場と力の関係については次章で学ぶ．

$$\boldsymbol{F} = q\boldsymbol{E} \qquad ②$$

このため，図 9.4 で直方体中にある電荷 q は上向きに大きさ qE の力を受ける．したがって，電荷を A から B へ移動させたとき，力の向きと移動の向きは同じで，電場による力は qEL だけの仕事をする．ただし，L は AB 間の距離である．以上の議論から電場のする仕事 W は次式のように書けることがわかる．

以下，この仕事を簡単に電場のする仕事と呼ぼう．

$$W = qEL \qquad ③$$

(9.4) により $EL = V$ が成り立ち，③は

$$W = qV \qquad ④$$

となる．すなわち，A の電位が B より V だけ高いということは，A から B へ電荷 q を移動させるとき電場のする仕事が qV であることを意味する．

9.3 電力とジュール熱

電力 起電力 V の電池が外部の回路に I の電流を供給しているとき，この電池は単位時間の間に

$$P = VI \tag{9.7}$$

の仕事を行う（例題5）．このように，単位時間当たりに電源のする仕事あるいは電源の供給するエネルギーを**電力**という．電力の単位は力学と同様，ワットで1Wは1sあたり1Jの仕事に相当する．(9.7) にオームの法則 $V = RI$ を適用すると P は次のように書ける．

電力は一種の仕事率である．

$$P = RI^2 = \frac{V^2}{R} \tag{9.8}$$

電流の熱作用 電池に豆電球をつないだとき，荷電粒子の力学的エネルギーは光のエネルギーへと変換する．しかし，そうでない場合には，上のエネルギーは全部熱に変わると考えられる．一般に，電流が流れるとそれに伴い熱が発生するが，これを**電流の熱作用**，また発生する熱を**ジュール熱**という．電気抵抗 R の物体に，電圧 V がかかって電流 I が流れるとき，時間 t の間に電源は VIt の仕事を行う．これだけの仕事が熱に変わると考えられるので，ジュール熱 Q は

電熱器，電気ポット，電気炊飯器などはジュール熱を利用した電気器具である．

$$Q = VIt \tag{9.9}$$

で与えられる．あるいは，(9.8) を用いると Q は

$$Q = RI^2 t = \frac{V^2}{R} t \tag{9.10}$$

とも書ける．(9.9), (9.10) で V をボルト，I をアンペア，R をオーム，t を秒の単位で表すと，ジュール熱はエネルギーの国際単位であるJで計算される．これに対して，熱量の単位としてよくcalが使われる．(7.2) で述べたように，力学的な仕事 W J は Q cal の熱量と等価で

$$W = JQ, \quad J = 4.19\ \mathrm{J/cal} \tag{9.11}$$

の関係が成立する．

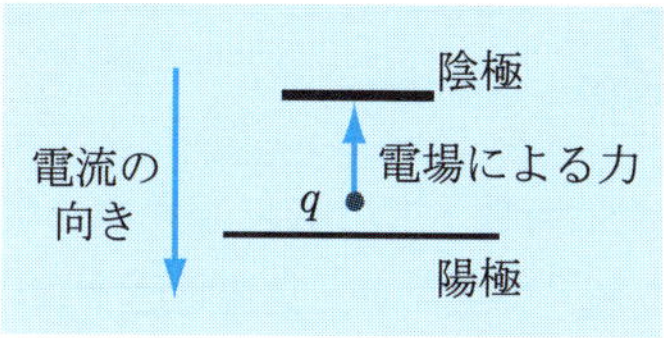

図 **9.5**　電池のする仕事

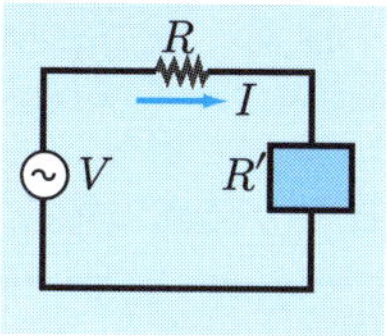

図 **9.6**　送電線の模式図

例題 5　起電力 V の電池が I の電流を提供しているときの電力を求めよ．

解　電池内の正電荷 q を考えると，図 **9.5** のように電場は陽極から陰極へと向かうので，電荷に働く力は上向きとなる．しかし，電流の向きはこの力と逆向きであるから，電池は電場による力に逆らい電荷を陰極から陽極へと移動させねばならない．準静的過程を適用すれば，電池のする仕事は qV と表され，単位時間当たりに直すと VI となる．

ちょうど人間が重力に逆らい，はしごを上るときに人間は仕事をするのと似ている．

例題 6　6 V の電源を電気抵抗 2 Ω の物体につないだとき 20 秒間に発生するジュール熱は何 J か．また，このジュール熱を全部 20 g の水に与えたとき，水の温度は何 K 上昇するか．

解　(9.10) の $Q = V^2t/R$ に $V = 6$，$R = 2$，$t = 20$ を代入し $Q = 360$ J と計算される．1 J = (1/4.19) cal が成り立つから cal 単位で表すと $Q = (360/4.19)$ cal = 85.9 cal となる．よって水の温度上昇は (85.9/20) K = 4.3 K である．

参考　**送電線のエネルギー損失**　家庭の電気は発電所から送られてくる．この場合の電気は交流であるが，簡単のため直流とみなし，発電所の電力 P は一定とする．図 **9.6** に送電線の模式図を示すが，ここで V は発電所の電圧，R は送電線の電気抵抗，R' は各家庭に存在するすべての電気器具の電気抵抗を表すとする．全体の電気抵抗は $R+R'$ で，流れる電流を I とすれば $V = (R+R')I$ が成り立つ．一方，発電所の電力 P は $P = VI$ と表される．これから $I = P/V$ と書け，送電線が発生する単位時間当たりのジュール熱 Q は $Q = RI^2 = RP^2/V^2$ となり，V の大きいほど送電によるエネルギー損失は少なくなる．そこで高圧線によって送電し，例えば 50 万 V という高電圧が利用される．

次節で学ぶが，交流のジュール熱は直流と同じように扱える．

(9.10) の最右式から $\boldsymbol{Q = V^2/R}$ となるが $\boldsymbol{V = RI}$ が成り立たないので，この式は使えない．

9.4 交流の電力

交流電流を簡単に交流という．

交流 交流の電圧や電流は時間 t とともに周期的に変化している．時間の原点を適当に選ぶと，**交流電圧** $V(t)$，**交流電流** $I(t)$ は時間 t の関数として

$$V(t) = V_0 \cos \omega t, \quad I(t) = I_0 \cos \omega t \qquad (9.12)$$

と表される．(9.12) は単振動と同様の時間変化を記述し，V_0，I_0 は電圧，電流の振幅，ω は角振動数である．また，交流が 1 秒間に振動する回数 ν を**周波数**または**振動数**，1 回の振動に要する時間 T を**周期**というが，ω，ν，T の間には次の関係が成り立つ．

回転と同様，1 秒の間に 1 回振動するときを ν の単位（ヘルツ）とする．

$$\omega = 2\pi\nu, \quad T = \frac{1}{\nu} = \frac{2\pi}{\omega} \qquad (9.13)$$

交流の電力 交流の場合，微小時間 dt の間に電源のする仕事は $V(t)I(t)dt$ と書け，(9.12) を代入すると，この仕事は

$$V_0 I_0 \cos^2 \omega t dt \qquad (9.14)$$

と表される．上式は時間の関数として振動するので，交流の場合には 1 周期に関する平均をとり，電力 P を次式で定義する．

$$P = \frac{1}{T}\int_0^T V_0 I_0 \cos^2 \omega t dt \qquad (9.15)$$

(9.15) から次式が得られる（例題 7）．

$$P = \frac{V_0 I_0}{2} \qquad (9.16)$$

家庭の電気が 100 V の場合時々刻々の電圧は 141 V から −141 V までの間で変化している．

実効値 交流の場合，次の

$$V = \frac{V_0}{\sqrt{2}}, \quad I = \frac{I_0}{\sqrt{2}} \qquad (9.17)$$

で定義される V，I を**電圧実効値**，**電流実効値**という．交流の電圧や電流の大きさは普通この実効値で表す．実効値を使うと直流の (9.7) と同様次式が成り立つ．

$$P = VI \qquad (9.18)$$

補足　**交流の角振動数**　我が国の場合，交流の振動数は静岡県の富士川を境に東側の関東が 50 Hz，西側の関西が 60 Hz となっている．角振動数にすると関東では $\omega = 314\ \mathrm{s}^{-1}$，関西では $\omega = 377\ \mathrm{s}^{-1}$ である．

関東と関西の違いは明治，大正の時代に関東ではアメリカ系（**50 Hz**），関西ではヨーロッパ系（**60 Hz**）の機械を輸入したためである．

例題 7　(9.15) で与えられる P を計算せよ．

解　三角関数の公式を使うと (9.15) は

$$P = \frac{V_0 I_0}{2T} \int_0^T (1 + \cos 2\omega t) dt \qquad ⑤$$

$\cos 2\theta = 2\cos^2\theta - 1$

と書ける．⑤の積分のうち，$\cos 2\omega t$ を含む項は

$$\int_0^T \cos 2\omega t dt = \frac{\sin(2\omega T)}{2\omega} = \frac{\sin 4\pi}{2\omega} = 0 \qquad ⑥$$

と計算され，(9.16) が導かれる．

例題 8　交流の場合でも (9.8) が成り立つことを示せ．

解　電気抵抗 R の物体を交流電源に連結するとしよう．各瞬間でオームの法則が成立するので，$V(t) = RI(t)$ と書ける．よって，微小時間 dt の間に電源のする仕事は

$$V(t)I(t)dt = RI^2(t)dt = V^2(t)dt/R$$

と表される．(9.12) を用いると，この仕事は

$$RI_0^2 \cos^2 \omega t dt = V_0^2 \cos^2 \omega t dt/R \qquad ⑦$$

と書け⑦の時間平均をとり実効値を代入すると(9.8)が導かれる．

参考　**位相の遅れ**　交流電圧，交流電流がそれぞれ

$$V(t) = V_0 \cos \omega t, \quad I(t) = I_0 \cos(\omega t - \phi) \qquad ⑧$$

(9.12) は位相の遅れがなく電圧と電流が同位相の場合を示す．

で与えられるとき，ϕ を**位相の遅れ**，$\cos\phi$ を**力率**という．⑧から

$$P = \frac{V_0 I_0}{T} \int_0^T \cos \omega t \cos(\omega t - \phi) dt \qquad ⑨$$

と書ける．$\cos(\omega t - \phi) = \cos\omega t \cos\phi + \sin\omega t \sin\phi$ を使い

後の章で見るように交流回路では実際⑧が成り立つ．

$$\int_0^T \cos\omega t \sin\omega t dt = \frac{1}{2}\int_0^T \sin 2\omega t dt = -\frac{1}{4}\cos 2\omega t \Big|_0^T$$

$$= -(1/4)[\cos 4\pi - 1] = 0$$

に注意すると P は次のように表される．

$$P = V_0 I_0 \cos\phi/2 \qquad ⑩$$

$\phi = \pi/2$ では $\cos\phi = 0$ で $P = 0$ となり交流は仕事をしない．

9.5 直流回路

キルヒホッフの法則 いくつかの直流電源と何個かの抵抗が互いに連結している体系を**直流回路**という．この体系を扱うため，回路を流れる電流の向き，大きさは時間によらず一定であるとする．このような電流を**定常電流**という．また，体系全体の状態は時間的に変化せず定常的であると仮定する．例として，直流回路の一部を考え（図 9.7），回路中の分岐点 A，C をとるとこれらの分岐点に電荷が溜まらないという条件から

$$I_1 + I_2 = I_3$$

の関係が得られる．一般に，任意の分岐点に関して，これに流れ込む電流を I_k と書けば

$$\sum I_k = 0 \tag{9.19}$$

が成り立つ．これを**キルヒホッフの第一法則**という．

I_k は符号をもつ．分岐点に流れ込む向きを正にとれば流れ出ていく向きは負となる．

次に回路中の 1 つのループを考え，このループを回る向きを決めたとする．例えば，図 9.7 の点線で示したような正の向き（反時計回りの向き）を選び，点 A，B，C，D，E をとる．点 E における電位を V_E と書けば，V_E は V_D に比べ V_2 だけ電位が高いから $V_E - V_D = V_2$ となる．一方，$V_C - V_D = R_2 I_2$ から $V_D - V_C + R_2 I_2 = 0$ が得られる．同様に，$V_C - V_B - R_3 I_1 = 0$，$V_B - V_A = -V_1$，$V_A - V_E + R_1 I_2 = 0$ となり，これらをすべて加えると

$$R_2 I_2 - R_3 I_1 + R_1 I_2 = V_2 - V_1 \tag{9.20}$$

が導かれる．以上の結果を一般化すると，ループに沿う和に対し

$$\sum R_k I_k = \sum V_k \tag{9.21}$$

となる．これを**キルヒホッフの第二法則**という．ただし，ループに沿って電流を流そうとする起電力を +，逆向きの起電力を − にとる．同様に，電流の向きがループと同じ向きなら電流を +，逆向きなら − とする．

計算の結果，電流が − となれば，電流は最初の向きと逆に流れる．

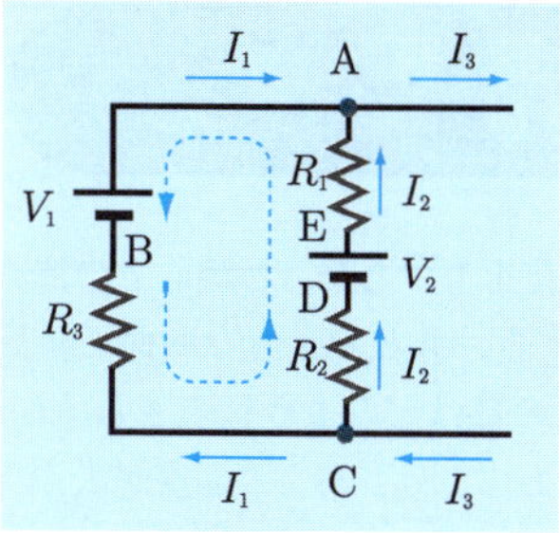

図 9.7　直流回路の一部

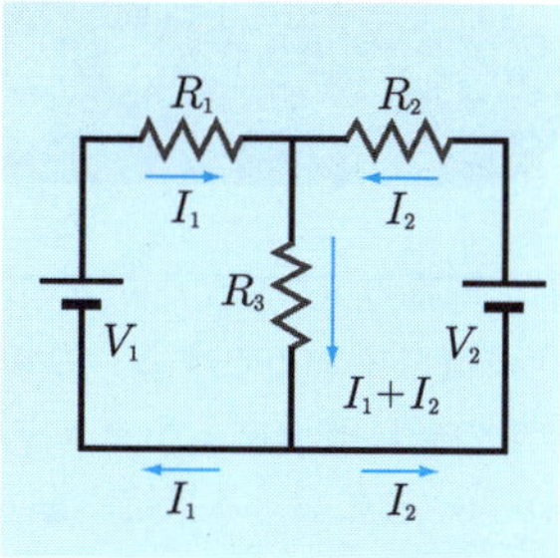

図 9.8　直流回路

例題 9　図 9.8 に示すような直流回路を考える．電流 I_1，I_2 を計算せよ．

解　キルヒホッフの第一法則により，R_3 を流れる電流は $I_1 + I_2$ と表される．したがって，左側，右側のループにそれぞれキルヒホッフの第二法則を適用すると

$$(R_1 + R_3)I_1 + R_3 I_2 = V_1 \qquad ⑪$$

$$R_3 I_1 + (R_2 + R_3)I_2 = V_2 \qquad ⑫$$

が得られる．⑪，⑫を未知数 I_1，I_2 に対する連立方程式とみなし，これを解くと

$$I_1 = \frac{\begin{vmatrix} V_1 & R_3 \\ V_2 & R_2 + R_3 \end{vmatrix}}{\begin{vmatrix} R_1 + R_3 & R_3 \\ R_3 & R_2 + R_3 \end{vmatrix}}, \quad I_2 = \frac{\begin{vmatrix} R_1 + R_3 & V_1 \\ R_3 & V_2 \end{vmatrix}}{\begin{vmatrix} R_1 + R_3 & R_3 \\ R_3 & R_2 + R_3 \end{vmatrix}}$$

と表される．これらの行列式を計算すると，次式が求まる．

$$I_1 = \frac{(R_2 + R_3)V_1 - R_3 V_2}{R_1 R_2 + R_2 R_3 + R_3 R_1}, \quad I_2 = \frac{(R_1 + R_3)V_2 - R_3 V_1}{R_1 R_2 + R_2 R_3 + R_3 R_1}$$

2 行 2 列の行列式に対し

$$\begin{vmatrix} a & b \\ c & d \end{vmatrix} = ad - bc$$

が成り立つ．

参考　ホイートストンブリッジ　図 9.9 のホイートストンブリッジで R_1，R_2 は既知の抵抗，R は可変抵抗，X は未知の抵抗とする．R を適当に調整し検流計 G を流れる電流が 0 となるようにする．図のように電流をとり，点線で示したループを考えると $RI_1 - XI_2 = 0$，$R_1 I_1 - R_2 I_2 = 0$ が得られる．上の式から

$$\frac{I_1}{I_2} = \frac{X}{R} = \frac{R_2}{R_1} \qquad \therefore \quad X = \frac{R_2}{R_1}R \qquad ⑬$$

となり，⑬を利用し X が測定できる．

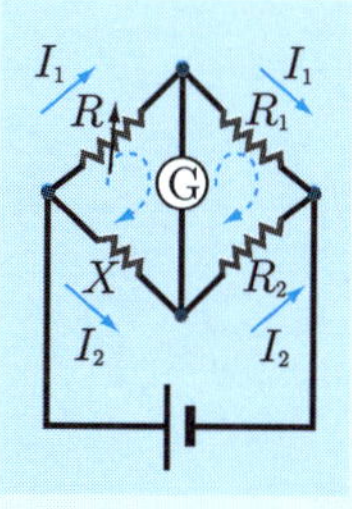

図 9.9　ホイートストンブリッジ

演 習 問 題
第9章

1 電流のキャリヤーが q の電荷をもつとし，導線に I の電流が流れているとする．このとき，導線の垂直な断面を時間 t の間に通過するキャリヤーの数はどのように表されるか．

2 0 °C における抵抗率を ρ_0 とすれば，あまり温度が広くない範囲で t °C での抵抗率は $\rho = \rho_0(1+\alpha t)$ と表される．α を温度係数という．アルミニウムでは $\rho_0 = 2.50 \times 10^{-8}\ \Omega\cdot\mathrm{m}$，$\alpha = 4.2 \times 10^{-3}$/K と測定されている．100 °C におけるアルミニウムの抵抗率を求めよ．

3 懐中電灯の豆電球の電気抵抗が 5 Ω とする．この豆電球を 3 V の電池につないだときの電力は何 W か．

4 電気抵抗 0.5 Ω の物体に 3 A の電流を流したとき，1 分間に発生するジュール熱は何 J か．

5 交流 100 V で使用する電気アイロンの出力が 1400 W であるとする．その電気抵抗は何 Ω か．

6 500 W の電熱器を 100 V の電源につなぎ，1 kg の水の温度を 20 °C から 100 °C に上昇させるとき，所要時間はどれほどになるか．ただし，加えられた熱はすべて温度上昇に使われるとする．

7 下図左に示す回路において，I_1，I_2 はそれぞれ何 A となるか．

8 下図右に示す回路で I_1，I_2 を求めよ．

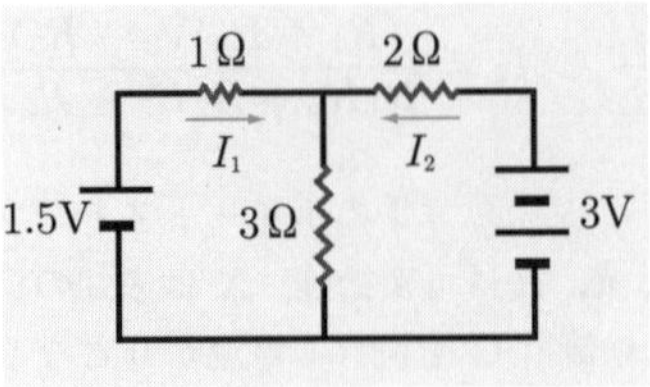

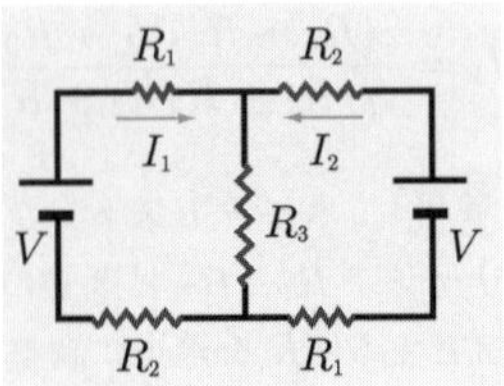

第10章

電荷と電場

電荷間に働く力に関するクーロンの法則，電場，ガウスの法則などについて説明する．

本章の内容

10.1 クーロンの法則

点電荷　物質は分子または原子から構成されるが，1 モル中の分子または原子の数 N_A は普遍的な物理定数で

N_A は 1 億の 1 億倍のそのまた 1 億倍程度の膨大な数である．

$$N_A = 6.022 \times 10^{23}\ \mathrm{mol}^{-1} \tag{10.1}$$

である．N_A を**モル分子数**あるいは**アボガドロ数**という．原子では正電荷の原子核の回りを何個かの負電荷の電子が運動している．塩化ビニル棒を毛皮でこすると，毛皮の電子が塩化ビニル棒に移動し，これは負に帯電する．逆に，毛皮では電子が不足して全体として正に帯電する．便宜上，大きさの無視できる点状の電荷を想定し，これを**点電荷**という．点電荷は質点に対応する概念である．

電荷は帯電した物体を表すのに使われることもある．

クーロンの法則　同種の電荷（正と正，負と負）は反発し合い，異種の電荷（正と負）は引き合う．点電荷の間に働く力の向きは点電荷を結ぶ直線上にあり，その大きさは点電荷間の距離 r に反比例し，それぞれの電荷 q, q' の積に比例する．国際的な単位系では，力に N，距離に m，電荷に**クーロン** (C) を使うが，このとき点電荷の間に働く力 F は

MKS に電流の単位 A を加えた MKSA は国際的な単位系である．

$$F = \frac{1}{4\pi\varepsilon_0}\frac{qq'}{r^2} \tag{10.2}$$

と書ける．ただし，$F > 0$ は斥力，$F < 0$ は引力を表す（図 **10.1**）．(10.2) を**クーロンの法則**，またこのような電気的な力を**クーロン力**という．(10.2) 中の ε_0 を**真空の誘電率**という．ε_0 の値は

$c = 299792458\mathrm{m/s}$ は真空中の光速の定義である．

$$\varepsilon_0 = \frac{10^7}{4\pi c^2}\frac{\mathrm{C}^2}{\mathrm{N\cdot m^2}} = 8.854 \times 10^{-12}\frac{\mathrm{C}^2}{\mathrm{N\cdot m^2}} \tag{10.3}$$

で与えられる．

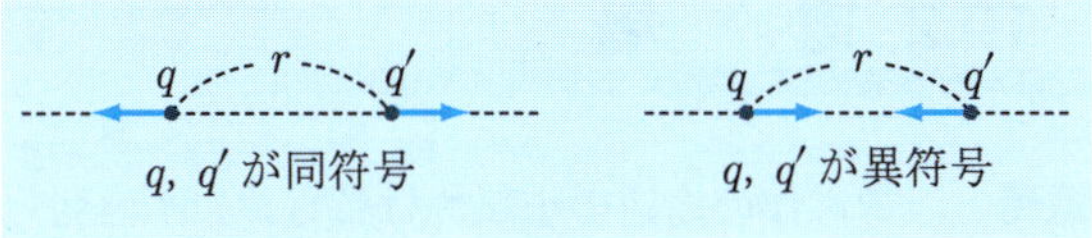

図 **10.1**　クーロンの法則

補足　**クーロンの法則の比例定数**　クーロンの法則を

$$F = k\frac{qq'}{r^2} \quad ①$$

と書いたときの比例定数 k は用いる単位系によって異なる．c はほぼ $c = 3.00 \times 10^8$ m/s と考えてよいので，以下のように書ける．

$$k = \frac{c^2}{10^7}\frac{\mathrm{N \cdot m^2}}{\mathrm{C^2}} = 9.00 \times 10^9 \ \frac{\mathrm{N \cdot m^2}}{\mathrm{C^2}} \quad ②$$

(10.2) は真空の場合に正しい式だが，空気中でもほとんど同じである．

例題 1　水素原子は 1 個の陽子と 1 個の電子とから構成される．その基底状態（エネルギー最低の状態）では，陽子・電子間の距離は 5.3×10^{-11} m である．陽子と電子との間に働くクーロン力の大きさを求めよ．

巨視的な物体のもつ電気量は e の整数倍だが，粒子数が莫大なので電気量は連続と考えてよい．

解　電気素量を e とすると，陽子は e，電子は $-e$ の電荷をもつ．第 9 章の①により $e = 1.6 \times 10^{-19}$ C と表されるので，①，②により F の大きさは

$$F = 9.0 \times 10^9 \times \frac{1.6^2 \times 10^{-38}}{5.3^2 \times 10^{-22}} \text{ N} = 8.2 \times 10^{-8} \text{ N}$$

と計算される．

例題 2　$4\,\mu$C と $5\,\mu$C の点電荷が 0.2 m だけ離れておかれているとき，その間に働くクーロン力の大きさは何 N か．またこの力は何 kg の物体に働く重力に相当するか．ただし，$1\,\mu\mathrm{C} = 10^{-6}$ C である．

解　クーロン力の大きさは

$$F = 9.00 \times 10^9 \times \frac{4 \times 10^{-6} \times 5 \times 10^{-6}}{0.2^2} \text{ N} = 4.5 \text{ N}$$

と表される．一般に，質量 m に物体に働く重力は $F = mg$ と書ける．したがって，求める質量は $m = (4.5/9.81)$ kg $= 0.459$ kg と計算される．

10.2 電　場

試電荷　帯電体の周辺の小紙片は帯電体に引き付けられ，その周辺は通常の空間と違った性質をもつと考えられる．この種の空間を**電場**とか**電界**という．電場を調べるため空間中の 1 点 P に微小な電荷 δq をおいたとする．このような電荷を**試電荷**という．

δq が十分小さければ，この電荷は周辺の状況に影響を与えない．

電場　試電荷に働く力 $\boldsymbol{F}$ はクーロンの法則により δq に比例するが，これを

$$\boldsymbol{F} = \delta q \boldsymbol{E} \tag{10.4}$$

と表し，ベクトル $\boldsymbol{E}$ を**電場の強さ**，**電場ベクトル**または単に**電場**という．単位正電荷に働く力が電場であると考えてよい．電場 $\boldsymbol{E}$ は一般に点 P を表す位置ベクトル $\boldsymbol{r}$ に依存し，$\boldsymbol{E} = \boldsymbol{E}(\boldsymbol{r})$ と書ける．このように空間の各点である種のベクトルが決まっているとき，その空間を一般に**ベクトル場**という．

$\boldsymbol{E}(\boldsymbol{r})$ で記述されるベクトル場が電場である．

点電荷の作る電場　図 **10.2** のように，$\boldsymbol{r}'$ の点 Q に点電荷（電荷 q）がおかれているとする．電場を観測する $\boldsymbol{r}$ の点を P とすれば，PQ 間の距離は $|\boldsymbol{r} - \boldsymbol{r}'|$ であるから，P における電場の大きさ E は

$$E = \frac{1}{4\pi\varepsilon_0} \frac{|q|}{|\boldsymbol{r} - \boldsymbol{r}'|^2} \tag{10.5}$$

と書ける．ここで，$(\boldsymbol{r} - \boldsymbol{r}')/|\boldsymbol{r} - \boldsymbol{r}'|$ が Q から P へ向かう大きさ 1 のベクトル，すなわち**単位ベクトル**であることに注意すると，q の符号まで考慮し，点 P における電場 $\boldsymbol{E}$ は次のように表される．

$$\boldsymbol{E} = \frac{q}{4\pi\varepsilon_0} \frac{\boldsymbol{r} - \boldsymbol{r}'}{|\boldsymbol{r} - \boldsymbol{r}'|^3} \tag{10.6}$$

電場の大きさの単位は (10.4) から N/C であることがわかる．ふつうは電場の大きさの単位を V/m（V：ボルト）と表すことが多い．単位間の関係として 1 N/C = 1 V/m の等式が成り立つ．

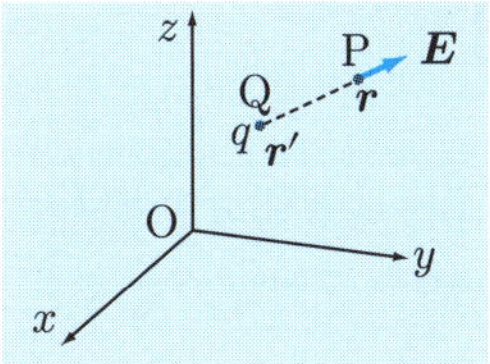

図 10.2　点電荷の作る電場

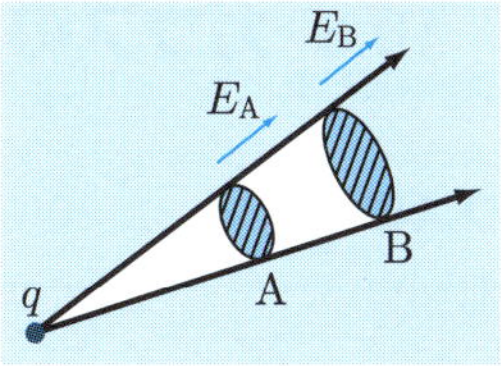

図 10.3　円錐状の立体

例題 3　位置ベクトル $\boldsymbol{r}_1, \boldsymbol{r}_2, \cdots, \boldsymbol{r}_N$ にそれぞれ $q_1, q_2, \cdots, q_N$ の点電荷があるとき，これら N 個の点電荷が $\boldsymbol{r}$ という場所に作る電場 $\boldsymbol{E}$ はどのように表されるか．

電荷は一般に連続分布するが，これらの電荷を微小部分に分割し点電荷として③を適用すれば $\boldsymbol{E}$ が求まる．

解　各点電荷の作る電場をベクトル的に加えればよいので，$\boldsymbol{E}$ は以下のように書ける．

$$\boldsymbol{E} = \sum_{k=1}^{N} \frac{q_k}{4\pi\varepsilon_0} \frac{\boldsymbol{r} - \boldsymbol{r}_k}{|\boldsymbol{r} - \boldsymbol{r}_k|^3} \qquad ③$$

参考　**電気力線**　各点での接線がそこでの $\boldsymbol{E}$ の方向と一致する曲線を電気力線（でんきりきせん）という．これは流体中の速度を表す流線と似ていて，第 6 章の例題 5 と同様，$\boldsymbol{E}$ の x, y, z 成分を E_x, E_y, E_z とすれば，電気力線は次式から決められる．

$$\frac{dx}{E_x} = \frac{dy}{E_y} = \frac{dz}{E_z} \qquad ④$$

正電荷は電気力線が湧きだすところ，負電荷はそれが吸い込まれるところである．

例題 4　点電荷 q から出発する電気力線を流体の流線とみなす．図 10.3 のように q を頂点とする円錐状の立体をとり，これは流管を表すと考える．任意の垂直断面 A，B をとり，A における $\boldsymbol{E}$ の大きさを E_{A}，垂直断面積を S_{A} とし，同様な量を B に対して定義する．$E_{\mathrm{A}} S_{\mathrm{A}} = E_{\mathrm{B}} S_{\mathrm{B}}$ を導き，流体は非圧縮性であることを示せ．

解　q から A，B までの距離を r_{A}，r_{B} とすれば

$$\frac{S_{\mathrm{A}}}{r_{\mathrm{A}}^2} = \frac{S_{\mathrm{B}}}{r_{\mathrm{B}}^2} \qquad ⑤$$

A，B は相似であるから，S は r^2 に比例する．これを表すのが⑤である．

が成り立つ．また，(10.5) により $q > 0$ とすれば

$$E_{\mathrm{A}} = \frac{q}{4\pi\varepsilon_0 r_{\mathrm{A}}^2}, \quad E_{\mathrm{B}} = \frac{q}{4\pi\varepsilon_0 r_{\mathrm{B}}^2} \qquad ⑥$$

⑤を q が S_{A} を見込む**立体角**という．

が得られ，⑤，⑥から $E_{\mathrm{A}} S_{\mathrm{A}} = E_{\mathrm{B}} S_{\mathrm{B}}$ で第 6 章の⑪と同じになる．

10.3 ガウスの法則

ガウスの法則　図10.4のように点電荷 q を囲む任意の曲面をS，S上の微小面積を dS，そこでの電場を $\boldsymbol{E}$，Sの内から外へ向かう法線方向の単位ベクトルを $\boldsymbol{n}$，$\boldsymbol{E}$ の $\boldsymbol{n}$ 方向の成分を $E_n\,(=\boldsymbol{E}\cdot\boldsymbol{n})$ とする．このとき

$$\varepsilon_0\int_{\mathrm{S}} E_n dS = q \tag{10.7}$$

が成立する．Sの内部に点電荷が存在しないと，(10.7) の左辺は0となる．以上を**ガウスの法則**という．

(10.7) 左辺の積分は S 全体にわたる**面積積分**を表す．

法則の証明　例題4と同様，電気力線を流線とみなす．dS での流速を $\boldsymbol{v}$ とし，dS を底とし $\boldsymbol{v}$ の方向に伸びた円筒状の立体をとる（図10.5）．立体の体積は $v_n dS$ で，密度を ρ とすれば立体中の流体の質量は $\rho v_n dS$ となり，これだけの質量の流体が単位時間中に dS の部分を通過する．以上の議論から (10.7) の左辺は q が単位時間当たりに湧きだす流量に比例することがわかる．流体は非圧縮性なので，この流量は q を囲む任意の曲面に対し同じ値をもつ．そこで，図10.4の点線のように q を中心とする任意の半径 r をもつ球面をとると (10.7) は

$$\int \frac{q}{4\pi r^2} dS = q$$

に等しくなる．また，S内に点電荷がないと流量は0なので (10.7) も0となる．

多数の点電荷　点電荷 $q_1, q_2, \cdots$ があるとき，それぞれの点電荷が作る電場を $\boldsymbol{E}_1, \boldsymbol{E}_2, \cdots$ とすれば，全体の点電荷が作る電場は $\boldsymbol{E}=\boldsymbol{E}_1+\boldsymbol{E}_2+\cdots$ と書ける．閉曲面Sの内部にある点電荷については (10.7) が成立し，その外部にある点電荷からの寄与は0となるので，全体の $\boldsymbol{E}$ に関し次式が成り立つ．

$$\varepsilon_0\int_{\mathrm{S}} E_n dS = (\text{Sの中にある電荷の和}) \tag{10.8}$$

(10.8) もガウスの法則という．

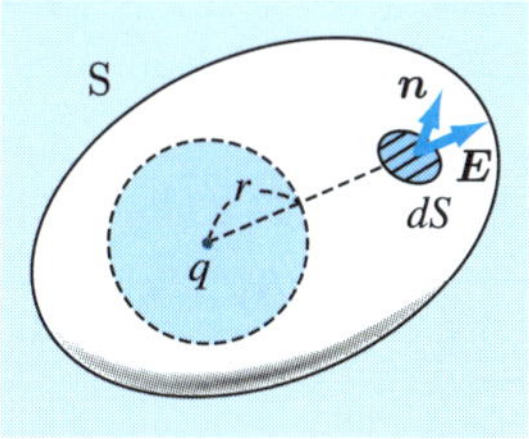

図 10.4　ガウスの法則

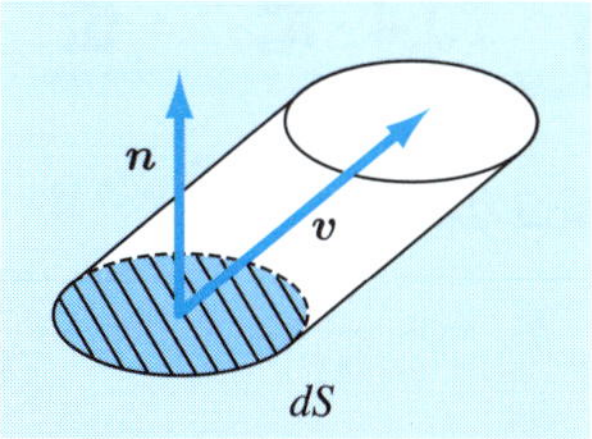

図 10.5　dS を通して流れる流体

例題 5　ガウスの法則を利用して，点電荷が作る電場を求めよ．

解　原点 O に点電荷 q があるとする．原点を中心として半径 r の球を考えると，空間の対称性により電場は球の表面と垂直な方向に生じる．また，E_n は表面上で一定となる．したがって，ガウスの法則 (10.7) により

$$4\pi r^2 \varepsilon_0 E_n = q \qquad ⑦$$

となる．これから

$$E_n = \frac{q}{4\pi\varepsilon_0 r^2} \qquad ⑧$$

が得られ，⑧はクーロンの法則の結果と一致する．

例題 6　面密度（単位面積当たりの電荷）σ が一定な無限に広い平面状の正電荷が作る電場を求めよ．

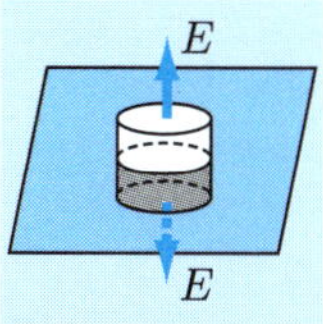

図 10.6　平面上の電荷分布

解　図 10.6 のように，平面に垂直な円筒を考えこの表面についてガウスの法則を適用する．ただし，円筒の上面，下面は平面と平行で，両者は平面から同じ距離にあるとする．対称性により $\boldsymbol{E}$ は平面と垂直でその向きは図のようになる．円筒の上面のどの点も等価で，そこで電場は一定の大きさ E をもつ．また，円筒の側面では $E_n = 0$ となる．円筒の上面，下面の面積を S とすればガウスの法則を円筒に適用して

$$\varepsilon_0 \int_{\mathrm{S}} E_n dS = 2\varepsilon_0 ES = \sigma S \qquad ⑨$$

と書け，これから

$$E = \frac{\sigma}{2\varepsilon_0} \qquad ⑩$$

が得られる．

$\sigma < 0$ だと⑩で $\sigma \to |\sigma|$ とする．

10.4 電　　位

電位に任意定数を加えても (10.9) は満たされる．電位は付加定数分だけ不定だが，物理的に意味があるのは電位差である．

電位の定義　電場が位置ベクトル $\boldsymbol{r}$ の関数 $V(\boldsymbol{r})$ により

$$E_x = -\frac{\partial V}{\partial x},\quad E_y = -\frac{\partial V}{\partial y},\quad E_z = -\frac{\partial V}{\partial z} \tag{10.9}$$

と表されるとき，V を**電位**または**スカラーポテンシャル**という．あるいはナブラ記号を使うと (10.9) は

$$\boldsymbol{E} = -\nabla V \tag{10.10}$$

と書ける．電位の単位は**ボルト** (V) で，電位の差を**電位差**という．(10.9) は力学における力とポテンシャルとを結び付ける (3.7) の関係に相当している．

点電荷の作る電位　点 $\boldsymbol{r}'$ に点電荷（電荷 q）があるとき，それによる点 $\boldsymbol{r}$ での電位 $V(\boldsymbol{r})$ は

$$V(\boldsymbol{r}) = \frac{q}{4\pi\varepsilon_0}\frac{1}{|\boldsymbol{r}-\boldsymbol{r}'|} \tag{10.11}$$

で与えられる（例題 7）．

多数の点電荷　多数の点電荷 $q_1, q_2, \cdots$ があるとし，それらが単独に作る電位，電場をそれぞれ $V_1, V_2, \cdots$, $\boldsymbol{E}_1, \boldsymbol{E}_2, \cdots$ とすれば次のように表される．

$$\boldsymbol{E}_1 = -\nabla V_1,\quad \boldsymbol{E}_2 = -\nabla V_2,\quad \cdots$$

全部の点電荷が作る電場 $\boldsymbol{E}$ は $\boldsymbol{E} = \boldsymbol{E}_1 + \boldsymbol{E}_2 + \cdots = -\nabla V_1 - \nabla V_2 - \cdots = -\nabla(V_1 + V_2 + \cdots)$ となる．したがって

$$V = V_1 + V_2 + \cdots \tag{10.12}$$

とおけば

$$\boldsymbol{E} = -\nabla V \tag{10.13}$$

が得られる．点 $\boldsymbol{r}_1$ に q_1 の点電荷，点 $\boldsymbol{r}_2$ に q_2 の点電荷，$\cdots$，点 $\boldsymbol{r}_N$ に q_N の点電荷があるとき，全体のポテンシャルは (10.11) により次のように表される．

$$V(\boldsymbol{r}) = \frac{1}{4\pi\varepsilon_0}\sum_{k=1}^{N}\frac{q_k}{|\boldsymbol{r}-\boldsymbol{r}_k|} \tag{10.14}$$

各点電荷の電位の和が全体の電位となる．電荷が連続的に分布する場合には**電荷密度**（単位体積当たりの電荷）を導入し和のかわりに積分をとればよい．

例題 7 点 $\boldsymbol{r}'$ に点電荷（電荷 q）があるとき，それによる点 $\boldsymbol{r}$ での電位 $V(\boldsymbol{r})$ は (10.11) のように表されることを示せ．

解 (10.11) で $|\boldsymbol{r}-\boldsymbol{r}'|$ は点 $\boldsymbol{r}$ と点 $\boldsymbol{r}'$ 間の距離であるから，各点の座標で表すと

$$|\boldsymbol{r}-\boldsymbol{r}'| = [(x-x')^2+(y-y')^2+(z-z')^2]^{1/2} \qquad ⑪$$

と書ける．⑪を x で偏微分すると

$$\frac{\partial}{\partial x}|\boldsymbol{r}-\boldsymbol{r}'| = \frac{x-x'}{[(x-x')^2+(y-y')^2+(z-z')^2]^{1/2}} = \frac{x-x'}{|\boldsymbol{r}-\boldsymbol{r}'|} \qquad ⑫$$

である．(10.11) を x で偏微分するには，普通の微分と同様，まず $|\boldsymbol{r}-\boldsymbol{r}'|^{-1}$ を $|\boldsymbol{r}-\boldsymbol{r}'|$ で微分し，それに $\partial|\boldsymbol{r}-\boldsymbol{r}'|/\partial x$ を掛ければよい．前者の微分は $-|\boldsymbol{r}-\boldsymbol{r}'|^{-2}$ をもたらし

$$-\frac{\partial V}{\partial x} = \frac{q}{4\pi\varepsilon_0}\frac{1}{|\boldsymbol{r}-\boldsymbol{r}'|^2}\frac{x-x'}{|\boldsymbol{r}-\boldsymbol{r}'|} = \frac{q}{4\pi\varepsilon_0}\frac{x-x'}{|\boldsymbol{r}-\boldsymbol{r}'|^3}$$

が導かれる．上式は (10.6) の x 成分をとったものと一致し，$E_x = -\partial V/\partial x$ が導かれる．y, z 成分についても同様であり，こうして $\boldsymbol{E} = -\nabla V$ であることがわかる．

(10.11) の場合 $|\boldsymbol{r}| \to \infty$ で $V(\boldsymbol{r}) \to 0$ となるよう電位の基準が決められている．

参考 **一様な電場** z 方向の一様な電場（$E_x = E_y = 0$, $E_z = E$，E：定数）を記述する電位は (10.9) により

$$V(\boldsymbol{r}) = -Ez + V_0 \quad (V_0：任意定数) \qquad ⑬$$

と表される．⑬は重力ポテンシャル（第 3 章の⑨）に対応する．

例題 8 図 10.7 のように，ある領域 V 内で電荷が連続的に分布しているとする．点 $\boldsymbol{r}'$ における電荷密度を $\rho(\boldsymbol{r}')$ とし，点 $\boldsymbol{r}$ での電位 $V(\boldsymbol{r})$ を求めよ．

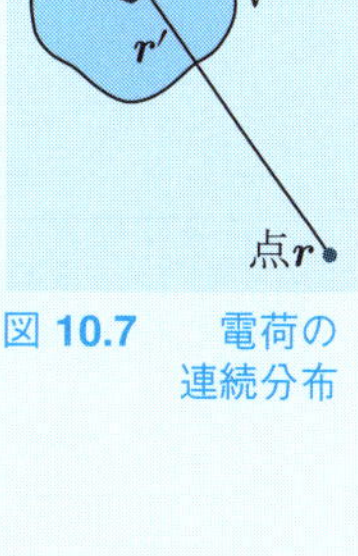

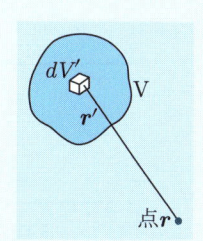

図 10.7　電荷の連続分布

解 領域 V 中の点 $\boldsymbol{r}'$ の近傍にある微小体積 dV' を考えると，これに含まれる電荷は $\rho(\boldsymbol{r}')dV'$ と書ける．(10.11) によりその電荷が点 $\boldsymbol{r}$ に作る電位は $\rho(\boldsymbol{r}')dV'/4\pi\varepsilon_0|\boldsymbol{r}-\boldsymbol{r}'|$ と表される．したがって，これを V にわたって積分し，$V(\boldsymbol{r})$ は

$$V(\boldsymbol{r}) = \frac{1}{4\pi\varepsilon_0}\int_{\mathrm{V}}\frac{\rho(\boldsymbol{r}')}{|\boldsymbol{r}-\boldsymbol{r}'|}dV' \qquad ⑭$$

と表される．

10.5 導　体

導体　電気をよく通すものが導体，また電気を運ぶ担い手がキャリヤーである．導体中に電場が存在すると，キャリヤーに力が働きそれが運動するため電流が流れる．静電気の問題では電流は流れないとするので，静電気を扱う限り，導体内で $\boldsymbol{E} = 0$ と考えてよい．

等電位面　導体内で電位が一定でないと，(10.9) により 0 でない電場が発生する．よって，導体内で電位は一定となる．一般に，$V(\boldsymbol{r}) =$ 一定 という条件を課すると空間中に 1 つの曲面が得られる．これを**等電位面**という．導体の表面は等電位面であることがわかる．電場は等電位面と垂直である（例題 9）．したがって，導体のすぐ外側の電場は表面と垂直になる．その大きさ E を求めるには，図 10.6 で平面が導体表面，平面の上（下）側が導体の外部（内部）であると考えればよい．導体内部では電場は 0 であるから，次式が得られる．

$$E = \frac{\sigma}{\varepsilon_0} \qquad (10.15)$$

⑩では空間のいたるところで $\boldsymbol{E}$ は一定だが，(10.15) は表面近傍の値である．

キャパシター　接近した 2 つの導体に電池の陽極，陰極をつなぐと，陽極から正電荷 Q が一方の導体に，陰極から負電荷 $-Q$ が他方の導体に流れ込む．正負の電荷は互いに引き合い，向かい合った面上に分布して，電気が蓄えられる．このような装置を**キャパシター**，**コンデンサー**または**蓄電器**という．各導体は一定の電位をもつが，その電位差を V とすると，Q は V に比例し

$$Q = CV \qquad (10.16)$$

キャパシターを表すには 2 本の少し太めの同じ長さの平行線を用いる．

と書ける．比例定数 C をそのキャパシターの**電気容量**という．電気容量の単位は**ファラド** (F) だが，実用上，**マイクロファラド**（$\mu\mathrm{F} = 10^{-6}\,\mathrm{F}$）や**ピコファラド** ($\mathrm{pF} = 10^{-12}\,\mathrm{F}$) がよく使われる．

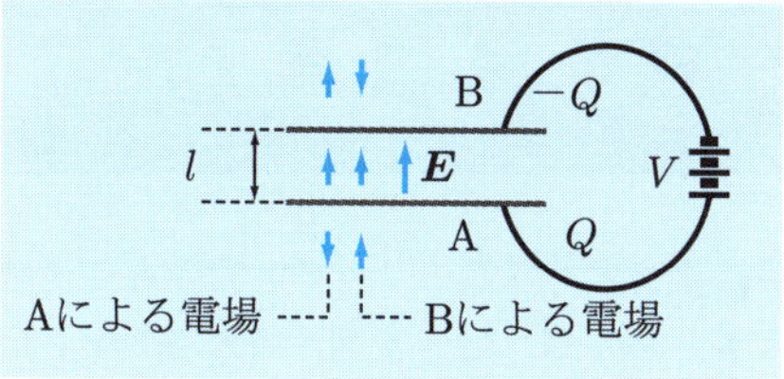

図 10.8　平行板キャパシター

例題 9　電場は等電位面と垂直であることを示せ．

解　等電位面上に接近した2点をとり，それぞれの位置ベクトルを $\boldsymbol{r}$，$\boldsymbol{r}+d\boldsymbol{r}$ とする．等電位面の定義から

$$V(\boldsymbol{r}+d\boldsymbol{r})-V(\boldsymbol{r})=0 \qquad ⑮$$

となる．左辺をテイラー展開し高次の項を省略すると $(\partial V/\partial x)dx+(\partial V/\partial y)dy+(\partial V/\partial z)dz=0 \quad \therefore \quad \boldsymbol{E}\cdot d\boldsymbol{r}=0$ が得られ，$\boldsymbol{E}$ と $d\boldsymbol{r}$ は直交することがわかる．$d\boldsymbol{r}$ は等電位面内の任意の微小ベクトルなので題意の通りとなる．

参考　**平行板キャパシターの電気容量**　2枚の平行な導体の板（**極板**）から構成される**平行板キャパシター**で，極板の面積を S，極板間の距離を l とする．図 10.8 で極板 A は電荷 Q をもち，その面積は S であるから，A の面密度 σ は $\sigma=Q/S$ と書ける．極板が無限に広ければ⑩が適用でき，A，B による電場は図 10.8 に示したようになる．全体の電場は両者の和で，A の下方，B の上方では電場が打ち消し合い和は 0 となる．これに反し，極板の間では，大きさ $E=\sigma/\varepsilon_0$ の電場が極板と垂直で上向きにできる．l が極板の大きさより十分小さければ，右の脚注で述べたような効果は無視できると考えられる．一方，z 軸を極板と垂直にとれば⑬から $E=V/l$ が得られる．これと $E=\sigma/\varepsilon_0$ から $\sigma l/\varepsilon_0=V$ が導かれ，$\sigma=Q/S$ を代入すると $Q=(\varepsilon_0 S/l)V$ となる．こうして，電気容量は次式で与えられることがわかる．

$$C=\varepsilon_0 S/l \qquad ⑯$$

実際は，極板の面積は有限であるから，その縁近くで電場の大きさは上の値と違い，また電気力線も曲がってくる．

⑬で

$$V(0)-V(l)=V=El$$

となる．

例題 10　平行板キャパシターの極板の面積が $0.3\ \mathrm{m}^2$，極板間の距離が 0.5 mm のとき，電気容量を計算せよ．

解　⑯に数値を代入すると $C=\dfrac{8.85\times10^{-12}\times0.3}{0.5\times10^{-3}}\ \mathrm{F}=5.31\times10^{-9}\ \mathrm{F}$ と計算される．

演　習　問　題
第10章

1　2 つの点電荷の間に働くクーロン力の大きさは，一方の電荷の大きさを a 倍，他方の電荷の大きさを b 倍，両者間の距離を c 倍にしたとき何倍となるか．次の①～④のうちから，正しいものを 1 つ選べ．

①　abc 倍　②　abc^2 倍　③　$\dfrac{ab}{c}$ 倍　④　$\dfrac{ab}{c^2}$ 倍

2　xy 面内の電場を考え，y 軸上の座標 $(0, a)$ の点 Q_+ に点電荷 q，座標 $(0, -a)$ の点 Q_- に点電荷 $-q$ がおかれている．座標 x, y の点 P における電場 $\boldsymbol{E}$ を求めよ．

3　線密度 σ が一定な無限に長い直線状の正電荷がある．直線に垂直な平面内で直線からの距離が a である点での電場はどのように表されるか．

4　電位が $V(\boldsymbol{r}) = -E(x + y - 2z)$（$E$：定数）のとき，電場はどのように表されるか．

5　頭上にある雷雲のため，地表で $E = 2 \times 10^4$ V/m の大きさの電場が上向きに生じたとする．地球を導体とみなし，このときの地表の電荷密度を求めよ．

6　例題 10 で論じた平行板キャパシターに 6 V のバッテリーをつなぐとき，キャパシターに蓄えられる電荷は何 C か．

7　図のように電気容量 $C_1, C_2, \cdots, C_n$ のキャパシターを並列または直列に接続したとき，全体の電気容量はどうなるか．

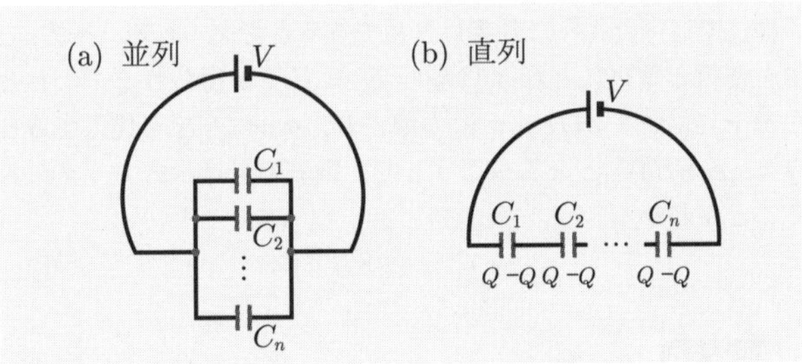

第11章

誘　電　体

誘電体と関連し，誘電分極，電気双極子，電気分極，誘電率，電束密度，電場のエネルギーなどについて学ぶ．

本章の内容

11.1 誘電分極と電気双極子

絶縁体　電気を通さないものを**絶縁体**という．絶縁体といえどもその内部には電子が存在する．しかし，電子は結晶を構成する原子核に強く束縛され，それから逃れることができず電気伝導に寄与しない．

誘電分極　絶縁体に図 11.1(a) のように外部から電場 $\boldsymbol{E}_0$ を右向きに作用させると，正電荷は右向き，負電荷は左向きに移動し，正電荷と負電荷とが相互に少しずれる．絶縁体の内部では正負の電荷が重なり，電気的中性が実現する．しかし，右側，左側の表面はそれぞれ正，負に帯電する．この現象を**誘電分極**，また表面に生じる電荷を**分極電荷**という．誘電分極を起こす物質という意味で，絶縁体のことを**誘電体**という．ここで，(a) の絶縁体を仮に 2 つに分割したとすると，(b) のように，それぞれの部分が誘電分極を起こす．このような分割を繰り返し行っても結果は同じで，そのたびに誘電分極が起こる．

ある領域内の正電荷と負電荷とが等量存在し，見かけ上，電荷の存在しない状態を**電気的中性**という．

電気双極子　誘電分極を少々微視的な立場から扱うため，わずかに離れた正負 2 つの点電荷 $\pm q$ を導入し，このような一組の電荷のペアを**電気双極子**という．q の位置ベクトルを $\boldsymbol{r}_+$，$-q$ のを $\boldsymbol{r}_-$ とすれば

$$\boldsymbol{r}_+ - \boldsymbol{r}_-$$

は $-q$ から q へ向かうベクトルである．これに対し

$$\boldsymbol{p} = q(\boldsymbol{r}_+ - \boldsymbol{r}_-) \tag{11.1}$$

というベクトルを定義し，これを**電気双極子モーメント**という．電荷間の距離を l とすれば

p は $\boldsymbol{p}$ の大きさを表す．

$$p = ql \tag{11.2}$$

が成り立つ．

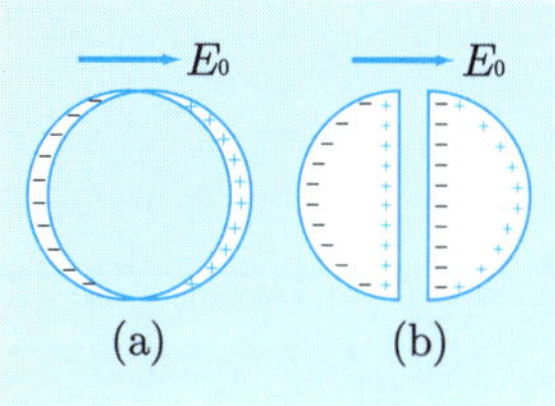

図 11.1　誘電分極

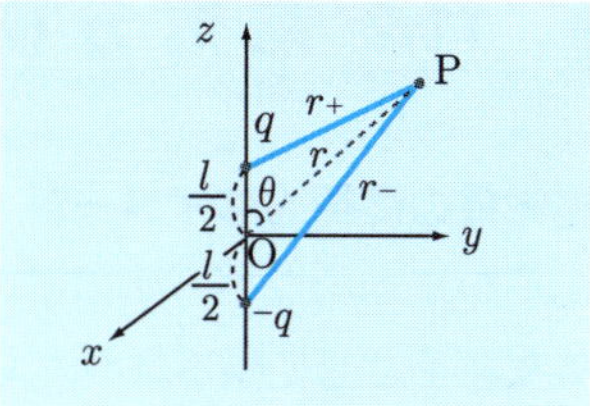

図 11.2　電気双極子の作る電位

例題 1　図 11.2 のように，z 軸に沿い q，$-q$ の点電荷がおかれているような電気双極子を考える．図の r，θ で記述される点 P における電位 V を求めよ．

解　q，$-q$ と P との間の距離を r_+，r_- とすれば (10.14) により

$$V = \frac{q}{4\pi\varepsilon_0}\left(\frac{1}{r_+} - \frac{1}{r_-}\right) \qquad ①$$

と書ける．P の座標を x, y, z とすれば次のようになる．

$$r_\pm = \left[x^2 + y^2 + \left(z \mp \frac{l}{2}\right)^2\right]^{1/2} \qquad ②$$

l は十分小さいとして l^2 の程度の項を無視すれば $r_\pm$ は

$$r_\pm \simeq (x^2 + y^2 + z^2 \mp zl)^{1/2}$$

と近似できる．$r^2 = x^2 + y^2 + z^2$ が成り立ち，l は r に比べ十分小さいとすれば

$$\frac{1}{r_\pm} = \frac{1}{r}\left(1 \mp \frac{zl}{r^2}\right)^{-1/2} = \frac{1}{r}\left(1 \pm \frac{zl}{2r^2} + \cdots\right) \qquad ③$$

が得られる．①，③から $z = r\cos\theta$ を使い

$$V = \frac{qlz}{4\pi\varepsilon_0 r^3} = \frac{ql\cos\theta}{4\pi\varepsilon_0 r^2} \qquad ④$$

となる．あるいは，(11.2) を用いると V は

$$V = \frac{pz}{4\pi\varepsilon_0 r^3} \qquad ⑤$$

と表される．図 11.2 の場合，$\boldsymbol{p}$ は z 軸の方向を向き，スカラー積を用いると $\boldsymbol{p}\cdot\boldsymbol{r} = pz$ が成り立つ．ここで $\boldsymbol{r}$ は点 P を表す位置ベクトルである．すなわち，⑤は次のように表される．

$$V = \frac{\boldsymbol{p}\cdot\boldsymbol{r}}{4\pi\varepsilon_0 r^3} \qquad ⑥$$

x が十分小さいとき

$$(1+x)^\alpha \simeq 1 + \alpha x$$

という近似式が成り立つ（いまの場合 $\alpha = -1/2$）．

V は q，l のそれぞれに依存するのではなく両者の積 ql だけに依存する．

11.2 電気分極

誘電体の微視的なイメージ　H 原子に電場をかけると電子の平均的な中心が陽子の位置と少しずれ，一種の電気双極子として振る舞う．また，NaCl 分子では電場がなくても電子は Cl 原子に偏在し，全体は電気双極子となる．このように，微視的に見ると，誘電体は一般に電気双極子の集合体であるとみなせる．

電場がなくても生じる電気双極子を**永久双極子**という．

電気分極　任意の誘電体を考え，i 番目の電気双極子の位置ベクトルを $\boldsymbol{r}_i$，そのモーメントを $\boldsymbol{p}_i$ とし，$\boldsymbol{R}$ という場所 P での電位を考察しよう．この電位は⑥によって $\boldsymbol{p}_i\cdot(\boldsymbol{R}-\boldsymbol{r}_i)/4\pi\varepsilon_0|\boldsymbol{R}-\boldsymbol{r}_i|^3$ と表される．$\boldsymbol{r}_i$ 近傍の微小体積 dV をとり，その中での $\boldsymbol{p}_i$ の和を

双極子から見ると P の位置ベクトルは $\boldsymbol{R}-\boldsymbol{r}_i$ となる．

$$\sum_i \boldsymbol{p}_i = \boldsymbol{P}(\boldsymbol{r}_i)dV \tag{11.3}$$

とする．この $\boldsymbol{P}(\boldsymbol{r}_i)$ を場所 $\boldsymbol{r}_i$ における**電気分極**という．上記の電位を dV 中の i で加えると，$\boldsymbol{r}_i$ はほぼ一定とみなせるのでこの和は

電磁気学では電気分極を滑らかな（微分可能な）関数とする．

$$\frac{\boldsymbol{P}(\boldsymbol{r}_i)\cdot(\boldsymbol{R}-\boldsymbol{r}_i)}{4\pi\varepsilon_0|\boldsymbol{R}-\boldsymbol{r}_i|^3}\,dV$$

と書ける．したがって，上式を誘電体の領域 V 中で体積積分し，簡単のため $\boldsymbol{r}_i$ を $\boldsymbol{r}$ と書けば誘電体全体が場所 $\boldsymbol{R}$ に作る電位 $V(\boldsymbol{R})$ は次式のように表される．

$$V(\boldsymbol{R}) = \frac{1}{4\pi\varepsilon_0}\int_{\mathrm{V}} \frac{\boldsymbol{P}(\boldsymbol{r})\cdot(\boldsymbol{R}-\boldsymbol{r})}{|\boldsymbol{R}-\boldsymbol{r}|^3}dV \tag{11.4}$$

ガウスの定理　(11.4) の物理的な意味を調べるため，数学の定理を利用する．ベクトル場 $\boldsymbol{A}(\boldsymbol{r})$ に対し

$$\mathrm{div}\boldsymbol{A} = \frac{\partial A_x}{\partial x} + \frac{\partial A_y}{\partial y} + \frac{\partial A_z}{\partial z} \tag{11.5}$$

の**発散**を定義する．空間中の任意の領域を V，その表面を S とすると，次のガウスの定理が成り立つ（例題 2）．

$$\int_{\mathrm{V}} \mathrm{div}\boldsymbol{A}dV = \int_{\mathrm{S}} A_n dS \tag{11.6}$$

例題 2 ガウスの定理を証明せよ.

解

$$I_z = \int_V \frac{\partial A_z}{\partial z} dV \quad ⑦$$

の I_z に注目する. $dV = dxdydz$ であるから, 図 11.3 のように $dxdy$ 部分を考えると, 積分領域は AB 間の角柱状の部分となる. したがって, z 積分を実行し

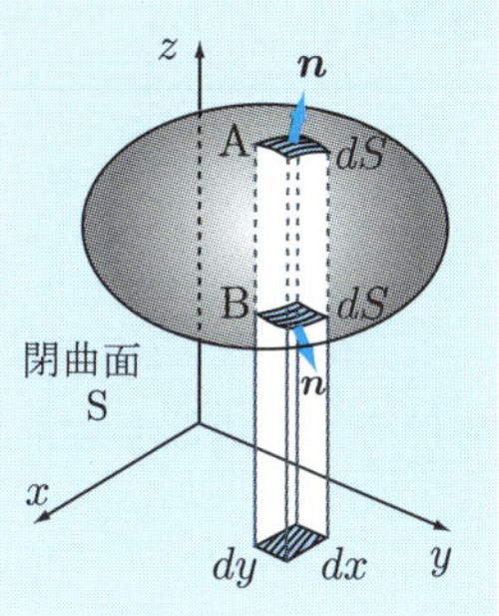

図 11.3 ガウスの定理

$$I_z = \int [A_z(\mathrm{A}) - A_z(\mathrm{B})]\, dxdy \quad ⑧$$

となる. $dxdy$ に対応した A 近傍の表面積を dS, dS に立てた外向きの法線方向の単位ベクトルを $\boldsymbol{n}$ とすれば, $n_z dS = dxdy$ が成り立つ. A, B 2 組を同時に考慮しすべての可能な $dxdy$ 部分について加えると, I_z は

$$I_z = \int_S A_z n_z dS \quad ⑨$$

という面積積分で表される. 同様に, I_x, I_y を定義すると

$$\int_V \mathrm{div} \boldsymbol{A} dV = \int_S (A_x n_x + A_y n_y + A_z n_z) dS \quad ⑩$$

と書け, (11.6) が導かれる.

B 近傍では $\boldsymbol{n_z < 0}$ となるので $\boldsymbol{-n_z dS = dxdy}$ となる.

⑩のかっこ内の量はベクトル $\boldsymbol{A}$ の外向きの法線成分 A_n に等しいことに注意する.

例題 3 次の等式を証明せよ.

$$\mathrm{div}\, \frac{\boldsymbol{P}(\boldsymbol{r})}{|\boldsymbol{R} - \boldsymbol{r}|} = \frac{\boldsymbol{P} \cdot (\boldsymbol{R} - \boldsymbol{r})}{|\boldsymbol{R} - \boldsymbol{r}|^3} + \frac{\mathrm{div}\, \boldsymbol{P}}{|\boldsymbol{R} - \boldsymbol{r}|} \quad ⑪$$

解 上式の左辺は

$$\frac{\partial}{\partial x} \frac{P_x}{|\boldsymbol{R} - \boldsymbol{r}|} + \frac{\partial}{\partial y} \frac{P_y}{|\boldsymbol{R} - \boldsymbol{r}|} + \frac{\partial}{\partial z} \frac{P_z}{|\boldsymbol{R} - \boldsymbol{r}|} \quad ⑫$$

と書ける. ここで, 第 10 章の例題 7 と同様な議論により

$$\frac{\partial}{\partial x} |\boldsymbol{R} - \boldsymbol{r}| = -\frac{X - x}{|\boldsymbol{R} - \boldsymbol{r}|} \quad ⑬ \qquad \frac{\partial}{\partial x} \frac{1}{|\boldsymbol{R} - \boldsymbol{r}|} = \frac{X - x}{|\boldsymbol{R} - \boldsymbol{r}|^3} \quad ⑭$$

が得られる. 同様な関係が y, z の偏微分に対して成立する. これらの結果を利用し, $P_x(X - x) + P_y(Y - y) + P_z(Z - z) = \boldsymbol{P} \cdot (\boldsymbol{R} - \boldsymbol{r})$ の等式に注意すると⑫から⑪が導かれる.

$\boldsymbol{R}$, $\boldsymbol{r}$ の x, y, z 成分をそれぞれ X, Y, Z, x, y, z とする.

11.3 電束密度

分極電荷　(11.4) と⑪から，$V(\boldsymbol{R})$ は

$$V(\boldsymbol{R}) = \frac{1}{4\pi\varepsilon_0}\int \mathrm{div}\frac{\boldsymbol{P}(\boldsymbol{r})}{|\boldsymbol{R}-\boldsymbol{r}|}dV - \frac{1}{4\pi\varepsilon_0}\int \frac{\mathrm{div}\ \boldsymbol{P}}{|\boldsymbol{R}-\boldsymbol{r}|}dV$$

と書ける．右辺第1項にガウスの定理を適用すると

$$V(\boldsymbol{R}) = \frac{1}{4\pi\varepsilon_0}\int_{\mathrm{S}} \frac{P_n}{|\boldsymbol{R}-\boldsymbol{r}|}dS - \frac{1}{4\pi\varepsilon_0}\int_{\mathrm{V}} \frac{\mathrm{div}\ \boldsymbol{P}}{|\boldsymbol{R}-\boldsymbol{r}|}dV \qquad (11.7)$$

が得られる．(11.7) からわかるように，$V(\boldsymbol{R})$ は次式で与えられる S 上の面密度 σ' と V 中の電荷密度 ρ' の分極電荷で記述される．

$$\sigma' = P_n, \quad \rho' = -\mathrm{div}\ \boldsymbol{P} \qquad (11.8)$$

ある領域 V を占める誘電体に対し，V 中の分極電荷と S 上の分極電荷の和は 0 となる（例題 4）．

$\boldsymbol{P}$ が一定だと $\rho' = 0$ となり，電気的中性が実現する．

電束密度　以下の式

$$\boldsymbol{D} = \varepsilon_0\boldsymbol{E} + \boldsymbol{P} \qquad (11.9)$$

で定義されるベクトル $\boldsymbol{D}$ を**電束密度**という．$\boldsymbol{D}$ は $\boldsymbol{P}$ と同じ次元をもち，$\boldsymbol{P}$ は単位体積当たりの電気双極子モーメントであるからその単位は $\mathrm{C/m^2}$ となり，$\boldsymbol{D}$ の単位も同じ $\mathrm{C/m^2}$ である．

電束密度は**電束線**で表される．

誘電体があるときのガウスの法則　分極電荷では正電荷と負電荷がいつもペアになっていてそれぞれを独立に取り出すことはできない．これに対し，陽子や電子は正電荷あるいは負電荷としてとり出せるもので，このような電荷を**真電荷**という．誘電体が存在する一般の場合

$$\int_{\mathrm{S}} D_n dS = (\text{S の中にある真電荷の和}) \qquad (11.10)$$

という**ガウスの法則**が成り立つ（例題 5）．

電池から移動する電荷，導体に帯電する電荷などは真電荷である．真電荷と分極電荷の和を**自由電荷**という．(10.8) でいう電荷とは自由電荷のことである．

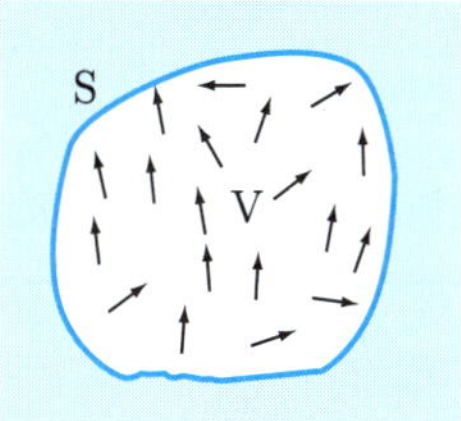

図 11.4 誘電体の分極電荷

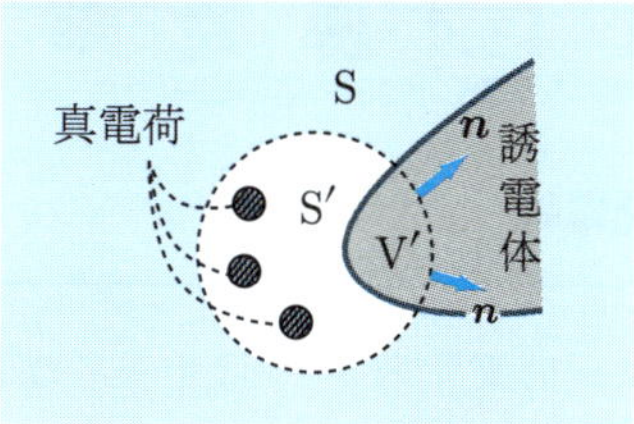

図 11.5 誘電体があるときのガウスの法則

例題 4 誘電体中の適当な領域 V をとり，その表面を S とする．V 中の分極電荷と S 上の分極電荷の和について次の関係を示せ．

$$\int_{\mathrm{V}} \rho' dV + \int_{\mathrm{S}} \sigma' dS = 0 \qquad ⑮$$

解 ρ'，σ' に (11.8) を代入し，ガウスの定理を利用すると⑮が示される．その物理的な理由は，図 11.4 に示すように，S は電気分極子を切断しないから誘電体全体がもつ電荷は 0 となり，これを数式で表すと⑮が成り立つわけである．

例題 5 誘電体があるときのガウスの法則を導け．

解 誘電体と真電荷が混在するとし，図 11.5 の破線で示す曲面 S の内部に真電荷と誘電体の一部があるとする．S 中の誘電体の領域を V′，その表面を S′ とし，S の内，誘電体に含まれる部分を S″ と記す．真空に対するガウスの法則 (10.8) から

$$\varepsilon_0 \int_{\mathrm{S}} E_n dS = (\text{S の中にある真電荷の和}) + \int_{\mathrm{V}'} \rho' dV + \int_{\mathrm{S}'} \sigma' dS \qquad ⑯$$

が得られる．

⑯右辺の最後の 2 項は，⑮の関係に注意すると P_n の S″ に関する面積積分の符号を逆転したものに等しい．すなわち

$$\varepsilon_0 \int_{\mathrm{S}} E_n dS + \int_{\mathrm{S}''} P_n dS = (\text{S の中にある真電荷の和}) \qquad ⑰$$

が導かれる．ここで電束密度の定義 $\boldsymbol{D} = \varepsilon_0 \boldsymbol{E} + \boldsymbol{P}$ に注意すれば，S の内，S″ 以外では $\boldsymbol{P} = 0$ となるので，(11.10) の誘電体が存在するときのガウスの法則が導かれる．

$\boldsymbol{n}$ は図の矢印のように表される．

11.4 誘 電 率

誘電率　平行板キャパシター（極板の面積 S，極板間の距離 l）の極板の間に誘電体を挿入すると，キャパシターの電気容量 C は大きくなり，C は

$$C = \frac{\varepsilon S}{l} \tag{11.11}$$

と表される（例題6）．(11.11) は第10章⑯の ε_0 を ε で置き換えた形をもつが，この ε をその誘電体の**誘電率**という．また

真空中の平行板キャパシターの極板間に誘電体を挿入すると，電気容量は k_e 倍となる．

$$k_e = \frac{\varepsilon}{\varepsilon_0} \tag{11.12}$$

で定義される比 k_e をその誘電体の**比誘電率**という．真空では $k_e = 1$ であるが，誘電体の場合には $k_e > 1$ が成り立つ．例えば，20 °C で空気の k_e は 1.00054 で極めて 1 に近く，また雲母の k_e は 7.0 である．

電気感受率　通常 $\boldsymbol{P}$ は $\boldsymbol{E}$ に比例するが，これを

$$\boldsymbol{P} = \chi_e \varepsilon_0 \boldsymbol{E} \tag{11.13}$$

と表し，比例定数 χ_e をその誘電体の**電気感受率**という．真空では $\chi_e = 0$ となっている．誘電体に外部から電場を作用させると，$\boldsymbol{P}$ は必ず電場と同じ向きに生じるので $\chi_e > 0$ である．

外部から電場をかけなくとも，自発的に $\boldsymbol{P}$ を生じる物質があり，これを**強誘電体**という．

電束密度 $\boldsymbol{D}$ は $\boldsymbol{D} = \varepsilon_0 \boldsymbol{E} + \boldsymbol{P}$ と書けるから，(11.13) を代入し

$$\boldsymbol{D} = \varepsilon_0 (1 + \chi_e) \boldsymbol{E} \tag{11.14}$$

が得られる．後で示すように

$$\varepsilon = \varepsilon_0 (1 + \chi_e) \tag{11.15}$$

とおけば，この ε がその誘電体の誘電率である．上の両式から

$$\boldsymbol{D} = \varepsilon \boldsymbol{E} \tag{11.16}$$

の関係が成り立つ．これからわかるように，電束密度は電場に比例し，その比例定数が誘電率である．

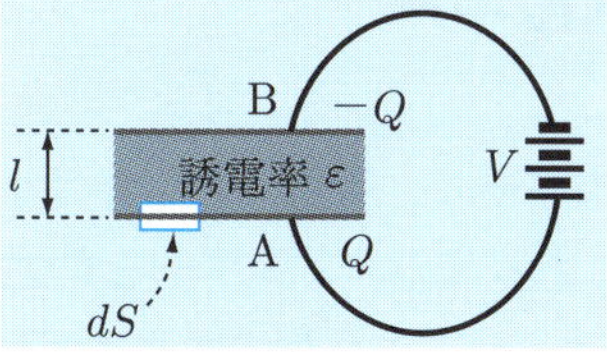

図 11.6 平行板キャパシター

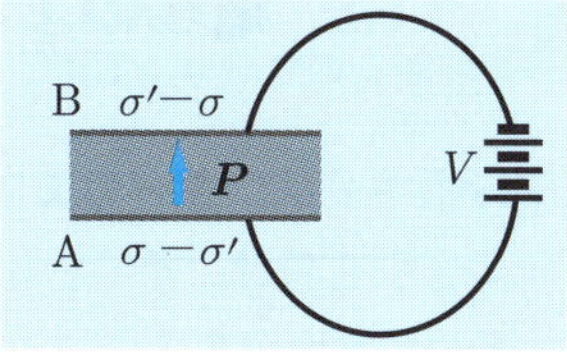

図 11.7 極板上の自由電荷

例題 6 平行板キャパシターの極板間に誘電体を挿入したときの電気容量について論じよ．

解 図 10.8 と同じ構造をもつ平行板キャパシターで，極板の間に誘電率 ε の誘電体を挿入したとする．図 11.6 のように極板 A を挟む底面積 dS の円筒をとり，ガウスの法則 (11.10) を適用すると，真空の場合と同様，A の上下で $D = \sigma/2$ の電束密度が生じることがわかる．A，B 両方を考慮すると，$\boldsymbol{D}$ は A の下，B の上では 0 となり，AB 間では $D = \sigma$ と表される．あるいは (11.16) を利用すると

$$\varepsilon E = \sigma \quad ⑱$$

が導かれる．一方，単位正電荷が移動するときに電場による力のする仕事が電位差 V であるから，$El = V$ が成り立つ．結局，真空のときの ε_0 を ε とすればいまの場合が実現し，電気容量は (11.11) で与えられることがわかる．

電気容量に対する (11.11) が導かれるので (11.16) の正しいことがわかる．

参考 **極板上の自由電荷** 誘電体の表面には分極電荷が生じるが，電気分極は電場に比例するので $\boldsymbol{P}$ は図 11.7 のように表される．(11.8) により，上の極板 B の真下では正の分極電荷が発生しその面密度 σ' は $\sigma' = P$ と書ける（P は $\boldsymbol{P}$ の大きさ）．極板 A の真上では負の分極電荷 $-\sigma'$ が生じ，真電荷とあわせ自由電荷の面密度は A 上で $\sigma - \sigma'$，B 上で $\sigma' - \sigma$ となる．一方，極板間を考え $D = \varepsilon E = \varepsilon_0 E + P$ の関係から

$$P = (\varepsilon - \varepsilon_0)E = (\varepsilon - \varepsilon_0)\frac{V}{l} \quad ⑲$$

が得られる．こうして，極板 A 上の自由電荷の面密度は

$$\sigma - \sigma' = \frac{Q}{S} - (\varepsilon - \varepsilon_0)\frac{V}{l} = \varepsilon_0 \frac{V}{l} \quad ⑳$$

と書ける．⑳で V/l は電場の大きさに等しいが，真空中のガウスの法則を図 11.6 の円筒に適用すれば⑳が導かれる．

11.5 電場のエネルギー

平行板キャパシターのエネルギー 帯電した物体は小紙片を引き付け，その物体はある種のエネルギーをもつ．一般に，電場が蓄えているエネルギーを**電場のエネルギー**とか**電気エネルギー**という．平行板キャパシターを例にとり，電場のエネルギーを考察しよう．

面積 S，間隔 x の平行板キャパシターの極板間に誘電率 ε の物質をつめたとする．このキャパシターを充電し，極板間の電場の大きさを 0 から E までふやすのに必要な仕事 W を求める．両極板に $\pm q$ の電荷があるときの電場を $\boldsymbol{E}'$ とすれば（図 **11.8**），さらに dq (>0) の電荷を負極板から正極板に運ぶための仕事 dW は

図 **11.8** で E' は下向きで dq に働く力 $E'dq$ も下向きとなる．この力に逆らい，dq の電荷を距離 x だけ移動させるので dW は (**11.17**) のように書ける．

$$dW = E'xdq \tag{11.17}$$

と表される．一方，E' に対して $\varepsilon E' = q/S$ が成り立ち，q を変えるかわりに電場を変えるとすれば，$dq = \varepsilon SdE'$ で，(11.17) は

$$dW = \varepsilon SxE'dE' \tag{11.18}$$

となる．したがって，電場を 0 から E までにするための仕事は，(11.18) を E' に関し 0 から E まで積分し

$$W = \varepsilon Sx \int_0^E E'dE' = \frac{\varepsilon Sx}{2}E^2 \tag{11.19}$$

で与えられる．

エネルギー密度 (11.19) で Sx は極板にはさまれた領域の体積 V で，この領域以外で電場は 0 である．このため体積 V の空間中に (11.19) だけの電場のエネルギー U_e が蓄えられると考えられる．U_e は $U_\mathrm{e} = \varepsilon SxE^2/2$ と表され，単位体積当たりの電場のエネルギー（**電場のエネルギー密度**）u_e は次のように書ける．

エネルギー保存則により，ある体系に仕事 W を加えると，その体系のエネルギーは W だけ増加する．

$$u_\mathrm{e} = \frac{\varepsilon E^2}{2} = \frac{ED}{2} = \frac{\boldsymbol{E}\cdot\boldsymbol{D}}{2} \tag{11.20}$$

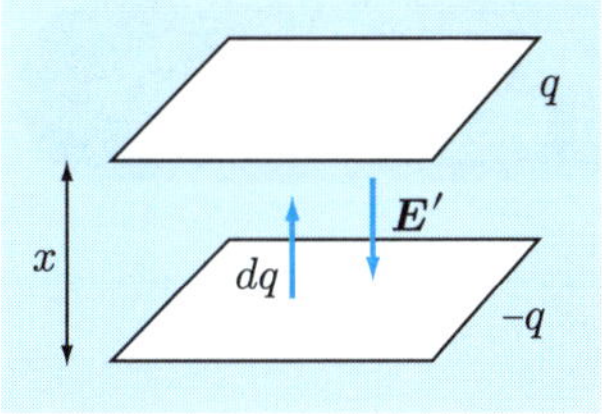

図 **11.8** 平行板キャパシターのエネルギー

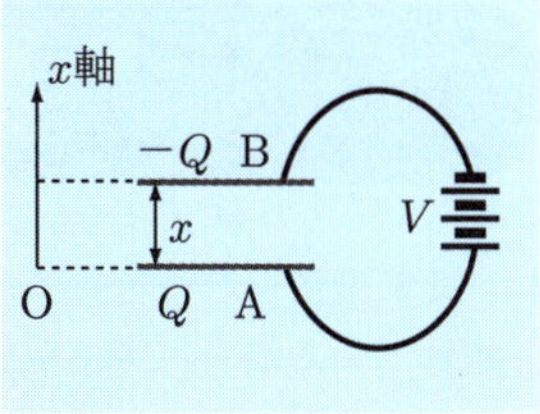

図 **11.9** 極板間に働く力

例題 7 平行板キャパシターの電気エネルギーは

$$U_{\mathrm{e}} = \frac{QV}{2} = \frac{CV^2}{2} = \frac{Q^2}{2C} \qquad ㉑$$

と書けることを示せ．

解 $E = V/x$ であるから，$U_{\mathrm{e}} = \varepsilon SEV/2$ となる．また，εE は極板上の真電荷の面密度に等しく $\varepsilon E = Q/S$ が成り立ち，$U_{\mathrm{e}} = QV/2$ が得られる．これに $Q = CV$，$V = Q/C$ を代入すれば㉑が導かれる．

例題 8 平行板キャパシターの極板上の電荷を一定に保つと仮定し，極板の間に働く力を求めよ．

解 極板 A を固定し，平行という条件を保ったまま，仮想的に B を移動させ x を $x + \delta x$ にしたとする．求める力の x 成分を F_x とすれば，準静的過程では外部から加える力のする仕事は $-F_x \delta x$ と書ける．Q を一定に保つとしたから，電池は仕事をせず，上の仕事は電場のエネルギー U_{e} の増加分に等しい．よって，$-F_x \delta x = \delta U_{\mathrm{e}}$ が成り立ち，これから

極板 **A** の延長面上に原点 **O** を選び，**AB** に垂直に x 軸をとる（図 **11.9**）．

$$F_x = -\frac{\partial U_{\mathrm{e}}}{\partial x} \qquad ㉒$$

㉒は力学におけるポテンシャルと力との関係に相当する．

が得られる．例題 7 により

$$U_{\mathrm{e}} = \frac{\varepsilon Sx}{2}E^2 = \frac{xQ^2}{2\varepsilon S} \qquad ㉓$$

が成り立つので，Q を一定に保ち，F_x は

$$F_x = -\frac{Q^2}{2\varepsilon S} \qquad ㉔$$

と計算される．F_x が負になっているのは，図 **11.9** の極板間に働く力が引力であることを意味する．

演 習 問 題
第11章

1　電気素量をもつ正負の点電荷が 1 Å（$= 10^{-10}$ m）だけ離れている場合，電気双極子モーメントの大きさはいくらか．電気双極子モーメントの大きさの単位としてデバイを使うことがある．1 デバイ $= 3.3356\cdots \times 10^{-30}$ C·m であるが，上で求めた値は何デバイか．

2　原点に電気双極子モーメント $\boldsymbol{p}$ の電気双極子がおかれているとき，位置ベクトル $\boldsymbol{r}$ における電場 $\boldsymbol{E}(\boldsymbol{r})$ を求めよ．

3　HCl 分子の電気双極子モーメントの大きさは 3.4×10^{-30} C·m である．分子の中心を通りモーメントと垂直な平面内で分子から 5×10^{-9} m 離れた場所の電場の大きさを求めよ．

4　ガウスの定理を利用し，半径 a の球の表面積 S とその体積 V との間の関係について論じよ．

5　真空中に 0.1 C の点電荷がおかれている．これから 0.5 m 離れた点における電場の大きさ，電束密度の大きさを求めよ．

6　真空中で 5 μF の電気容量をもつ平行板キャパシターの極板間に比誘電率 8 の大理石を挿入した．キャパシターの電気容量は何 μF になるか．

7　図のように半径 a，b の同心の導体球殻 A，B があり，A と B との間は誘電率 ε の誘電体が挿入され，他は真空である．球の中心に点電荷 q をおき，A，B にそれぞれ Q_A，Q_B の電荷を与えた．このときの電束密度

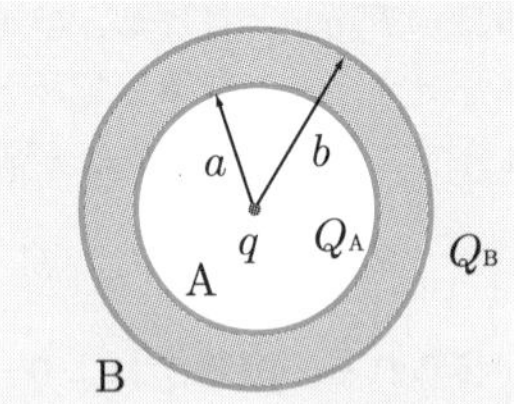

$D(r)$ を求めよ．ただし，r は球の中心からの距離を表す．

8　面積 S，間隔 x の平行板キャパシターの極板間に誘電率 ε の物質をつめたとする．極板を起電力 V の電池につなぎ，V を一定に保って間隔を δx だけ増加させたとき，電池のする仕事 δW を求めよ．

第12章

静 磁 場

磁石または電流の生じる静磁場を考え，磁気に対するクーロンの法則，磁場，電流と磁場の関係などを扱う．

本章の内容

12.1 磁荷と磁場

N 極には正の磁荷，S 極には負の磁荷があるとする．

磁荷　棒磁石には鉄粉をよく吸い付ける**磁極**が 2 箇所あり，北を指す方の磁極を **N 極**，南を指す方を **S 極**という．点磁荷の間には電気の場合と同様なクーロンの法則が成り立つ．すなわち，真空中で磁荷（磁気量）q_{m} と磁荷 $q_{\mathrm{m}'}$ との間に働く磁気力 F は（r：両磁荷間の距離）

$$F = \frac{1}{4\pi\mu_0}\frac{q_{\mathrm{m}}q_{\mathrm{m}'}}{r^2} \tag{12.1}$$

と表される．力は両者の磁荷を結ぶ線上にあり，磁荷が同符号のときには斥力，磁荷が異符号のときには引力となる．力 F を N，距離 r を m で表したとき，定数 μ_0 が

$$\mu_0 = 4\pi \times 10^{-7}\ \mathrm{N/A^2} \tag{12.2}$$

ウェーバはドイツの物理学者ウェーバーにちなんで命名された．

となるように定めた磁荷の単位を**ウェーバ**（Wb）という．この単位に関して

$$1\ \mathrm{Wb} = 1\ \mathrm{J/A} \tag{12.3}$$

の関係が成り立つ（例題 1）．電気の場合の ε_0 に対応する μ_0 を**真空の透磁率**という．

磁場　ある点におかれた試磁荷 q_{m} の受ける力 $\boldsymbol{F}$ を

$$\boldsymbol{F} = q_{\mathrm{m}}\boldsymbol{H} \tag{12.4}$$

と表したとき，この $\boldsymbol{H}$ をその点における**磁場の強さ**または単に**磁場**という．磁場の大きさの単位は，(12.3) を用い，また

$$\mathrm{J} = \mathrm{N \cdot m}$$

の関係に注意すると

$$\mathrm{N/Wb} = \mathrm{N \cdot A/J} = \mathrm{A/m} \tag{12.5}$$

磁力線は正磁荷から湧きだし，負磁荷で吸い込まれる．

と書ける．電気力線と同様に磁場の様子は**磁力線**によって記述される．

例題 1 磁荷の単位に関して Wb = J/A の関係が成り立つことを示せ．

解 μ_0 は $[\mathrm{N}]/[\mathrm{A}]^2$ の次元をもつので，(12.1) から

$$[\mathrm{N}] = \frac{[\mathrm{A}]^2\,[q_\mathrm{m}]^2}{[\mathrm{N}]\,[\mathrm{m}]^2} \qquad \therefore \quad [q_\mathrm{m}]^2 = \frac{[\mathrm{N}]^2\,[\mathrm{m}]^2}{[\mathrm{A}]^2} \qquad ①$$

が得られる．①を使うと N·m = J に注意し $[q_\mathrm{m}]=[\mathrm{J}]/[\mathrm{A}]$ となる．すなわち，磁荷の単位は J/A と書ける．

例題 2 1 Wb の点磁荷が 1 m 離れているとき，両者間に働く磁気力は何 N か．

解 磁気力の大きさ F は次のように計算される．

$$F = \frac{1}{4\pi\mu_0} = \frac{10^7}{(4\pi)^2}\ \mathrm{N} = 6.33 \times 10^4\ \mathrm{N}$$

参考 **電気と磁気の関係** 電気に対するクーロンの法則で $\varepsilon_0 \to \mu_0$，$q \to q_\mathrm{m}$ という変換を実行すると磁気に対する同法則が得られる．このため，クーロンの法則から導かれる結論は上の変換を行い，$\boldsymbol{E} \to \boldsymbol{H}$ とすれば磁場の場合にも成立する．例えば，$\boldsymbol{r}'$ の点に磁荷 q_m があるとき場所 $\boldsymbol{r}$ における $\boldsymbol{H}$ は，(10.6) に上記の変換を実行し次のように表される．

$$\boldsymbol{H} = \frac{q_\mathrm{m}}{4\pi\mu_0}\frac{\boldsymbol{r}-\boldsymbol{r}'}{|\boldsymbol{r}-\boldsymbol{r}'|^3} \qquad ②$$

磁気に対するガウスの法則は

$$\mu_0 \int_\mathrm{S} H_n dS$$

=(S 中の磁荷の和)

と表される．

補足 **磁位** 電位に相当し磁位 $V_\mathrm{m}(\boldsymbol{r})$ が導入され，$\boldsymbol{r}$ における磁場 $\boldsymbol{H}$ は次式のように書ける．

$$\boldsymbol{H} = -\nabla V_\mathrm{m}(\boldsymbol{r}) \qquad ③$$

さらに場所 $\boldsymbol{r}'$ の点に磁荷 q_m があるとき，場所 $\boldsymbol{r}$ での磁位 $V_\mathrm{m}(\boldsymbol{r})$ は，次式のように表される．

$$V_\mathrm{m}(\boldsymbol{r}) = \frac{q_\mathrm{m}}{4\pi\mu_0}\frac{1}{|\boldsymbol{r}-\boldsymbol{r}'|} \qquad ④$$

また，③から

$$\int_\mathrm{A}^\mathrm{B} \boldsymbol{H}\cdot d\boldsymbol{s} = V_\mathrm{m}(\mathrm{A}) - V_\mathrm{m}(\mathrm{B}) \qquad ⑤$$

が導かれる．磁位が定義できるのは，磁荷によって生じる磁場の場合に限られ，一般に電流が作る磁場のときには磁位は一義的に決まらない．

12.2 磁気双極子と磁化

磁気双極子　磁石をいくら切ってもその度にN極とS極とが現れ，この事情は誘電体の分極電荷と似ている．磁気の場合，正磁荷と負磁荷とがいつもペアになっているので，むしろ電気双極子に対応する体系を扱う方が現実的である．わずかに離れた正負2つの点状の磁荷 $\pm q_{\mathrm{m}}$ を考え，このような一組を**磁気双極子**という．$-q_{\mathrm{m}}$ から q_{m} へ向かう微小な位置ベクトルを $\boldsymbol{l}$ とし

電気の場合には真電荷が存在するが，磁気では真磁荷に相当するものは存在しない．

$$\boldsymbol{m} = q_{\mathrm{m}}\boldsymbol{l} \tag{12.6}$$

で定義される $\boldsymbol{m}$ を**磁気双極子モーメント**という．また $\boldsymbol{l}$ の大きさを l とし

$$m = q_{\mathrm{m}}l \tag{12.7}$$

の m を**磁気モーメントの大きさ**という．磁気双極子の作る磁位（したがって磁場）は電気双極子の $\boldsymbol{p}$ を $\boldsymbol{m}$ で置き換え前述の変換を実行すれば求まる．例えば，原点の磁気双極子 $\boldsymbol{m}$ が場所 $\boldsymbol{r}$ に生じる磁位は第11章の⑥により

$$V_{\mathrm{m}} = \frac{\boldsymbol{m}\cdot\boldsymbol{r}}{4\pi\mu_0 r^3} \tag{12.8}$$

となる．磁気モーメントの大きさは（磁荷）×（長さ）と書けるから，その単位はWb·mで与えられる．

磁化　物質を構成する基本的な粒子（電子，原子核など）は**スピン**という量子力学的な角運動量をもつ．スピンには磁気モーメントが伴うが，電気のときと同様，個々の磁気モーメントを $\boldsymbol{m}_i$ とし，微小体積 dV の領域をとり

$$\sum_i \boldsymbol{m}_i = \boldsymbol{M}dV \tag{12.9}$$

形式的に $dV = 1$ とおくと，単位体積当たりの磁気モーメントの和が M となる．

の $\boldsymbol{M}$ を導入する．ただし，左辺の i に関する和は dV 内にわたるものである．一般に $\boldsymbol{M}$ は場所に依存するが，この $\boldsymbol{M}$ を**磁化**または**磁気分極**という．これは電気分極 $\boldsymbol{P}$ に対応する量である．ただし，$\boldsymbol{M}/\mu_0$ を磁化と定義する場合があるので注意が必要である．

参考 **分極磁荷** 磁気の性質をもつ物質を**磁性体**という．すべての物質は内部に磁気モーメントをもつので，磁性体であると考えてよい．誘電体と同様，磁気モーメントのため，磁性体の表面と内部に分極磁荷が発生する．(11.8) により，分極磁荷の面密度 $\sigma'_{\rm m}$ と磁荷密度 $\rho'_{\rm m}$ は

$$\sigma'_{\rm m} = M_n, \quad \rho'_{\rm m} = -{\rm div}\,\boldsymbol{M} \qquad ⑥$$

と表される．磁気モーメントの単位は Wb·m であるが，M はこれを単位体積当たりに換算するので $\rm m^3$ で割り，M の単位は $\rm Wb/m^2$ となる．

M_n は $\boldsymbol{M}$ の（磁性体の内部から外部に向かう）法線方向の成分である．

例題 3 図 12.1 に示すような断面が半径 a の円，長さ l の細長い円筒状の棒磁石がある．この磁石は軸方向に一様な磁化 $\boldsymbol{M}$ をもつとして，次の問に答えよ．

(a) 棒磁石を 1 つの磁気双極子とみなし，その磁気モーメント m を求めよ．

(b) 棒の両端の磁荷 $q_{\rm m}$ はどのように表されるか．

(c) 磁石の軸上，端から距離 s だけ離れた点 P（図 12.1）における磁場を求めよ．

解 (a) 磁石内で $\boldsymbol{M}$ は一定であるから⑥により $\rho'_{\rm m} = 0$ である．また $\sigma'_{\rm m} = \pm M$ で分極磁荷は棒の両端に生じる．M は単位体積当たりのモーメントの和，棒磁石の体積は $\pi a^2 l$ であるから，棒磁石全体の磁気モーメント m は

$$m = \pi a^2 l M$$

と書ける．

(b) 表面磁荷の面密度は M に等しいので，$q_{\rm m} = \pi a^2 M$ となる．あるいは，(a) で求めた m を l で割っても同じ結果が得られる．

(c) $\pm q_{\rm m}$ の磁荷からの寄与を考慮し，点 P における磁場 H は次のように計算される．

$$H = \frac{a^2 M}{4\mu_0}\left(\frac{1}{s^2} - \frac{1}{(l+s)^2}\right) \qquad ⑦$$

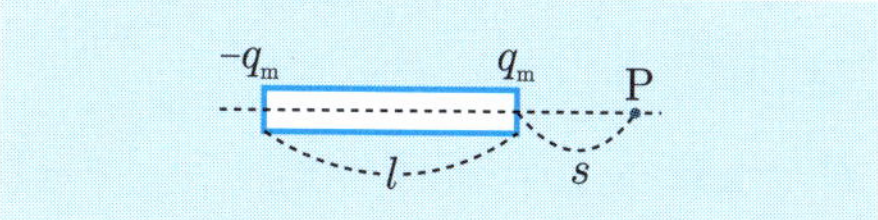

図 12.1 棒磁石

12.3 磁性体と磁束密度

磁性体の種類 大部分の物質では外部から磁場を作用させないと磁化は0で，磁場が十分小さいとき $\boldsymbol{M}$ は $\boldsymbol{H}$ に比例する．この関係を

$$\boldsymbol{M} = \chi_{\mathrm{m}}\mu_0\boldsymbol{H} \tag{12.10}$$

と書き，χ_{m} をその物質の**磁化率**あるいは**磁気感受率**という．$\chi_{\mathrm{m}} > 0$ の物質を**常磁性体**，$\chi_{\mathrm{m}} < 0$ の物質を**反磁性体**という．

電気の場合，χ_{m} に対応する χ_{e} は必ず正であったが，χ_{m} は正になったり負になったりする．

硫酸銅は常磁性体，ビスマスは反磁性体である．

外部から磁場をかけなくても，磁化が自然に発生しているような物質を**強磁性体**，その磁化を**自発磁化**という．鉄，コバルト，ニッケルは典型的な強磁性体である．

磁束密度 電束密度 $\boldsymbol{D}$ に対応する物理量として

$$\boldsymbol{B} = \mu_0\boldsymbol{H} + \boldsymbol{M} \tag{12.11}$$

という $\boldsymbol{B}$ を導入し，これを**磁束密度**という．μ_0 の次元は $\mathrm{N/A^2}$，H の次元は $\mathrm{A/m}$ であるから，$\mu_0 H$ の次元は $(\mathrm{N/A^2})\times(\mathrm{A/m}) = \mathrm{N/(A\cdot m)}$ となる．このため，B の単位は $\mathrm{N/(A\cdot m)}$ でこれを**テスラ**（T）という．しかし，これは大きすぎるので，その1万分の1の**ガウス**（G）がよく使われる．すなわち，次の関係が成り立つ．

$$1\ \mathrm{G} = 10^{-4}\ \mathrm{T} \tag{12.12}$$

(12.11) からわかるように，B の単位は M の単位に等しい．後者は $\mathrm{Wb/m^2}$ であるから，これまでの結果をまとめると単位の間の関係として次式が成り立つ．

$$\mathrm{T} = \frac{\mathrm{N}}{\mathrm{A\cdot m}} = \frac{\mathrm{J}}{\mathrm{A\cdot m^2}} = \frac{\mathrm{Wb}}{\mathrm{m^2}} \tag{12.13}$$

透磁率 $\boldsymbol{M}$ が $\boldsymbol{H}$ に比例する物質では (12.10) を (12.11) に代入し

$$\boldsymbol{B} = \mu\boldsymbol{H}, \quad \mu = \mu_0(1 + \chi_{\mathrm{m}}) \tag{12.14}$$

が得られる．この μ をその物質の**透磁率**，また $k_{\mathrm{m}} = \mu/\mu_0 = 1 + \chi_{\mathrm{m}}$ の k_{m} を**比透磁率**という．

空気の透磁率は真空中の値とほぼ同じであると考えてよい．

参考　**ヒステリシス**　強磁性体の場合，H と M との関係は(12.10) のように単純ではなく，同じ H に対する M はどのように磁場を加えたかという履歴に依存する．この種の現象を**ヒステリシス**という．例えば，$M = 0$ の強磁性体に磁場をかけると，図 12.2 の曲線 OA のように変化し，A で磁化は飽和に達し，それ以上 H を大きくしても M は一定になる．それから H を減らすと，M は曲線 ABC のような経過をたどり，逆向きの磁場の大きさをさらにふやしていくと，D で逆向きの飽和に達する．D から磁場を大きくしていくと M は

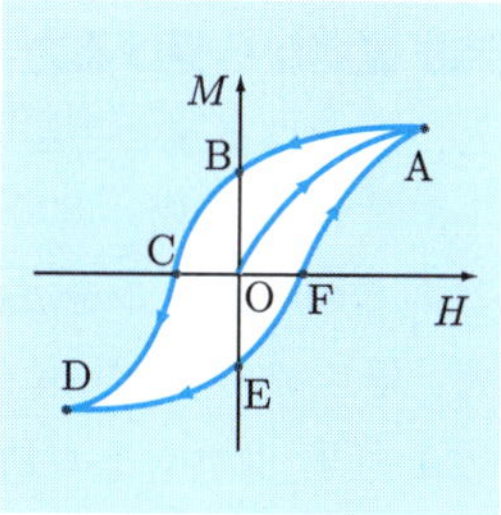

図 12.2　ヒステリシス曲線

$$\mathrm{D} \to \mathrm{E} \to \mathrm{F} \to \mathrm{A}$$

と変化する．図 12.2 のような曲線を**ヒステリシス曲線**という．

例題 4　磁気に対するガウスの法則は磁束密度を使うとどのように書けるか．

解　$\boldsymbol{B}$ は電気の $\boldsymbol{D}$ に対応する量であるが，磁気の場合，真磁荷に相当するものがない．このため，(11.10) に対応し

$$\int_{\mathrm{S}} B_n dS = 0 \qquad ⑧$$

というガウスの法則が成り立つ．

磁力線に相当し，磁束密度を記述する線を**磁束線**という．

例題 5　図 12.3 のように，無限に広い常磁性体の板（透磁率 μ）があり，一様な磁束密度 $\boldsymbol{B}_0$ をもつ真空の磁場中に，板をその面が $\boldsymbol{B}_0$ と垂直になるよう置いたとする．磁性体内の磁束密度の大きさ B，磁場の大きさ H，磁化の大きさ M を求めよ．

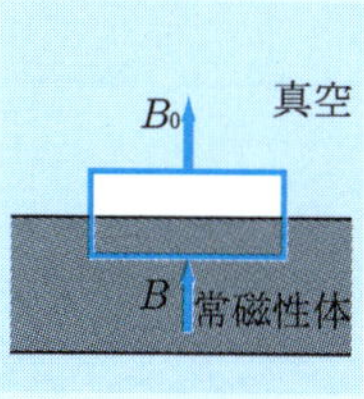

図 12.3　常磁性体の磁束密度

解　板が無限に広いとしているから，対称性により磁束線は板と垂直になる．図 12.3 に示す底面積 dS の円筒に⑧を適用すると次式が得られる．

$$(B_0 - B)dS = 0 \qquad \therefore \quad B = B_0$$

磁性体の H は $B = \mu H$ の関係から $H = B_0/\mu$ と求まる．また，$B = \mu_0 H + M$ の関係から M は次のように計算される．

$$M = B - \mu_0 H = (1 - \mu_0/\mu)\, B_0$$

12.4 電流と磁場

磁場中の電流は力を受けるし，電流は周辺に磁場を生じる．ここでは電流と磁場の関係について学ぶ．

電流が磁場から受ける力 磁場中の導線に電流 I を流すと，導線は電流と磁場の両方に垂直な力を受ける．導線上で長さ ds の微小部分を考え，この長さをもち電流と同じ向きのベクトルを $\boldsymbol{ds}$ とする（図 12.4）．実験によると，そこでの磁束密度を $\boldsymbol{B}$ とすれば，この微小部分の受ける力 $\boldsymbol{F}$ はベクトル積を用い

モーターは磁場中の電流に働く力を利用した装置である．

$$\boldsymbol{F} = I(\boldsymbol{ds} \times \boldsymbol{B}) \tag{12.15}$$

と表される．図のように，$\boldsymbol{ds}$ と $\boldsymbol{B}$ とのなす角を θ とすれば，$\boldsymbol{F}$ の大きさ F は

$$F = IB\sin\theta ds \tag{12.16}$$

と書ける．特に $\boldsymbol{ds}$ と $\boldsymbol{B}$ とが垂直であれば

$$F = IBds \tag{12.17}$$

となる．上式から 1 A の電流の流れる 1 m の導線が 1 T の磁束密度から受ける力が 1 N であることがわかる．

ローレンツ力 一般に電荷 q の粒子が磁束密度 $\boldsymbol{B}$ 中を速度 $\boldsymbol{v}$ で運動するとき，これに働く力 $\boldsymbol{F}$ は

(12.18) から (12.15) の力を導くことができる．

$$\boldsymbol{F} = q(\boldsymbol{v} \times \boldsymbol{B}) \tag{12.18}$$

と表される．電場 $\boldsymbol{E}$ と磁場（磁束密度 $\boldsymbol{B}$）が共存する場合には，荷電粒子の受ける力は

$$\boldsymbol{F} = q\,[\boldsymbol{E} + (\boldsymbol{v} \times \boldsymbol{B})] \tag{12.19}$$

で与えられる．この力を**ローレンツ力**という．

電流の作る磁場 電流 I が流れているとき，図 12.5 のように導線上の場所 $\boldsymbol{r}'$ にある微小部分 $\boldsymbol{ds}$ が場所 $\boldsymbol{r}$ の点 P に作る磁場 $d\boldsymbol{H}$ は

$$d\boldsymbol{H} = \frac{I}{4\pi}\frac{\boldsymbol{ds} \times (\boldsymbol{r} - \boldsymbol{r}')}{|\boldsymbol{r} - \boldsymbol{r}'|^3} \tag{12.20}$$

と表される．これを**ビオ・サバールの法則**という．

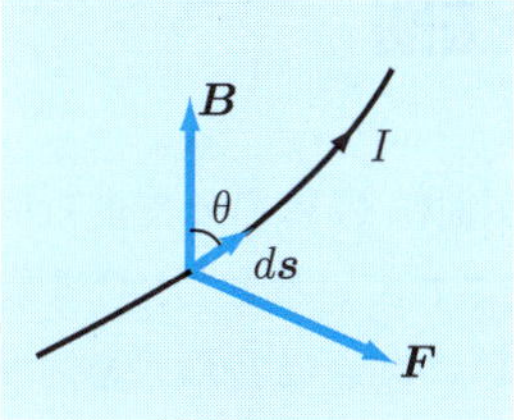

図 12.4 電流が磁場から受ける力

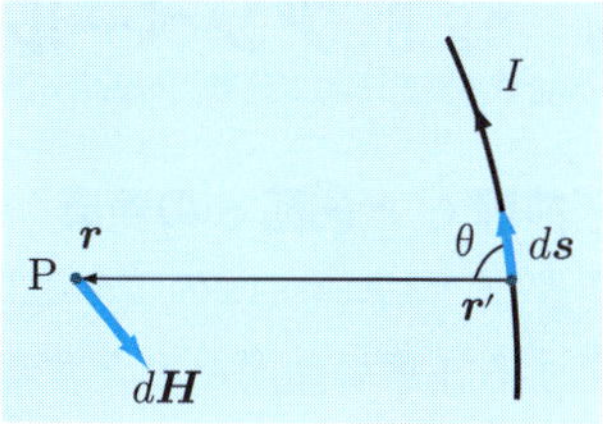

図 12.5 ビオ・サバールの法則

例題 6 10 ガウスの磁束密度と 30° の角をなす導線に 4 A の電流が流れている．この導線 2 cm 当たりに働く力の大きさは何 N か．

解 (12.16) に $I = 4$, $B = 10 \times 10^{-4}$, $\sin\theta = 1/2$, $ds = 2 \times 10^{-2}$ を代入し，$F = 4 \times 10^{-5}$ N となる．

例題 7 無限に長い直線の導体に電流 I が流れているとする．直線から距離 r だけ離れた点 P における磁場を求めよ．

解 図 12.6 に示すように直線電流の流れる向きに z 軸をとる．(12.20) により位置 z にある長さ dz の微小部分が P に作る $d\boldsymbol{H}$ は y 軸の正方向を向くことがわかる．また，$\sin\theta = r/(r^2 + z^2)^{1/2}$ と書けるので

$$dH = \frac{I}{4\pi}\frac{r}{(r^2+z^2)^{3/2}}dz \qquad ⑨$$

が得られる．導線全体の寄与を求めるため，上式を z について $-\infty$ から ∞ まで積分する．こうして次のようになる．

$$H = \frac{Ir}{4\pi}\int_{-\infty}^{\infty}\frac{dz}{(r^2+z^2)^{3/2}} \qquad ⑩$$

この積分を実行するため，$z = r\tan\theta$ と変数変換を行う．

$$dz = \frac{rd\theta}{\cos^2\theta}, \quad r^2 + z^2 = \frac{r^2}{\cos^2\theta}, \quad \tan\left(\pm\frac{\pi}{2}\right) = \pm\infty$$

の関係を使うと

$$H = \frac{I}{4\pi r}\int_{-\pi/2}^{\pi/2}\cos\theta d\theta = \frac{I}{2\pi r} \qquad ⑪$$

が得られる．上式からわかるように，磁場の単位は A/m と表すことができる．

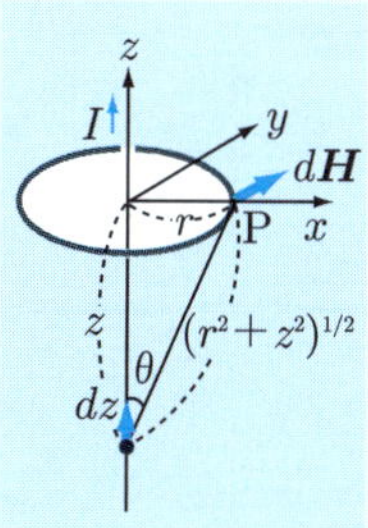

図 12.6 直線電流の作る磁場

体系の軸対称性により x 軸上に点 P があるとして一般性を失わない．

π A の電流が流れる導線から 0.5 m 離れた点での磁場は 1 A/m となる．

12.5 アンペールの法則

閉曲線 C と曲面 S の表裏 閉曲線 C に沿って進む向きが図 12.7 の矢印のように指定されているとし，C を縁とする任意の曲面を S とする．C の向きに右ねじを回すとき，そのねじの進む向きを曲面の向きと呼ぼう．曲面には表と裏があるが，便宜上，曲面の向きは裏から表に向かうとして，曲面 S の表裏を決めることにする．

アンペールの法則 図 12.7 のように C に沿う微小な変位ベクトルを $d\boldsymbol{s}$ としたとき，C を一周する積分に対し

H は単位正磁荷に働く力であるから，(12.21) の左辺は単位正磁荷を C に沿って一周させるとき力のする仕事である．

$$\oint_{\mathrm{C}} \boldsymbol{H}\cdot d\boldsymbol{s} = I \tag{12.21}$$

が成り立つ．ただし，I は曲面 S を貫通する電流を表し，曲面 S を裏から表へと流れるときは正，逆の場合には負，また S を貫通しないときには $I=0$ とする．(12.21) を**アンペールの法則**という．アンペールの法則はビオ・サバールの法則から導くことができる（詳細については例えば阿部・川村・佐々田共著「物理学 [新訂版]」サイエンス社（2002）を参照せよ）．前者の法則には体系の対称性が適用できるので，後者の法則より便利な点が多い．

無限に長い直線電流の場合 閉曲線 C として，図 12.6 に示した半径 r の円をとると，磁場 $\boldsymbol{H}$ はビオ・サバールの法則により円の接線方向に生じることがわかる．また，軸対称性によりこの円上で磁場の大きさ H は一定となる．さらに $\boldsymbol{H}\cdot d\boldsymbol{s} = H ds$ と書け，s に関する積分は円周の長さ $2\pi r$ をもたらすので，アンペールの法則により $2\pi r H = I$ が得られる．これから

$$H = \frac{I}{2\pi r} \tag{12.22}$$

となり⑪と同じ結果が求まる．電流の向きに右ネジが進むようにしたとき，ネジを回す向きに磁場が発生することに注意しておこう．

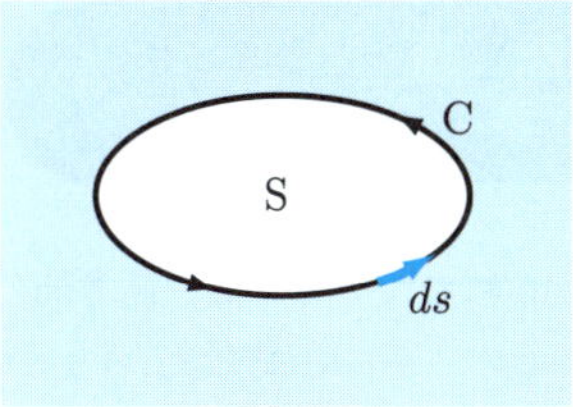

図 12.7　閉曲線 C と曲面 S

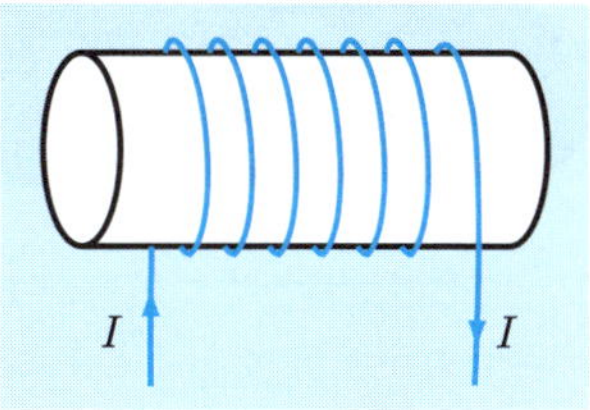

図 12.8　ソレノイド

参考　**ソレノイド**　図 12.8 に示すように，真空中で導線を円筒面に沿いらせん状に一様かつ密に巻いたコイルを**ソレノイド**という．ソレノイドは無限に長いとし，導線に電流 I を流したときに生じる磁場について考える．この磁場が円筒の中心軸と平行でないと，図 12.9 のように中心軸と垂直な方向で $\boldsymbol{H}$ は 0 でない成分 H_n をもつ．軸対称性により H_n は図の半径 a の円上で同じであり，ソレノイドが十分長ければ H_n は a だけに依存する．このため，図の斜線で示す半径 a の円筒の表面に対して⑧の積分は有限となり，ガウスの法則と矛盾する．したがって，$\boldsymbol{H}$ は中心軸と平行となる．図 12.9 では円筒の内部を考慮したが，円筒の外部でも同じである．

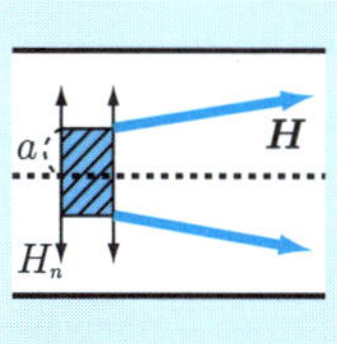

図 12.9　中心軸と平行でない $\boldsymbol{H}$

ここで図 12.10 のように，ソレノイドの内部を考え，中心軸を含む平面上で長方形の閉曲線 ABCD にアンペールの法則を適用する．(12.21) で

$$I = 0$$

が成り立ち，AB 上の磁場と CD 上の磁場が同じとなる．したがって，ソレノイド内部の磁場は一定である．同様に，ソレノイド外部の磁場も一定となる．

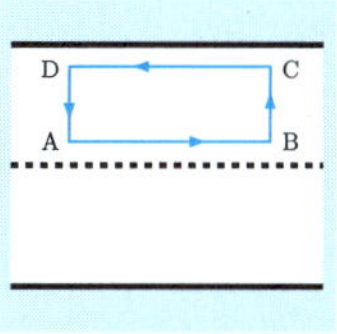

図 12.10　ソレノイドの内部

ソレノイドから無限に離れたところでは，電流の影響はないので結局，外部の磁場は 0 であることがわかる．そこで，図 12.11 のような閉曲線 ABCD をとる．この図で ⊙ は紙面の裏から表へ，⊗ は表から裏へ電流が流れることを意味する．AB の長さを L，AB 上の磁場を H とし，単位長さ当たりの巻数を n とすれば，

$$HL = InL$$

が得られ，H は

$$H = nI \qquad ⑫$$

と表される．

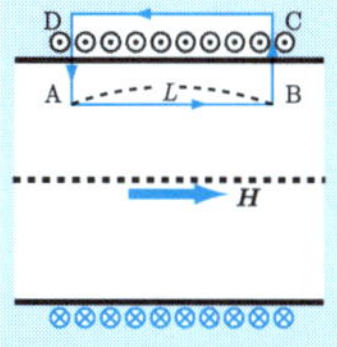

図 12.11　内部の磁場

演習問題 第12章

1　同じ磁気量をもつ磁荷が 1 cm 離れているとき，両者間の磁気力が 1 N であるとする．このときの磁荷は何 Wb か．

2　原点におかれた磁気モーメント $\boldsymbol{m}$ が点 $\boldsymbol{r}$ に作る磁場 $\boldsymbol{H}(\boldsymbol{r})$ を求めよ．特に，$\boldsymbol{m}$ が z 軸に沿う場合，すなわち $\boldsymbol{m} = (0, 0, m)$ のとき $\boldsymbol{H}$ はどのように表されるか．

3　例題 3 において

$$a = 5\ \mathrm{mm},\ l = 10\ \mathrm{cm},\ M = 2\ \mathrm{Wb/m^2},\ s = 2\ \mathrm{cm}$$

とする．このとき，点 P における磁場の大きさは何 A/m か．

4　異なる 2 つの磁性体 1，2 が接しているとき，ベクトルの垂直方向，接線方向の成分を表すのにそれぞれ n，t の添字をつけることにする．そうすると次式の関係が成り立つことを示せ．

$$B_{1n} = B_{2n}, \quad H_{1t} = H_{2t}$$

5　透磁率 μ_1 の物質 1 と透磁率 μ_2 の物質 2 とが平面を境に接しているとする（下図）．磁束線と法線とのなす角を θ_1，θ_2 としたとき，次の関係

$$\mu_1 \tan\theta_2 = \mu_2 \tan\theta_1$$

を証明せよ．

6　電流が z 方向，磁場が x 方向を向いているとき，電流に働く力の向きはどうなるか．次の①～④のうちから正しいものを 1 つ選べ．

① y 方向　② $-y$ 方向　③ x 方向　④ z 方向

7　$n = 2000$ /m，$I = 6$ A のとき，ソレノイド内部の磁場および磁束密度を求めよ．

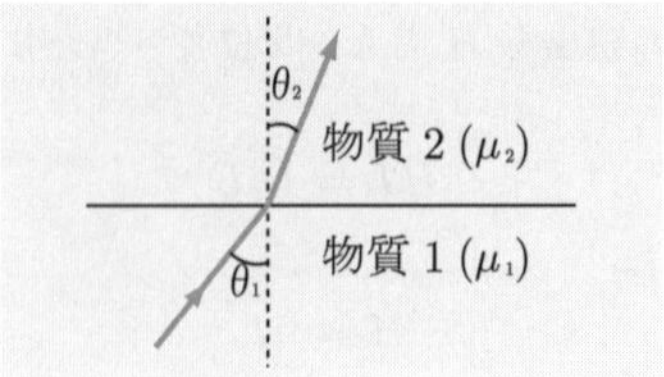

第13章

電磁場の時間変化

時間変化する電磁場を考え，電磁誘導，交流回路，電磁場の基礎方程式などについて学ぶ．

本章の内容

13.1 電磁誘導

磁石をコイルに近づけたり遠ざけたりすると，コイル中に電流が誘起される．1831 年にファラデーが発見したこの現象を**電磁誘導**という．

電磁誘導は発電機の原理となっている実用上きわめて重要な現象である．

磁束　向きをもつ任意の閉曲線 C があるとし，C を縁とする任意の曲面 S を考え［図 **13.1**(**a**)］，S の裏から表へと向かう法線方向の単位ベクトルを $\boldsymbol{n}$ とする．磁束密度 $\boldsymbol{B}$ の $\boldsymbol{n}$ 方向の成分 $\boldsymbol{B}\cdot\boldsymbol{n}$ に対する面積積分

$$\Phi = \int_{\mathrm{S}} \boldsymbol{B}\cdot\boldsymbol{n}dS \tag{13.1}$$

は曲面 S を貫く**磁束**と呼ばれる．図 **13.1**(**b**) のように，S が平面で一様な大きさ B の磁束密度に垂直におかれているとすれば

$$\boldsymbol{B}\cdot\boldsymbol{n} = B$$

となり Φ は

$$\Phi = BS \tag{13.2}$$

と表される．ただし，S は S の面積である．上式からわかるように，磁束密度は単位面積当たりの磁束に等しい．磁束の単位はウェーバ (Wb) で，これは磁場に垂直な 1 m^2 の面を 1 T の磁束密度が貫くときの磁束を表す．

B は単位面積当たりの磁束なので，磁束密度と呼ばれる．

ファラデーの法則　図 **13.1** の (**a**) または (**b**) で，矢印に沿って電流を流そうとする起電力 V は

$$V = -\frac{d\Phi}{dt} \tag{13.3}$$

と書ける．これを**ファラデーの法則**，また V を**誘導起電力**という．この法則は回路が静止していて磁場が変化する場合でも，磁場は変化せずそのかわり回路が運動する場合にも成り立つ．

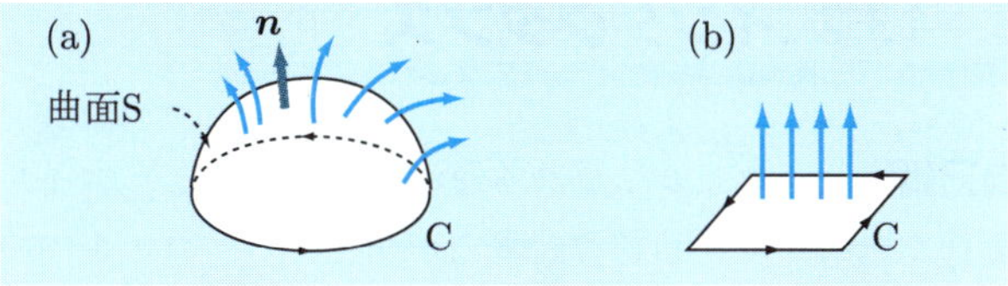

図 13.1 磁束の定義

補足 **レンツの法則** (13.3) からわかるように Φ が増加するとき V は負となり，逆に Φ が減少するとき V は正となる．一般に，電磁誘導によって流れる電流の向きは，その電流の作る磁場が誘導の原因となっている磁場の変化に逆らうように生じる．これを**レンツの法則**という．

例題 1 磁束が磁荷と同じ単位で表されるのはなぜか．

解 B は M と同じ次元をもち，M の単位は $\mathrm{Wb/m^2}$ と書ける．これに対し，磁束の次元は B の次元と面積の積となり，その単位は Wb で与えられる．

例題 2 C を縁とする 2 つの曲面 $\mathrm{S_1}$，$\mathrm{S_2}$ を貫く磁束を Φ_1，Φ_2 とするとき（図 13.2）

$$\Phi_1 = \Phi_2 \quad ①$$

が成り立つことを示せ．このように Φ は曲線 C だけで決まり S のとり方には依存しない．

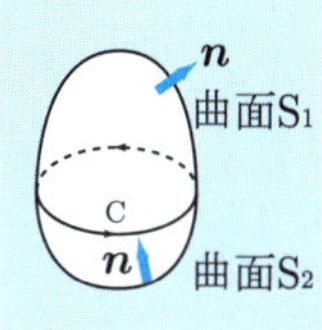

図 13.2 2 つの曲面

解 定義により，Φ_1，Φ_2 は次のように書ける．

$$\Phi_1 = \int_{\mathrm{S}_1} \boldsymbol{B}\cdot\boldsymbol{n}dS, \quad \Phi_2 = \int_{\mathrm{S}_2} \boldsymbol{B}\cdot\boldsymbol{n}dS \quad ②$$

ここで $\boldsymbol{n}$ は図のように曲面の裏から表へと向かう．曲面 $\mathrm{S_1}$，$\mathrm{S_2}$ を合わせると 1 つの曲面ができるが，ガウスの法則により

$$\int_{\mathrm{S}} B_n dS = 0 \quad ③$$

が成り立つ．ただし，この場合の B_n は外向きの法線方向の成分で，図 13.2 からわかるように，曲面 $\mathrm{S_1}$ では $B_n = \boldsymbol{B}\cdot\boldsymbol{n}$ であるが，曲面 $\mathrm{S_2}$ では $B_n = -\boldsymbol{B}\cdot\boldsymbol{n}$ となる．③の S を $\mathrm{S_1}$ と $\mathrm{S_2}$ とにわけると次式のようになり，$\Phi_1 = \Phi_2$ が得られる．

$$\int_{\mathrm{S}_1} \boldsymbol{B}\cdot\boldsymbol{n}dS - \int_{\mathrm{S}_2} \boldsymbol{B}\cdot\boldsymbol{n}dS = 0 \quad ④$$

13.2 インダクタンス

自己誘導　コイルに流れる電流が変化すると，コイルを貫く磁束が変化し誘導起電力が発生する．コイル内の電流変化によりそれ自身の内部に誘導起電力が起こる現象を**自己誘導**という．ビオ・サバールの法則により，電流が発生する磁場は，電流に比例する．このため，コイルに電流 I の流れているときコイルを貫く磁束 Φ は

$$\Phi = LI \tag{13.4}$$

と書ける．

インダクタンス　(13.4) 中の比例定数 L を**自己インダクタンス**あるいは単に**インダクタンス**という．自己誘導による誘導起電力 V は，(13.3) により

(13.5) で L は時間によらない定数としている．

$$V = -\frac{d\Phi}{dt} = -L\frac{dI}{dt} \tag{13.5}$$

と書ける．L の値はコイルの形状によって決まる．コイルはすべて自己インダクタンスをもち，回路図ではそれを図 13.3 のような記号で図示する．インダクタンスの単位はヘンリー（H）である．(13.4)，(13.5) により

ヘンリーは誘導起電力を最初に観測した物理学者の名前に由来している．

$$1\ \mathrm{H} = 1\ \frac{\mathrm{Wb}}{\mathrm{A}} = 1\ \frac{\mathrm{V \cdot s}}{\mathrm{A}} \tag{13.6}$$

が成り立つ．

コイルと電池　インダクタンス L のコイルが起電力 V の電池と図 13.4 のように接続しているとする．電流を図のように I とすれば，I が増加状態だとコイルはその増加を妨げようとして，電池とは逆向きの起電力を生じる．逆に，I が減少するときには電池と同じ向きの起電力が生じる．したがって，符号を考慮しコイルのところに $-LdI/dt$ という起電力をもつ電池が挿入されていると考えてよい．このため，図 13.4 で次式が成り立つ．

$$V_{\mathrm{B}} - V_{\mathrm{A}} = V, \quad V_{\mathrm{C}} - V_{\mathrm{B}} = -LdI/dt$$

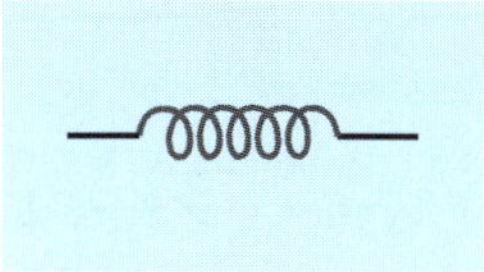

図 13.3　インダクタンス

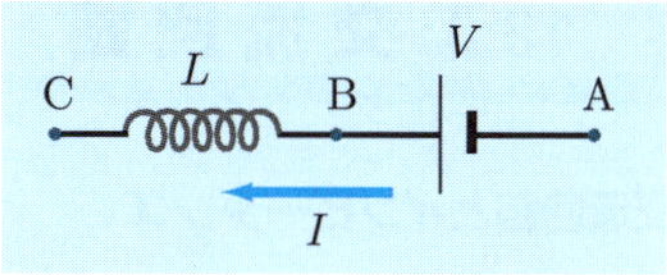

図 13.4　コイルと電池

参考　**相互誘導**　2つのコイルの一方に流れる電流が時間変化すると，このコイルの生じる磁場も変化する．このため，他方のコイルを貫通する磁束も変化し，このコイル中に起電力が発生する．このような現象を**相互誘導**という．

例題 3　インダクタンス 3 mH のコイルがあり，$\Delta t = 2 \times 10^{-3}$ s の間に電流が 0 から直線的に 4 A に増加した．発生する自己誘導の起電力の大きさは何 V か．ただし，$1\,\mathrm{mH} = 10^{-3}\,\mathrm{H}$である．

解　起電力の大きさ V は次のように計算される．

$$V = 3 \times 10^{-3} \times \frac{4}{2 \times 10^{-3}}\ \mathrm{V} = 6\ \mathrm{V}$$

例題 4　真空中にある断面積 S，長さ l，巻数 N の十分長いソレノイドのインダクタンスを求めよ．

解　ソレノイドに電流 I が流れているとすれば，第 12 章の⑫により内部の磁場の大きさは $H = nI = NI/l$ と表される．このため，内部の磁束密度の大きさは $B = \mu_0 NI/l$ となる．1 つのコイルはこれに断面積 S を掛けた磁束をもたらす．これが N 回ソレノイドを貫くので全体の磁束 Φ はさらに N 倍し $\Phi = \mu_0 N^2 SI/l$ と書け，その結果インダクタンスは $L = \mu_0 (N^2/l) S$ と求まる．

例題 5　直径 3 cm，長さ 10 cm の中空円筒に直径 0.5 mm の銅製のエナメル線を 200 回巻きソレノイドを作った．そのインダクタンスは何 H か．

解　⑤に数値を代入し L は次のように計算される．

$$L = 4\pi \times 10^{-7} \times \frac{200^2}{0.1} \times 7.07 \times 10^{-4}\ \mathrm{H} = 3.55 \times 10^{-4}\ \mathrm{H}$$

断面積 S は

$$S = \pi \times (0.015)^2\,\mathrm{m}^2 = 7.07 \times 10^{-4}\,\mathrm{m}^2$$

である．

13.3 交流回路

交流回路とインピーダンス コイル，キャパシター，抵抗などが適当につながり，それらが交流電源と接続している回路を**交流回路**という．交流電源の電圧 V が

$$V = V_0 \cos\omega t \tag{13.7}$$

と書けるとき，電源に出入りする電流 I は (図 13.5)，一般に

$$I = I_0 \cos(\omega t - \phi) \tag{13.8}$$

と表される．ここで ϕ を**位相の遅れ**という．また

Z は直流の場合の抵抗に対応する量である．

$$Z = V_0/I_0 \tag{13.9}$$

で定義される Z を**インピーダンス**という．交流回路を扱う基本的な考え方はある瞬間に注目し 9.5 節で述べたキルヒホッフの法則を適用することである．以下，1 つの例を取り上げ，この点について説明する．

***LCR* 回路** 図 13.6 のように，コイル（インダクタンス L），キャパシター（電気容量 C），電気抵抗 R が直列につながっている回路を ***LCR* 回路**という．図のように電流 I をとり，コンデンサーの極板 B，C に蓄えられる電荷をそれぞれ Q，$-Q$ とする．微小時間 dt の間に極板 B に流れ込む電荷は Idt と書け，その分だけ Q が増加するので $dQ = Idt$ と書ける．すなわち

$$\frac{dQ}{dt} = I \tag{13.10}$$

である．図のように点 A，B，C，D をとり，13.2 節で述べたことに注意すると，$V_\mathrm{A} - V_\mathrm{B} = LdI/dt$，$V_\mathrm{B} - V_\mathrm{C} = Q/C$，$V_\mathrm{C} - V_\mathrm{D} = RI$ となる．これらを加えると $V_\mathrm{A} - V_\mathrm{D} = LdI/dt + Q/C + RI$ である．$V_\mathrm{A} - V_\mathrm{D}$ は交流電源の電圧 $V(t)$ に等しいので次式が導かれる．

$$L\frac{dI}{dt} + RI + \frac{Q}{C} = V(t) \tag{13.11}$$

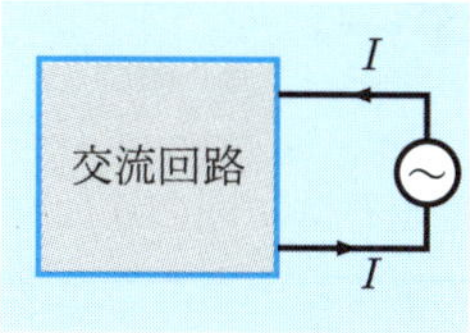

図 13.5 交流回路

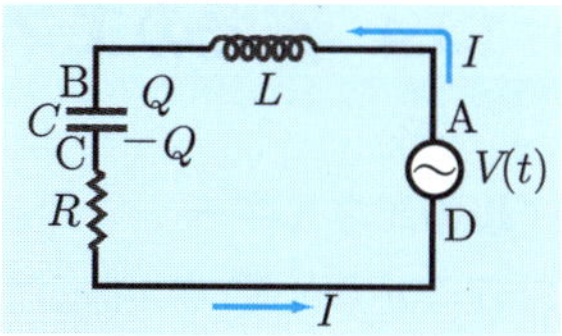

図 13.6 *LCR* 回路

参考 **複素数表示と複素インピーダンス** (13.11) で $V(t)$ は (13.7) で与えられるとする．複素数の実数部分を Re という記号で表すと，オイラーの公式により $V_0 \cos\omega t = \mathrm{Re}\,(V_0 e^{i\omega t})$ である．電流や電荷は本来，実数であるがこれらをあたかも複素数かのようにみなす表示を**複素数表示**という．複素電流 I，複素電荷 Q を導入し，(13.10) はそのまま成り立つと考え，(13.11) の代わりに

$$L\frac{dI}{dt} + RI + \frac{Q}{C} = V_0 e^{i\omega t} \qquad ⑤$$

を導入する．複素数表示の実数部分は 6.2 節と同様，問題の解となる．そこで，時間によらない複素振幅を導入し

$$Q = \hat{Q}e^{i\omega t}, \quad I = \hat{I}e^{i\omega t} \qquad ⑥$$

とおく．(13.10) から $i\omega\hat{Q} = \hat{I}$ となり，これを⑤に代入すると

$$\left(R + i\omega L + \frac{1}{i\omega C}\right)\hat{I} = V_0 \qquad ⑦$$

が得られる．したがって，$\hat{I} = V_0/\hat{Z}$ が成り立つ．$\hat{Z}$ を**複素インピーダンス**という．

$\dfrac{de^{i\omega t}}{dt} = i\omega e^{i\omega t}$ である．

コイルに $i\omega L$，キャパシターに $1/i\omega C$，電気抵抗に R を対応させると，直流回路と同様に複素インピーダンスが求まる．

例題 6 複素インピーダンスを $\hat{Z} = Ze^{i\phi}$ と書いたとき，Z がインピーダンス，ϕ が位相の遅れであることを示せ．また，LCR 回路に対する Z，$\tan\phi$ を求めよ．

解 複素電流の実数部分は

$$I = \mathrm{Re}\ (\hat{I}e^{i\omega t}) = \mathrm{Re}\ (V_0 e^{i(\omega t - \phi)}/Z)$$

と表され，(13.8), (13.9) が得られる．LCR 回路では $\hat{Z} = R + i(\omega L - 1/\omega C)$ と書けるので，Z，$\tan\phi$ は

$$Z = \sqrt{R^2 + \left(\omega L - \frac{1}{\omega C}\right)^2}, \quad \tan\phi = \frac{\omega L - 1/\omega C}{R}$$

と求まる．

13.4 磁場のエネルギー

コイルのエネルギー 磁石や電磁石は周囲の鉄片を引き付けるから，磁場はある種のエネルギーをもつと考えられる．磁場が蓄えているエネルギーを**磁場のエネルギー**とか**磁気エネルギー**という．図 13.6 の LCR 回路を想定すると，$I = dQ/dt$ を使い (13.11) から

$I\dfrac{dI}{dt} = \dfrac{1}{2}\dfrac{dI^2}{dt}$ が成り立つ．

$$\frac{L}{2}\frac{dI^2}{dt} + \frac{1}{2C}\frac{dQ^2}{dt} + RI^2 = V(t)I \qquad (13.12)$$

が得られる．$t = 0$ で I，Q が 0 とし，上式を t に関し 0 から T まで積分すれば

$$\frac{L}{2}I^2 + \frac{Q^2}{2C} + \int_0^T RI^2 dt = \int_0^T V(t)Idt \qquad (13.13)$$

となる．右辺は時刻 0 から T までの間に電源のした仕事，左辺の第 2，3 項はそれぞれその間にキャパシターに蓄えられた電場のエネルギー，抵抗で発生したジュール熱に等しい．したがって，エネルギー保存則により左辺第 1 項はコイルに蓄えられる磁場のエネルギーであることがわかる．すなわち，インダクタンス L のコイルに電流 I が流れているとき，そのコイルに蓄えられる磁場のエネルギー U_{m} は

L を質量，I を速さに対応させると，(13.14) は力学でいう運動エネルギーと一致する．

$$U_{\mathrm{m}} = \frac{L}{2}I^2 \qquad (13.14)$$

で与えられる．

磁場のエネルギー密度 ソレノイドに電流を流すと，ソレノイドの外部で磁場は発生しないので，(13.14) の磁場のエネルギーは内部に蓄えられると考えられる．例題 8 で学ぶように，磁場のエネルギー密度 u_{m} は

$$u_{\mathrm{m}} = \frac{B^2}{2\mu} = \frac{HB}{2} = \frac{\boldsymbol{H}\cdot\boldsymbol{B}}{2} \qquad (13.15)$$

と表される．上式は電場の場合の (11.20) に対応する関係である．

例題 7　例題 5 で扱ったソレノイドに 2 A の電流を流したとき，ソレノイドのもつ磁気エネルギーは何 J か．

解　例題 5 で示したように，インダクタンスは $L = 3.55 \times 10^{-4}$ H と計算され，磁気エネルギーは (13.14) により次のようになる．

$$U_{\rm m} = \frac{1}{2} \times 3.55 \times 10^{-4} \times 2^2 \text{ J} = 7.1 \times 10^{-4} \text{ J} \quad ⑧$$

例題 8　長さ l，断面積 S，巻数 N の十分長いソレノイドがあり，その内部には透磁率 μ の磁性体円筒が挿入されているとする．このような体系に関する以下の設問に答えよ．

(a)　ソレノイドのインダクタンスを求めよ．

(b)　ソレノイドに電流 I が流れているときの磁気エネルギーを求め，(13.15) が成り立つことを確かめよ．

解　(a)　アンペールの法則はビオ・サバールの法則から導かれ，後者の法則は磁性体が存在しても成立する．このため，ソレノイドの内部に磁性体が存在しても第 12 章の⑫が成り立ち，H は $H = nI = NI/l$ となる．よって，ソレノイド内の磁束密度の大きさ B は次のように表される．

ビオ・サバールの法則 (12.20) は透磁率のような物質定数を含まず，真空中でも物質中でも成立する．

$$B = \mu H = \mu \frac{N}{l} I \quad ⑨$$

この B は BS の磁束をもたらし，それが N 回ソレノイドを貫くので，例題 4 と同じ議論により次式が導かれる．

$$L = \mu \frac{N^2}{l} S \quad ⑩$$

⑩は例題 4 の結果の μ/μ_0 倍 $= k_{\rm m}$ 倍となる．

(b)　磁気エネルギー $U_{\rm m}$ は⑨，⑩により

$$U_{\rm m} = \frac{L}{2} I^2 = \frac{\mu N^2 S}{2l} \frac{B^2 l^2}{\mu^2 N^2} = \frac{Sl}{2\mu} B^2 \quad ⑪$$

と計算される．⑪で Sl はソレノイドの体積であることに注意すれば，(13.15) が導かれる．

例題 9　例題 7 のソレノイドの内部を鉄（比透磁率：7×10^3）で満たしたとき，磁気エネルギーは何 J となるか．

解　例題 7 の磁気エネルギーを 7×10^3 倍し，$U_{\rm m} = 7 \times 10^3 \times 7.1 \times 10^{-4}$ J $= 4.97$ J と計算される．

13.5 電磁場の基礎方程式

ρ は真電荷の電荷密度を表す．

E，H が存在するような空間のことも電磁場という．

積分形の基礎方程式 電場と磁場を総称し**電磁場**という．電磁場を記述する物理量は $\boldsymbol{E}$，$\boldsymbol{D}$，$\boldsymbol{H}$，$\boldsymbol{B}$，ρ，$\boldsymbol{j}$ である．これらはすべてが独立というわけではなく

$$\boldsymbol{D} = \varepsilon \boldsymbol{E}, \quad \boldsymbol{B} = \mu \boldsymbol{H}, \quad \boldsymbol{j} = \sigma \boldsymbol{E} \tag{13.16}$$

が成り立つ．これらの時間的，空間的な挙動を決定するのが電磁場の基礎方程式である．その一部はガウスの法則で，電磁場中における任意の閉曲面を S，その内部の領域を V とするとき

$$\int_{\mathrm{S}} D_n dS = \int_{\mathrm{V}} \rho dV, \quad \int_{\mathrm{S}} B_n dS = 0 \tag{13.17}$$

となる．結果が積分の形で表されるので，(13.17) を**積分形の基礎方程式**という．また，ファラデーの法則は

$$\oint_{\mathrm{C}} \boldsymbol{E} \cdot d\boldsymbol{s} = -\frac{d}{dt} \int_{\mathrm{S}} \boldsymbol{B} \cdot \boldsymbol{n} dS \tag{13.18}$$

と書ける（例題 10）．ただし，図 **13.1** のような積分路 C を考え，$\boldsymbol{n}$ は S の裏から表へ向かう法線方向である．

時間的に変化しない電流を**定常電流**という．

マクスウェル・アンペールの法則 アンペールの法則は元来，定常電流に対し成り立つが，まずこれを記述する積分形の方程式を導こう．図 **12.7** あるいは図 **13.1** で，曲面 S 上の微小面積 dS を通り S の裏から表へ流れる電流は $\boldsymbol{j} \cdot \boldsymbol{n} dS$ と表される．したがって，S を貫通する電流 I を求めるにはこれを S にわたり面積積分すればよい．こうしてアンペールの法則 (12.21) は

$$\oint_{\mathrm{C}} \boldsymbol{H} \cdot d\boldsymbol{s} = \int_{\mathrm{S}} \boldsymbol{j} \cdot \boldsymbol{n} dS \tag{13.19}$$

となる．電磁場が時間変化する場合，(13.19) を拡張し

$$\oint_{\mathrm{C}} \boldsymbol{H} \cdot d\boldsymbol{s} = \int_{\mathrm{S}} \left(\boldsymbol{j} + \frac{\partial \boldsymbol{D}}{\partial t} \right) \cdot \boldsymbol{n} dS \tag{13.20}$$

とする必要がある（右ページの参考）．これを**マクスウェル・アンペールの法則**，$\partial \boldsymbol{D}/\partial t$ を**変位電流**という．

例題 10　ファラデーの法則が (13.18) のように表されることを示せ.

解　閉曲線 C に挿入された電池（図 13.7）が矢印に沿って電流を流そうとする起電力 V は

$$V = V(\mathrm{A}) - V(\mathrm{B})$$

と表される．C 上の微小ベクトル $\boldsymbol{ds}$ を $\boldsymbol{ds} = (dx, dy, dz)$ と書き，$\boldsymbol{E} = -\nabla V$ に注意すると，第 3 章の⑥，⑦により全微分 dV に対して $\boldsymbol{E}\cdot\boldsymbol{ds} = -dV$ の関係が得られる．これを C に沿い A から B まで積分すると

$$\int_{\mathrm{A}}^{\mathrm{B}} \boldsymbol{E}\cdot\boldsymbol{ds} = -\int_{\mathrm{A}}^{\mathrm{B}} dV = V(\mathrm{A}) - V(\mathrm{B}) \qquad ⑫$$

となり，B → A の極限をとると (13.18) の左辺が導かれる．一方，(13.1) を用いると (13.3) の右辺は (13.18) の右辺のように表される.

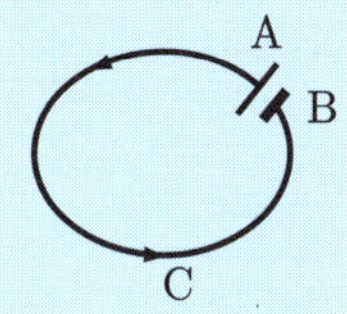

図 13.7　C に沿う起電力

$V(\mathrm{A})$，$V(\mathrm{B})$ は点 A，B における電位である.

参考　**マクスウェル・アンペールの法則と変位電流**　図 13.8 のようにキャパシターを電池に接続しスイッチを入れると電流 I が流れる．C を縁とする図の S_1 に対しアンペールの法則は

$$\oint_{\mathrm{C}} \boldsymbol{H}\cdot\boldsymbol{ds} = I \qquad ⑬$$

と表される．しかし，C を縁としキャパシターの極板間を通る曲面 S_2 では貫通する電流は 0 なので，⑬の右辺も 0 となり矛盾する．この矛盾を解決するため，マクスウェルはキャパシターの極板間には導線内の電流と異なる電流が流れていると考えた.

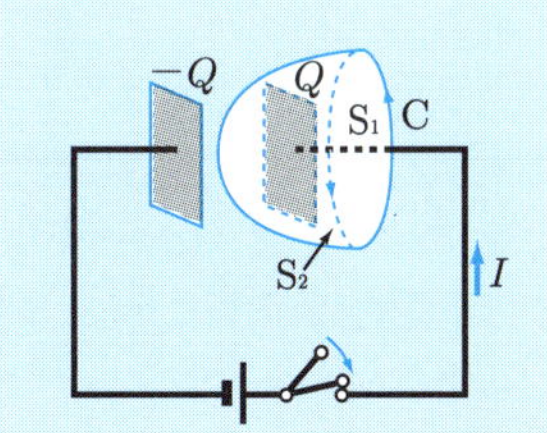

図 13.8　マクスウェル・アンペールの法則

その電流を求めるため，キャパシターの極板間の電束密度の大きさ D は，極板の電荷を $\pm Q$，その面積を S とすれば第 11 章の⑱により $D = \sigma = Q/S$ と書けることに注意する．これを t で微分すると，図 13.8 の場合，$I = dQ/dt$ と表され

$$\frac{dD}{dt} = \frac{I}{S} \qquad ⑭$$

となる．⑭は極板間には dD/dt という大きさの電流密度の電流が流れていると解釈でき，これが変位電流を表す.

変位電流は理論的な推論からその存在が仮定された．電磁波は変位電流から導かれるので電磁波は変位電流の間接的な存在証明である.

演習問題
第13章

1　C を縁とする曲面 S を貫く磁束が

$$\Phi = \Phi_0 \sin\omega t \qquad (\Phi_0, \omega：定数)$$

と時間変化する．C に沿う起電力はどのように表されるか．

2　xy 面上で原点 O を中心とする半径 a の円があり，B_z が $B_z = B_0 t^2$ と時間変化するとき（B_0：定数），円内に生じる誘導起電力を求めよ．

3　自己インダクタンス 4 mH のコイルに 3 A の電流が流れている．コイルのもつ磁束は何 Wb か．

4　交流電源の電圧 V，電源に出入りする電流 I がそれぞれ

$$V = V_0 \cos\omega t, \quad I = I_0 \cos(\omega t - \phi)$$

と書ける場合，電源の供給する電力は $P = (V_0 I_0/2)\cos\phi$ と表されることを示せ．

5　下図左のような交流回路の合成複素インピーダンスを求めよ．

6　0.2 H のインダクタンス，500 Ω の電気抵抗，5 μF のキャパシターが直列につながった回路がある．50 Hz の交流に対する Z，$\tan\phi$ を求めよ．

7　下図右に示すように，真空中に半径 a の円板を極板とする平行板キャパシターがある．極板 A，B の中心を結ぶ線を z 軸としたとき，z 軸に沿って電流 I が出入りしている．また，z 軸の原点 O を下の円板 A 上にとり円板間の距離を l とする．極板間の電束密度 $\boldsymbol{D}$ は z 軸に沿い，また極板間で一様であると仮定し以下の問に答えよ．

(a)　図に示すように，磁場 $\boldsymbol{H}$ は円の接線方向に生じることを示せ．

(b)　$0 < z < l$ の空間における磁場を求めよ．

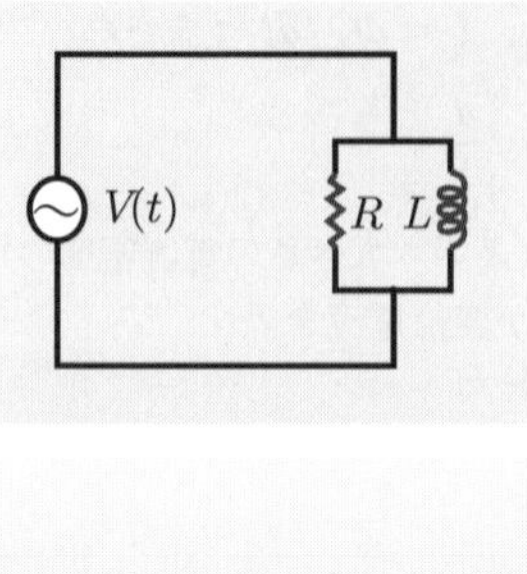

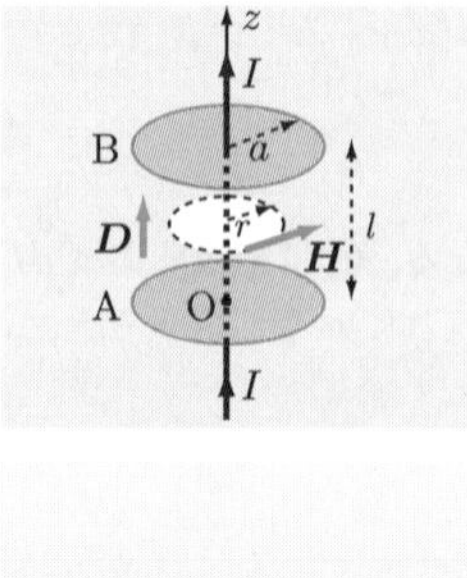

第14章

電磁波と光

　一様な媒質中を電磁波が伝播することを示し，光は波動と同時に粒子の性質をもつ点に触れる．

本章の内容

14.1 マクスウェルの方程式

微分形の基礎方程式　実用上，13.5 節で述べた積分形の方程式を微分形に変形すると便利である．例えば，(13.17) の左式に注目し (11.6) のガウスの定理を適用すると

$$\int_{\mathrm{V}} \mathrm{div}\, \boldsymbol{D} dV = \int_{\mathrm{V}} \rho dV \tag{14.1}$$

が成り立つ．積分範囲 V は任意の領域であるから

$$\mathrm{div}\, \boldsymbol{D} = \rho \tag{14.2}$$

が得られる．同様に，(13.17) の右式から

$$\mathrm{div}\, \boldsymbol{B} = 0 \tag{14.3}$$

(14.3) は真磁荷が存在しないことを表している．

が導かれる．(13.18), (13.20) を微分形に変換するためストークスの定理（右ページの参考）を利用する．その結果，例えば (13.18) は

$$\int_{\mathrm{S}} \boldsymbol{n} \cdot \mathrm{rot}\, \boldsymbol{E} dS = -\int_{\mathrm{S}} \boldsymbol{n} \cdot \frac{\partial \boldsymbol{B}}{\partial t} dS \tag{14.4}$$

と書ける．S は任意の曲面であるから

$$\mathrm{rot}\, \boldsymbol{E} = -\frac{\partial \boldsymbol{B}}{\partial t} \tag{14.5}$$

なる．同様に，(13.20) から次式が導かれる．

$$\mathrm{rot}\, \boldsymbol{H} = \boldsymbol{j} + \frac{\partial \boldsymbol{D}}{\partial t} \tag{14.6}$$

マクスウェルの方程式は電磁場の挙動を記述する基本的な方程式である．

以上のような手続きで導出された次の微分形の方程式

$$\mathrm{div}\, \boldsymbol{D} = \rho, \quad \mathrm{div}\, \boldsymbol{B} = 0 \tag{14.7}$$

$$\mathrm{rot}\, \boldsymbol{E} + \frac{\partial \boldsymbol{B}}{\partial t} = 0, \quad \mathrm{rot}\, \boldsymbol{H} - \frac{\partial \boldsymbol{D}}{\partial t} = \boldsymbol{j} \tag{14.8}$$

をマクスウェルの方程式という．

参考 **ストークスの定理** ベクトル $\boldsymbol{A}$ が場所の関数のとき，図 **13.1** のような閉曲線 C を一周する積分に対し

$$\oint_{\mathrm{C}} \boldsymbol{A} \cdot d\boldsymbol{s} = \int_{\mathrm{S}} \boldsymbol{n} \cdot \mathrm{rot}\,\boldsymbol{A} dS \quad ①$$

が成り立つ．これを**ストークスの定理**という．①で rot $\boldsymbol{A}$ は $\boldsymbol{A}$ の**回転**で，次のように定義される．

$$\mathrm{rot}\,\boldsymbol{A} = \left(\frac{\partial A_z}{\partial y} - \frac{\partial A_y}{\partial z}, \frac{\partial A_x}{\partial z} - \frac{\partial A_z}{\partial x}, \frac{\partial A_y}{\partial x} - \frac{\partial A_x}{\partial y} \right) \quad ②$$

本書ではストークスの定理の導出には立ち入らないが，詳細に興味ある読者はベクトル解析の著書（例えば阿部龍蔵著「ベクトル解析入門」サイエンス社 (2002)）を参照せよ．

空間の各点でベクトルが決まるときこの空間を**ベクトル場**という．重力場，電磁場などはベクトル場である．

例題 1 一様な物質中で $\rho = \boldsymbol{j} = 0$ の場合，$\boldsymbol{E}$，$\boldsymbol{H}$ に対するマクスウェルの方程式はどのように書けるか．

解 $\boldsymbol{D}=\varepsilon\boldsymbol{E}, \boldsymbol{B}=\mu\boldsymbol{H}$ で ε，μ は一定であるから (14.7) より

$$\mathrm{div}\,\boldsymbol{E} = 0, \quad \mathrm{div}\,\boldsymbol{H} = 0 \quad ③$$

となる．また，(14.8) から次の関係が導かれる．

$$\mathrm{rot}\,\boldsymbol{E} + \mu \frac{\partial \boldsymbol{H}}{\partial t} = 0, \quad \mathrm{rot}\,\boldsymbol{H} - \varepsilon \frac{\partial \boldsymbol{E}}{\partial t} = 0 \quad ④$$

例題 2 任意のベクトル $\boldsymbol{A}$ に対する次の公式を導け．

$$\mathrm{rot}\,(\mathrm{rot}\,\boldsymbol{A}) = \nabla(\mathrm{div}\,\boldsymbol{A}) - \Delta\boldsymbol{A} \quad ⑤$$

ただし，Δ は次式で定義される**ラプラシアン**である．

$$\Delta = \frac{\partial^2}{\partial x^2} + \frac{\partial^2}{\partial y^2} + \frac{\partial^2}{\partial z^2} \quad ⑥$$

解 ⑤左辺の x 成分は

$$\Big[\mathrm{rot}(\mathrm{rot}\,\boldsymbol{A})\Big]_x = \frac{\partial}{\partial y}\left(\frac{\partial A_y}{\partial x} - \frac{\partial A_x}{\partial y}\right) - \frac{\partial}{\partial z}\left(\frac{\partial A_x}{\partial z} - \frac{\partial A_z}{\partial x}\right)$$

$$= \frac{\partial}{\partial x}\frac{\partial A_y}{\partial y} + \frac{\partial}{\partial x}\frac{\partial A_z}{\partial z} - \frac{\partial^2 A_x}{\partial y^2} - \frac{\partial^2 A_x}{\partial z^2}$$

$$= \frac{\partial}{\partial x}\left(\frac{\partial A_x}{\partial x} + \frac{\partial A_y}{\partial y} + \frac{\partial A_z}{\partial z}\right) - \left(\frac{\partial^2}{\partial x^2} + \frac{\partial^2}{\partial y^2} + \frac{\partial^2}{\partial z^2}\right) A_x$$

$$= \frac{\partial}{\partial x}\mathrm{div}\,\boldsymbol{A} - (\Delta\boldsymbol{A})_x$$

で⑤右辺の x 成分と同じである．y，z 成分も同様である．

14.2 電　磁　波

波動方程式　一様な物質中で $\rho = \boldsymbol{j} = 0$ だと③，④が成り立ち，これらの方程式から

$$\frac{\partial^2 \boldsymbol{E}}{\partial t^2} = c^2 \Delta \boldsymbol{E}, \quad \frac{\partial^2 \boldsymbol{H}}{\partial t^2} = c^2 \Delta \boldsymbol{H} \tag{14.9}$$

が導かれる（例題 3）．ただし，c は

$$c^2 = 1/\varepsilon\mu \tag{14.10}$$

c は**波の速さ**と呼ばれる．

で与えられる．(14.9) は c の速さで進む波を記述するので，これを**波動方程式**という．また，同式で表される波を**電磁波**という．

平面波　波動方程式の解を求めるため，複素数表示を導入し，(14.9) の左式で

(14.11) の実数部分あるいは虚数部分が物理的な意味をもつ．

$$\boldsymbol{E} = \boldsymbol{E}_0 e^{i(\omega t - \boldsymbol{k}\cdot\boldsymbol{r})} \tag{14.11}$$

と仮定する．(14.11) を (14.9) の左式に代入し

ベクトル $\boldsymbol{k}$ を**波数ベクトル**という．

$$\begin{aligned}\Delta e^{-i\boldsymbol{k}\cdot\boldsymbol{r}} &= \left(\frac{\partial^2}{\partial x^2} + \frac{\partial^2}{\partial y^2} + \frac{\partial^2}{\partial z^2}\right) e^{-i\boldsymbol{k}\cdot\boldsymbol{r}} \\ &= -(k_x^2 + k_y^2 + k_z^2) e^{-i\boldsymbol{k}\cdot\boldsymbol{r}} = -k^2 e^{-i\boldsymbol{k}\cdot\boldsymbol{r}}\end{aligned}$$

であることに注意すると，(14.9) の左式から

$$\omega = ck \tag{14.12}$$

となる．図 **14.1** のように $\boldsymbol{r}$ を通り $\boldsymbol{k}$ に垂直な平面をとり，原点 O からこの平面におろした垂線の足を点 P とする．O から P に向かうように z' 軸をとり，点 P の座標を z' とする．$\omega t - \boldsymbol{k}\cdot\boldsymbol{r} = \omega t - kz'$ と書け，$\omega t - kz' =$ 一定だと $\boldsymbol{E}$ も一定となる．これを時間で微分すると $dz'/dt = \omega/k = c$ となり，(14.11) は z' 軸方向に c の速さで伝わる波を表すことがわかる．また，図 **14.1** の平面上で $\boldsymbol{k}\cdot\boldsymbol{r}$ は一定なので (14.11) の波を**平面波**という．(14.11) から $\mathrm{div}\boldsymbol{E} = -i\boldsymbol{k}\cdot\boldsymbol{E}_0 e^{i(\omega t - i\boldsymbol{k}\cdot\boldsymbol{r})}$ と書けるが，$\mathrm{div}\ \boldsymbol{E} = 0$ から $\boldsymbol{k}\cdot\boldsymbol{E} = 0$ が得られ，$\boldsymbol{E}$ は波の進行方向と垂直となる．このような波を**横波**という．

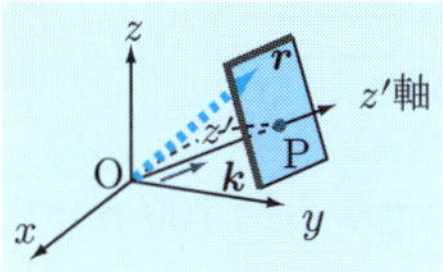

図 14.1　平面波

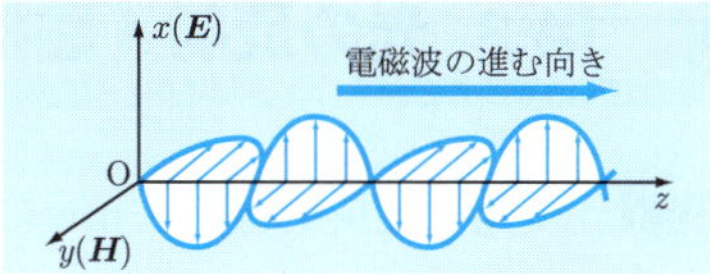

図 14.2　z 方向に進む電磁波

例題 3　③，④から (14.9) の波動方程式を導け．

解　④の左式から $\mathrm{rot}\,\boldsymbol{E} = -\mu\partial\boldsymbol{H}/\partial t$ と書けるが，この式の rot をとり例題 2 の結果を利用すると，$\mathrm{div}\boldsymbol{E} = 0$ に注意して $-\Delta\boldsymbol{E} = -\mu(\partial/\partial t)\,\mathrm{rot}\,\boldsymbol{H}$ が得られる．あるいは④の右式を代入すると $\varepsilon\mu\partial^2\boldsymbol{E}/\partial t^2 = \Delta\boldsymbol{E}$ で，(14.10) により (14.9) の左式が導かれる．

$\boldsymbol{H}$ に対する波動方程式も同じ方法で導出される．

例題 4　z 方向に伝わる電磁波を考え，電場は x 方向に生じているとする．このときの磁場はどのように表されるか．

解　(14.11) の虚数部分が物理的な意味をもつとし

$$E_x = E_0\sin(\omega t - kz), \quad E_y = E_z = 0 \qquad ⑦$$

とおく．複素数表示で $\boldsymbol{E} = \boldsymbol{E}_0 e^{i(\omega t - kz)}$，$\boldsymbol{E}_0 = (E_0, 0, 0)$ であるが

$$(\mathrm{rot}\,\boldsymbol{E})_x = \frac{\partial E_z}{\partial y} - \frac{\partial E_y}{\partial z} = 0$$

$$(\mathrm{rot}\,\boldsymbol{E})_y = \frac{\partial E_x}{\partial z} - \frac{\partial E_z}{\partial x} = -ikE_0 e^{i(\omega t - kz)}$$

$$(\mathrm{rot}\,\boldsymbol{E})_z = \frac{\partial E_y}{\partial x} - \frac{\partial E_x}{\partial y} = 0$$

となり，磁場は y 方向に生じることがわかる．$H_y = H_0 e^{i(\omega t - kz)}$ とすれば，$\partial H_y/\partial t = i\omega H_0 e^{i(\omega t - kz)}$ が得られ

$$H_0 = \frac{kE_0}{\mu\omega} = \frac{E_0}{c\mu} = c\varepsilon E_0 \qquad ⑧$$

となる．したがって，⑦に対応し，磁場は次のように書ける．

$$H_y = c\varepsilon E_0\sin(\omega t - kz), \quad H_x = H_z = 0 \qquad ⑨$$

$t = 0$ における電磁波の様子を図示すると図 14.2 のようになり，全体のパターンは矢印の向きに c の速さで進んでいく．

参考　**波の基本式**　波の山から山，あるいは谷から谷までの距離を**波長**といい，普通 λ と書く．波は単位時間に振動数 ν 回振動するので，波の速さは

$$c = \lambda\nu \qquad ⑩$$

と書ける．これを**波の基本式**という．

波は 1 回振動すると距離 $\boldsymbol{\lambda}$ だけ進む．単位時間中に $\boldsymbol{\nu}$ 回振動するのでその間に $\boldsymbol{\lambda\nu}$ だけ進む．

14.3 光の反射・屈折

光線　光は波長が約 400 nm の紫色から約 700 nm の赤色に至る一種の電磁波である（$1\,\mathrm{nm} = 10^{-9}\mathrm{m}$）．この波長は通常の物体よりはるかに小さいため，光が伝わるときその波動性は無視できる．光の進む線を**光線**，光線の進む様子を幾何学的に調べる立場を**幾何光学**という．

光の性質を波動として扱う学問を**波動光学**という．

反射・屈折の法則　物質 1 と物質 2 の境界面が平面で，AO という入射光線が当たると，一部分は OB のように反射され，残りは OC のように屈折して進む（図 **14.3**）．平面に対する法線を考えると，入射光線，反射光線，屈折光線，法線はすべて同一平面内にある．また，図のように**入射角** θ，**反射角** θ' を定義すると

$$\theta = \theta' \tag{14.13}$$

が成り立つ．これを**反射の法則**という．一方，図のような**屈折角** φ に対し

$$\frac{\sin\theta}{\sin\varphi} = n \tag{14.14}$$

となる．上式を**屈折の法則**，n を物質 1 に対する物質 2 の**屈折率**という．特に真空に対する屈折率を**絶対屈折率**という．物質 1，2 中の光速を c_1，c_2 とし，それらの絶対屈折率を n_1，n_2 とすれば n は次式のように書ける．

反射・屈折の法則は光に限らず一般の電磁波で成り立つ．n は電磁波の波長に依存するがこれを**分散**という．

$$n = \frac{c_1}{c_2} = \frac{n_2}{n_1} \tag{14.15}$$

光速と屈折率　(14.10) により誘電率 ε，透磁率 μ の物質中を伝わる光速 c は $c = 1/\sqrt{\varepsilon\mu}$ で与えられる．真空中の光速 c_0 は $c_0 = 1/\sqrt{\varepsilon_0\mu_0}$ と書けるが，(14.15) により絶対屈折率は $n = c_0/c$ と表されるので

(10.3) と (12.2) により，c_0 に対する表式が確かめられる（演習問題 3 参照）．

$$n = \sqrt{\frac{\varepsilon\mu}{\varepsilon_0\mu_0}} \tag{14.16}$$

となる．通常の物質では $\mu = \mu_0$ としてよいので，その絶対屈折率は $n = \sqrt{\varepsilon/\varepsilon_0}$ と書ける．

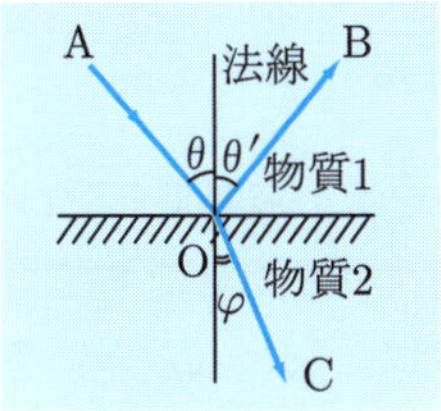

図 14.3　光の反射と屈折

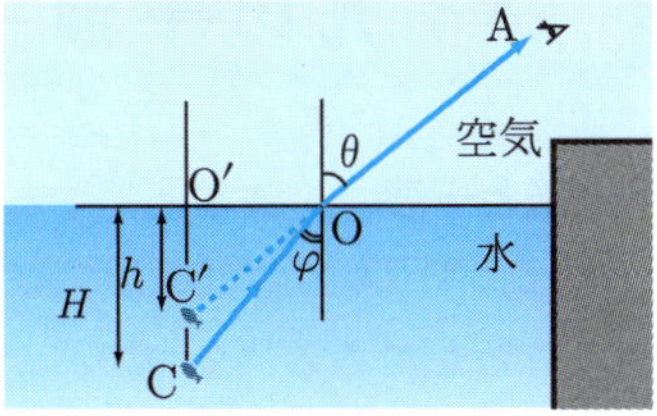

図 14.4　魚の見かけ上の深さ

例題 5　空気中から水中へ入射角 50° で光が入射するときの屈折角を求めよ (空気に対する水の屈折率は 1.33).

解　$\sin 50^\circ = 0.766$ であるから $\sin\varphi = 0.766/1.33 = 0.576$ となる．したがって，φ は $\varphi = 35.2^\circ$ と計算される．

例題 6　光の屈折のため，水中の魚を上から見ると少し浮き上がっているように感じる．光の逆進性を利用し，深さ H にある水中の魚を真上から見たとき，見かけ上の深さは $h = H/n$ であることを示せ．

光がある点 P から他の点 Q へ進むとき，逆の道筋を通って光が点 Q から点 P へ進めることを光の**逆進性**という.

解　図 14.4 のように深さ H のところにいる魚 C を考える．C から出た光は空気と水との境界面上の点 O を通って人の眼 A に達するとする．光の逆進性によって

$$\frac{\sin\theta}{\sin\varphi} = n \qquad ⑪$$

が成立する．空気中にいる人は OA に進む光を見るため，魚の位置は OA を延長し C′ のところにあるように感じる．このため，見かけ上，魚の深さが浅くなったように見える．魚を真上から見るときには，O を魚の真上の点 O′ に近づければよい．図からわかるように $h\tan\theta = \mathrm{OO'}$，$H\tan\theta = \mathrm{OO'}$ であるが，θ，φ が小さければ $\tan\theta \simeq \theta$，$\tan\varphi \simeq \varphi$ としてよい．こうして

この極限では θ も φ も 0 に近づき，$\sin\theta \simeq \theta$，$\sin\varphi \simeq \varphi$ という近似式が適用できる.

$$\frac{H}{h} = \frac{\tan\theta}{\tan\varphi} \simeq \frac{\theta}{\varphi} \simeq \frac{\sin\theta}{\sin\varphi} = n \qquad ⑫$$

となり，⑫から $h = H/n$ が得られる．例えば，1 m の深さの魚は見かけ上 75 cm の深さに見える．

補足　**幾何光学の応用**　光の反射や屈折は幾何光学で理解される．このような幾何光学の応用例は多種多様である．

鏡，眼鏡，カメラ，望遠鏡，顕微鏡，ビデオカメラなどは応用例である.

14.4 光の干渉

合成波と干渉 波が記述する物理量を**波動量**と呼ぼう．例えば，図 14.2 の電磁波では E_x が波動量であると考えることができる．2 つの波が同時に伝わるとき，それぞれの波動量を φ_1，φ_2 とすれば，全体の波動量 φ は $\varphi = \varphi_1 + \varphi_2$ と表される．これを**重ね合わせの原理**，φ を**合成波**という．2 つの波を合成したとき，山と山が重なると φ は大きくなるし，山と谷が重なると φ は小さくなる．このように，2 つの波が重なって強めあったり，弱めあったりする現象を**干渉**という．

干渉は波が示す大きな特徴の 1 つである．

ヤングの実験 光の本性に関し，古くから光は波であるという波動説と光は粒子であるという粒子説が対立していた．1807 年，イギリスの物理学者ヤングは光の干渉実験を行い，光が波であることを実証した．図 14.5 にヤングの実験の概略を示す．光源 L から出た光はスリット S を通り，2 つの接近した平行なスリット S_1，S_2 で 2 つに分けられる．すべてのスリットは紙面の垂直な方向で十分長く，またスリット自身は十分狭いとする．$S_1S_2 = d$ とおき，SC は S_1S_2 の垂直二等分線とし，スクリーン AB 上の点 P で光を観測したとする．また，図のように，S_1 あるいは S_2 とスクリーンとの間の距離を D とおく．さらに，$SS_1 = SS_2$ とし，光は S_1，S_2 で同じ状態であるとする．

SC に関する上下の対称性により S_1 と S_2 は等価となる．

ここで $D \gg d$ とすれば，S_1P と S_2P とはほぼ平行であるとみなせる．波動量として図 14.2 の E_x を想定し，点 P での合成波の様子を考える．図 14.5 のように $S_2P - S_1P = \lambda$ だと波が強めあい明線が観測される．一般に，上の関係の右辺は λ の整数倍でよいのでスクリーン上に明暗のしま模様が観測される（例題 7）．このようなしまを**干渉じま**という．

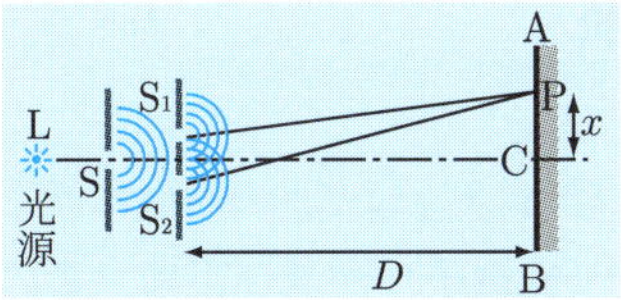

図 14.5 ヤングの実験

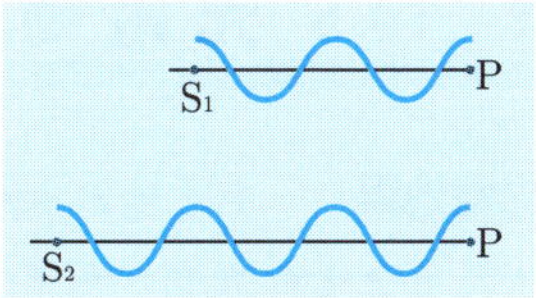

図 14.6 波が強めあう条件

例題 7 ヤングの実験でスクリーン上で明線あるいは暗線が観測される条件を導け.

解 図 14.5 のように, P を表すのに座標 x を用いると, $D \gg d$, $D \gg x$ を仮定しているので

$$
\begin{aligned}
\mathrm{S_1P} &= \left[D^2 + \left(x - \frac{d}{2}\right)^2\right]^{1/2} = D\left[1 + \frac{(x - d/2)^2}{D^2}\right]^{1/2} \\
&\simeq D\left[1 + \frac{(x - d/2)^2}{2D^2}\right] = D\left[1 + \frac{x^2 - xd + d^2/4}{2D^2}\right]
\end{aligned}
$$

となる. $\mathrm{S_2P}$ を求めるには上式で $d \to -d$ とおけばよい. すなわち $\mathrm{S_2P}$ は

$$
\mathrm{S_2P} \simeq D\left[1 + \frac{x^2 + xd + d^2/4}{2D^2}\right]
$$

と表される. こうして

$$
\mathrm{S_2P} - \mathrm{S_1P} \simeq \frac{d}{D}x \qquad ⑬
$$

が得られる. 前述のように⑬が $0, \pm\lambda, \pm 2\lambda, \cdots$ なら合成波は明るくなる. 逆にこれが $\pm\lambda/2, \pm 3\lambda/2, \pm 5\lambda/2, \cdots$ だと山と谷が重なり合成波は暗くなる. こうして以下の条件が得られる.

$$
x = \frac{nD}{d}\lambda \qquad (n = 0, \pm 1, \pm 2, \cdots) \quad \cdots \text{明線} \qquad ⑭
$$

$$
x = \frac{(2n+1)D}{2d}\lambda \qquad (n = 0, \pm 1, \pm 2, \cdots) \quad \cdots \text{暗線} \qquad ⑮
$$

参考 **波長の測定** 干渉じまでの明線間の間隔 $\varDelta x$ は, ⑭で n が 1 だけ変わるとし, $\varDelta x = D\lambda/d$ と書ける. これから逆に

$$
\lambda = \frac{d}{D}\varDelta x \qquad ⑯
$$

となり, $\varDelta x$ を測定すれば波長 λ が求まる.

14.5 光電効果

光電効果　ある種の金属（Na, Cs など）の表面に光を当てるとその表面から電子（**光電子**）が飛び出す．この現象を**光電効果**という．光電効果が発見されたのは19世紀の終わり頃であるが，実用的にはカメラの露出装置や太陽電池に応用されている．光の波動説では光源を中心にエネルギーが四方八方に広がっていくと考えるが，このような古典物理学の立場では光電効果の説明は不可能であった．例えば，北極星からの光が光電効果を起こす時間を波動説で計算すると10年以上になってしまうが，実際には瞬間的に光電効果が起こるのである．

ニュートンの力学とマクスウェルの電磁気学に基づく物理学を**古典物理学**という．

光の波動説については演習問題7を参照せよ．

プランクの量子仮説　ある温度の物体が放出する電磁波の全エネルギーを古典物理学で求めると ∞ になり，不合理である．この矛盾を解決するため1900年，プランクは物体が振動数 ν の光を吸収・放出するとき，やりとりされるエネルギーは常に $h\nu$ の整数倍であるという**量子仮説**を導入した．ここで，h は次の**プランク定数**である．

プランク定数はミクロの世界を支配する重要な物理定数である．

$$h = 6.626 \times 10^{-34}\ \mathrm{J \cdot s} \tag{14.17}$$

光子説　プランクの量子仮説を一般化し，アインシュタインは次のような**光子**（**光量子**）**説**を導入した．すなわち，光は**光子**という一種の粒子の集まりで，1個の光子のもつエネルギーは，その光の振動数を ν としたとき

$$h\nu \tag{14.18}$$

と表される．光電効果の特徴は

① 金属にはそれに特有な固有振動数 ν_0 があり，$\nu < \nu_0$ だとどんなに強い光を当てても光電効果は起こらない．$\nu > \nu_0$ だと，光を当てた瞬間に電子が飛び出す．

$\nu > \nu_0$ の場合，どんなに弱い光でも光電効果が起こる．

② $\nu > \nu_0$ の場合，光電子のエネルギー E は

$$E = h\nu - h\nu_0 \tag{14.19}$$

と書ける．光子説で上の特徴が理解できる（例題8）．

補足 **仕事関数** (14.19) で

$$W = h\nu_0 \quad ⑰$$

とおくと，W は物質固有の定数となる．これを**仕事関数**という．仕事関数は通常，**電子ボルト** (eV) の単位で表される．1 eV は電子が電位差 1 V で加速されるとき得るエネルギーで，次の関係が成り立つ．

$$1 \text{ eV} = 1.602 \times 10^{-19} \text{ J} \quad ⑱$$

例題 8 光子説に基づき光電効果の特徴を説明せよ．

解 $h\nu$ のエネルギーをもつ 1 個の光子が金属中の電子と衝突し，そのエネルギーを全部一度に電子に与えるとする．図 14.7 に示すように，電子が金属内部から外部へ出るのに必要なエネルギーを W とすれば，エネルギー保存則により $E + W = h\nu$ で

$$E = h\nu - W \quad ⑲$$

が得られる．光電子の質量を m，その速さを v とすれば，E は電子の運動エネルギーと考えられるので次式が成り立つ．

$$(1/2)mv^2 = h\nu - W \quad ⑳$$

これを**アインシュタインの光電方程式**という．もし，$h\nu$ が W より小さいと電子は金属内部から外へ出られず光電効果は起こらない．こうして光子説から光電効果が理解できる．

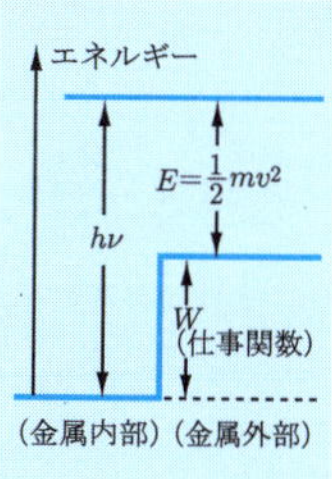

図 14.7 光子説と光電効果

技術の進歩により最近では弱い光の場合，1 つ 1 つの光子が観測されている．

例題 9 Cs の仕事関数は 1.38 eV である．Cs に 600 nm の光を当てたとき飛び出す光電子のエネルギー E，速さ v を求めよ．ただし，電子の質量 m は次式で与えられる．

$$m = 9.11 \times 10^{-31} \text{ kg} \quad ㉑$$

解 光の振動数は $\nu = (3 \times 10^8/600 \times 10^{-9})$ Hz $= 5 \times 10^{14}$ Hz で E は $E = 6.63 \times 10^{-34} \times 5 \times 10^{14}$ J $- 1.38 \times 1.60 \times 10^{-19}$ J $= 1.11 \times 10^{-19}$ J となる．これを eV で表すと $E = 0.694$ eV である．また，光電子の速さ v は $v = (2E/m)^{1/2} = 4.94 \times 10^5$ m/s と計算される．

参考 **波と粒子の二重性** 光は波と同時に粒子の性質を示す．これを**波と粒子の二重性**という．このような二重性は古典物理学では理解不能で量子力学によって理解できる．

量子力学の概要については第 16 章で触れる．

演　習　問　題
第 14 章

1　磁束密度 $\boldsymbol{B}$ が

$$\boldsymbol{B} = (b_x x,\ b_y y,\ b_z z) \qquad (b_x, b_y, b_z\text{: 定数})$$

と表されるとき，b_x, b_y, b_z が満たすべき関係を導け．

2　電磁場中で任意の領域 V を考えたとき，微小時間 dt の間に表面 S を通り V に流れ込む電荷量は領域中の電荷量の増加量に等しい．以上を前提に次の設問に答えよ．

(a)　上の条件から電荷に対する連続の方程式

$$\frac{\partial \rho}{\partial t} + \mathrm{div}\ \boldsymbol{j} = 0$$

が得られることを示せ．

(b)　マクスウェルの方程式から連続の方程式を導出せよ．

3　真空中を伝わる電磁波の場合，ε_0，μ_0 の定義式から，$c^2 = 1/\varepsilon_0\mu_0$ の c は真空中の光速であることを示せ．

4　光を考えたとき，空気に対する水の屈折率は 1.33 である．空気中から水中へ入射角 60° で光が入射する場合の屈折角を求めよ．

5　波長 400 nm の紫色の光の振動数は何 Hz か．また，その角振動数を計算せよ．

6　ヤングの実験において，$d = 1$ mm，$D = 1$ m，$\lambda = 400$ nm とする．干渉じまの明線間の間隔はいくらか．

7　光の波動説では光電効果が説明できない例として，豆電球の出力を 1 W とし 600 nm の光が Cs 原子に当たるとする．波動説では，光は電球を中心とし，球面波として周囲の空間に広がるとする．電球から 1 m 離れたところに Cs 原子をおいたとして以下の問に答えよ．

(a)　電球を中心とする半径 1 m の球面上の面積 S m^2 の部分を 1 s 当たりに通過するエネルギーを求めよ．

(b)　Cs 原子の半径は 0.1 nm の程度とし，光電効果が起こる時間を概算せよ．

第15章

相対性理論

相対性理論は時間，空間に対する１つの革新的な見方を提供するが，その概略について述べる．

本章の内容

15.1 相対運動

慣性系では運動の第二法則が成立する.

並進座標系については5.5節で簡単に言及した.

並進座標系　図15.1のように，原点Oの座標系（O系）は慣性系とする．また原点をO′とし，それぞれx, y, z軸に平行なx', y', z'軸をもつような座標系（O′系）を導入し，O′系を**並進座標系**という．O系から見たO′の位置ベクトルを$\boldsymbol{r}_0 = (x_0, y_0, z_0)$とすれば，一般に$\boldsymbol{r}_0$は時間の関数として変わっていく．質量$m$の質点が点Pにあるとし，O系，O′系から見た点Pの位置ベクトルを$\boldsymbol{r}$，$\boldsymbol{r}'$とすれば

$$\boldsymbol{r} = \boldsymbol{r}' + \boldsymbol{r}_0 \tag{15.1}$$

となる．

慣性力　質点に働く力を$\boldsymbol{F}$とすれば，運動方程式は$m\ddot{\boldsymbol{r}} = \boldsymbol{F}$と書ける．O系に対し相対運動する系での運動方程式を導くため，$\ddot{\boldsymbol{r}} = \ddot{\boldsymbol{r}}' + \ddot{\boldsymbol{r}}_0$を利用すると

$$m\ddot{\boldsymbol{r}}' = \boldsymbol{F} - m\ddot{\boldsymbol{r}}_0 \tag{15.2}$$

が得られる．すなわちO′系における運動方程式では，本来の力の他に見かけ上の力$-m\ddot{\boldsymbol{r}}_0$が働くと考えればよい．この見かけ上の力を**慣性力**という．

$t=0$でO系とO′系は一致するものとする.

ガリレイ変換　O′系がx方向に等速度vで運動する場合には$\boldsymbol{r}_0 = (vt, 0, 0)$であるから

$$x = x' + vt, \quad y = y', \quad z = z' \tag{15.3}$$

となる．上式を**ガリレイ変換**という．これを時間で微分すると

$$v_x = v_{x'} + v, \quad v_y = v_{y'}, \quad v_z = v_{z'} \tag{15.4}$$

が得られる．一方，

$$\ddot{\boldsymbol{r}}_0 = 0$$

であるから慣性力は0である．一般に，慣性系に対し等速度で並進運動するような座標系も慣性系でこれを**ガリレイの相対性**という．

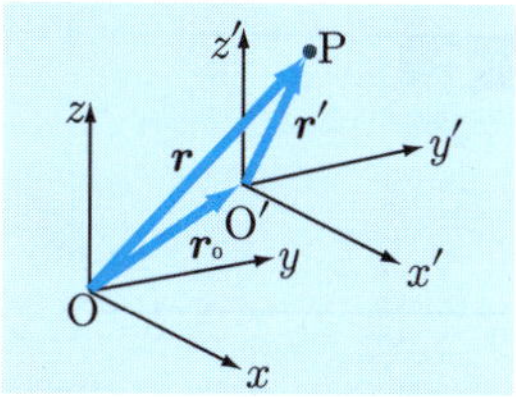

図 **15.1**　並進座標系

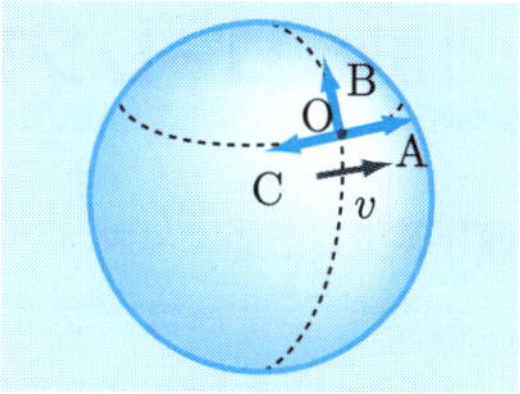

図 **15.2**　地球上の光波

例題 1　x 方向に等速度 v で運動する座標系にいる人が，原点 O から発した音波を観測したとする．この人が感じる音速はどのように表されるか．

解　(15.4) で v_x = 音速 = s とすれば，x 方向で人の感じる音速は $s-v$ と表される．一方，y，z 方向で感じる音速は s である．

補足　**ドップラー効果**　発音体が近づいてくるとき振動数は大きくなって高い音が聞こえ，逆に発音体が遠ざかっていくとき振動数は小さくなって低い音が聞こえる．これは**ドップラー効果**と呼ばれ，日常的によく観測される現象である．

例題 2　地球は太陽の周りを回っているが，公転速度 v は何 m/s か．太陽・地球間の距離を 1.5×10^{11}m，1 年 = 365 日として計算せよ．また光速を c として v/c を求めよ．

太陽と地球との間の距離を**天文単位**という．

解　v は $v=\dfrac{2\pi\times1.5\times10^{11}}{365\times24\times60\times60}\ \dfrac{\mathrm{m}}{\mathrm{s}}=2.99\times10^{4}\ \dfrac{\mathrm{m}}{\mathrm{s}}$ と計算される．また，$c=3.00\times10^{8}$ m/s であるから v/c は次のようになる．

$$v/c=1.0\times10^{-4} \qquad ①$$

①のように v/c は 10^{-4} という微小量であるが，光学では精密測定ができるので，この程度の差は検出可能である．

参考　**マイケルソン・モーリーの実験**　音波が伝わるのは空気が媒質となり，空気の振動が伝わるためである．これと同様，かつて光波を伝える媒質としてエーテルというものが存在し，これと相対運動する場合，光速が変わると信じられていた．また，エーテルは宇宙空間に静止しているとした．このような考えに立つと，地球の 1 点 O で光波を観測したとき（図 **15.2**），OA の方向では光速が $c-v$，OB では c，OC では $c+v$ になる．ところが，マイケルソン・モーリーの実験ではそのような差は検出されずエーテルの存在が否定された．

光は真空中でも伝わるが，現在では真空自身の性質として光が伝わるものと考えられている．

15.2 ローレンツ変換

光速不変の原理　マイケルソン・モーリーの実験の結果，真空中の光速はどの慣性系でも一定であることがわかった．これを**光速の不変性**，またこの原理を**光速不変の原理**という．(15.3) は同原理を満たさないのでこれを書き換える必要がある．そのためアインシュタンは時間 t は共通でなく，各慣性系はそれ自体の特有な時間をもつと考えた．以下，O 系，O′ 系での時間を t，t' とする．

アインシュタインの相対性理論ではすべての慣性系は互いに同等であり，物理法則はどんな慣性系でも同じ形をもつとする．これを**相対性原理**という．

ローレンツ不変性　(15.3) で $t = 0$ において O 系と O′ 系とは一致するとした．この瞬間に原点から光が出たとし，以後の波面を O 系，O′ 系で観測するとしよう．O 系で光は球面的に広がっていくので波面は

$$x^2 + y^2 + z^2 - c^2t^2 = 0 \tag{15.5}$$

で記述される．相対性原理により同じ波面を O′ 系で観測すると，この波面は (15.5) の変数にすべて ′ を付けた $x'^2 + y'^2 + z'^2 - c^2t'^2 = 0$ の方程式で表される．これを一般化し

$$x^2 + y^2 + z^2 - c^2t^2 \tag{15.6}$$

という量は O 系でも O′ 系でも同じ値をもつと仮定する．これを**ローレンツ不変性**という．

ローレンツ変換　ローレンツ不変性を満たすような変数 x, y, z, t から x', y', z', t' への変換を一般に**ローレンツ変換**という．x 方向に O 系が v の速度で運動するときには，y，z 方向は O 系でも O′ 系でも同等であるから (15.3) と同様 $y = y'$，$z = z'$ が成り立つ．また，x，t に対するローレンツ変換は次のようになる（例題 3）．

β は相対性理論でよく使われる記号である．

$$x' = \frac{x - vt}{\sqrt{1-\beta^2}}, \quad t' = \frac{1}{\sqrt{1-\beta^2}}\left(t - \frac{vx}{c^2}\right) \tag{15.7}$$

ただし，β は次式で定義される．

$$\beta = \frac{v}{c} \tag{15.8}$$

例題 3　(15.7) を導く際，ローレンツ不変性は

$$x'^2 - c^2t'^2 = x^2 - c^2t^2 \quad ②$$

と書ける．ch θ，sh θ を双曲線関数としたとき

$$\begin{bmatrix} x' \\ c\,t' \end{bmatrix} = \begin{bmatrix} \mathrm{ch}\,\theta & -\mathrm{sh}\,\theta \\ -\mathrm{sh}\,\theta & \mathrm{ch}\,\theta \end{bmatrix} \begin{bmatrix} x \\ c\,t \end{bmatrix} \quad ③$$

の変換はローレンツ不変性を満たすことを示し，この性質を利用して (15.7) を導け．

解　ch θ，sh θ は

$$\mathrm{ch}\,\theta = \frac{e^\theta + e^{-\theta}}{2}, \quad \mathrm{sh}\,\theta = \frac{e^\theta - e^{-\theta}}{2} \quad ④$$

で定義されるが，これから

$$\mathrm{ch}^2\theta - \mathrm{sh}^2\theta = 1 \quad ⑤$$

が示される（演習問題 2 参照）．③は

$$x' = x\,\mathrm{ch}\,\theta - ct\,\mathrm{sh}\,\theta, \quad ct' = -x\,\mathrm{sh}\,\theta + ct\,\mathrm{ch}\,\theta \quad ⑥$$

と書けるが，⑤を利用するとローレンツ不変性が満たされていることがわかる．ここで θ を決めるため，いまの問題で O$'$ 系の原点 O$'$ を O 系で見るとその座標は（$vt, 0, 0$）と書けることに注意する．この点を O$'$ 系で見ると (0,0,0) であるから，⑥の左式により次の関係が得られる．

$$0 = vt\,\mathrm{ch}\,\theta - ct\,\mathrm{sh}\,\theta \qquad \therefore \quad \mathrm{th}\,\theta = \frac{\mathrm{sh}\,\theta}{\mathrm{ch}\,\theta} = \frac{v}{c} = \beta \quad ⑦$$

⑤から

$$1 - \mathrm{th}^2\,\theta = \frac{1}{\mathrm{ch}^2\,\theta} \quad ⑧$$

となり，これを利用すると

$$\mathrm{ch}\,\theta = 1/\sqrt{1-\beta^2}, \quad \mathrm{sh}\,\theta = \beta/\sqrt{1-\beta^2} \quad ⑨$$

と表される．⑨を⑥に代入すれば (15.7) が導かれる．

ch，sh，th は三角関数の cos，sin，tan に対応し⑤は $\cos^2\theta + \sin^2\theta = 1$ の公式に対応する．

参考　**逆変換**　③の逆変換は

$$\begin{bmatrix} x \\ c\,t \end{bmatrix} = \begin{bmatrix} \mathrm{ch}\,\theta & \mathrm{sh}\,\theta \\ \mathrm{sh}\,\theta & \mathrm{ch}\,\theta \end{bmatrix} \begin{bmatrix} x' \\ c\,t' \end{bmatrix} \quad ⑩$$

で与えられる．⑨を利用すると次式が得られる．

$$x = \frac{x' + vt'}{\sqrt{1-\beta^2}}, \quad t = \frac{1}{\sqrt{1-\beta^2}}\left(t' + \frac{vx'}{c^2}\right) \quad ⑪$$

(15.7) も⑪も $c \to \infty$（$\beta \to 0$）の極限でガリレイ変換に帰着する．

⑩，⑪の導出については演習問題 3 を参照せよ．

15.3 ローレンツ変換の性質

ローレンツ変換を適用すると，ニュートン力学では想像できないような奇妙な現象が起こる．そのような例をいくつか考察する．

ローレンツ収縮　O′ 系の x' 軸に沿って長さ l' の物体があるとし，図 15.3 のように O′ 系から見たこの物体の x' 座標を x'_1，x'_2 とする．O 系でこれらの座標を時刻 t で測定し x_1，x_2 を得たとすれば，(15.7) の左式から

$$x'_2 = \frac{x_2 - vt}{\sqrt{1-\beta^2}}, \quad x'_1 = \frac{x_1 - vt}{\sqrt{1-\beta^2}}$$

となる．O 系，O′ 系で見た物体の長さ l，l' はそれぞれ $l = x_2 - x_1$，$l' = x'_2 - x'_1$ であるから，上式より

通常の物体の運動の場合，β はほとんど 0 であるからローレンツ収縮が観測されることはない．

$$l = \sqrt{1-\beta^2}\, l' \qquad (15.9)$$

が導かれる．すなわち，動いている物体は運動方向に $\sqrt{1-\beta^2}$ 倍に縮んで見える．この現象は**ローレンツ収縮**と呼ばれる．

時間の遅れ　O′ 系の一定の座標 x' で t'_1 から t'_2 まで継続した現象があるとする．この現象を O 系で観測したとき t_1 から t_2 まで継続したとすれば⑪の右式から

$$t_2 - t_1 = (t'_2 - t'_1)/\sqrt{1-\beta^2} \qquad (15.10)$$

となる．上式右辺の分母は 1 より小さいから，O 系での観測者は O′ 系での観測者より時間間隔が長く見える．逆にいうと，O′ 系の時計は O 系に比べ遅れているように見える．これを**時間の遅れ**という．高速で運動する素粒子の実験でこの現象が理解される（右ページの参考）．

O′ 系で 1s の現象を O 系で観測したとき 2 s かかるとすれば O′ 系の時計は O 系に比べ 2 倍だけゆっくり動くことになる．

速度の合成　O′ 系の x' 軸上を速度 u' で運動する物体の速度を O 系で観測すると，その x 成分 u は（図 15.4）

$$u = \frac{v + u'}{1 + (vu'/c^2)} \qquad (15.11)$$

と表される（例題 4）．v，$u' \ll c$ だと $u = v + u'$ というニュートン力学の結果が得られる．

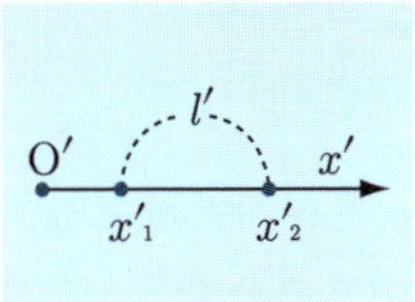

図 15.3 x' 軸上の 2 点

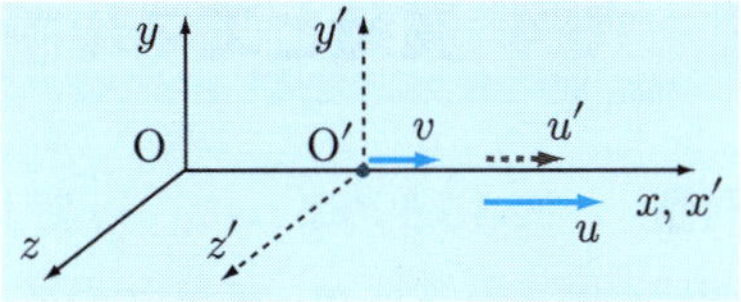

図 15.4 速度の合成

参考 **μ 粒子の寿命** 素粒子の一種である μ 粒子は宇宙線により地表約 60 km のところで作られ，0.999 c という猛スピードで地表に達する．地表で見た場合，その所要時間 t は

$$t = \frac{60 \times 10^3}{3 \times 10^8 \times 0.999}\ \mathrm{s} = 2 \times 10^{-4}\ \mathrm{s} \qquad ⑫$$

と計算される．一方，μ 粒子には寿命があり，加速器を使った実験でその寿命は $\tau' = 2.2 \times 10^{-6}$ s と測定されている．⑫は τ' のほぼ 100 倍で通常の常識ではなぜこんなに寿命が延びるのか理解できない．しかし，前述の時間の遅れを利用すると，地上で観測したときの寿命 τ は $\tau = \tau'/\sqrt{1-0.999^2} = 22\tau'$ となり，見かけ上の寿命が大幅に延びる事情がわかる．

μ 粒子は以前 μ 中間子と呼ばれていた．

t と τ には 5 倍程度の違いがあるが，この程度の食い違いはしばしば起こることである．

例題 4 (15.11) の関係を導け．

解 ⑪の左式を t で微分すると

$$\frac{dx}{dt} = \frac{1}{\sqrt{1-\beta^2}}\left(\frac{dx'}{dt'} + v\right)\frac{dt'}{dt} \qquad ⑬$$

となる．同様に⑪の右式を t で微分すると

$$1 = \frac{1}{\sqrt{1-\beta^2}}\left(1 + \frac{v}{c^2}\frac{dx'}{dt'}\right)\frac{dt'}{dt} \qquad ⑭$$

が得られる．$u = dx/dt$，$u' = dx'/dt'$ に注意し⑬，⑭を利用すれば (15.11) が示される．

例題 5 O 系，O′ 系における質点の速度の y 成分を v_y，$v_{y'}$ としたとき両者の関係を求めよ．

解 O′ 系が O 系の x 軸方向に運動する場合，$y = y'$ で微小変化では $\Delta y = \Delta y'$ である．一方 (15.10) から $\Delta t = \Delta t'/\sqrt{1-\beta^2}$ が成り立つ．したがって，次の関係が得られる．

$$v_y = \frac{\Delta y}{\Delta t} = \frac{\Delta y'}{\Delta t'/\sqrt{1-\beta^2}} = \sqrt{1-\beta^2}\ v_{y'} \qquad ⑮$$

15.4 質量とエネルギー

質量 図 15.5 のように，xy 面上 $y < 0$ の領域で y 方向に運動する質量 m, 速度 u の質点があるとする．質点は $y = 0$ で x 方向の外力を受け，$y > 0$ の領域に入ったとき，外力を受けずに O′ 系とともに運動したとする．y 方向に関しては O 系，O′ 系の区別はないから，質点の速度の y 成分は O′ 系でも u となる．ところが，例題 5 で学んだように，O 系で見るとこの成分は $\sqrt{1-\beta^2}\,u$ のように観測される．一方，y 方向の外力はないとしているので運動量の y 成分は O 系で見たとき保存されるはずである．$y < 0$ の領域でこの成分は mu であるから，$y > 0$ で質量が $1/\sqrt{1-\beta^2}$ 倍になったように見える．

上の結果を一般化し，相対論では，静止しているときの質量 (**静止質量**) が m の質点は，速度 $\boldsymbol{v} = (v_x, v_y, v_z)$ で運動しているとき，その質量が見かけ上

$$\frac{m}{\sqrt{1-\beta^2}}, \quad \beta^2 = \frac{v^2}{c^2} = \frac{v_x^2 + v_y^2 + v_z^2}{c^2} \quad (15.12)$$

となったように振る舞う．

運動量と運動方程式 (15.12) を考慮し質点の運動量を

$$\boldsymbol{p} = \frac{m}{\sqrt{1-\beta^2}} \boldsymbol{v} \quad (15.13)$$

と定義する．また，質点に $\boldsymbol{F}$ の力が働くとき

$$d\boldsymbol{p}/dt = \boldsymbol{F} \quad (15.14)$$

の運動方程式が成り立つとする．

エネルギー (15.14) を利用すると質点のエネルギーは

$$E = \frac{mc^2}{\sqrt{1-\beta^2}} \quad (15.15)$$

となる (例題 6)．静止している質点 ($v = 0$) でも

$$E_0 = mc^2 \quad (15.16)$$

のエネルギーをもつ．これを **静止エネルギー** という．

相対性理論によると質量とエネルギーは等価となる．これはニュートン力学と違う視点を与える．

運動する質点の質量が実際に変化するわけではない．質量自体は m である．

ニュートンの運動方程式は $dp/dt = F$ と書け，(15.14) はこれを踏襲したものである．

参考 **$\boldsymbol{E}$ と $\boldsymbol{p}$ の関係**　(15.13) から $p^2 = m^2v^2/(1-\beta^2)$ となるが，これを c^2 で割り $\beta^2 = v^2/c^2$ に注意すると $p^2/c^2 = m^2\beta^2/(1-\beta^2)$ が得られる．これから β^2 を解き整理すると

$$\frac{1}{\sqrt{1-\beta^2}} = \frac{\sqrt{p^2+m^2c^2}}{mc} \qquad ⑯$$

となる．⑯を利用すると (15.15) は次のように表される．

$$E = c\sqrt{p^2+m^2c^2} \qquad ⑰$$

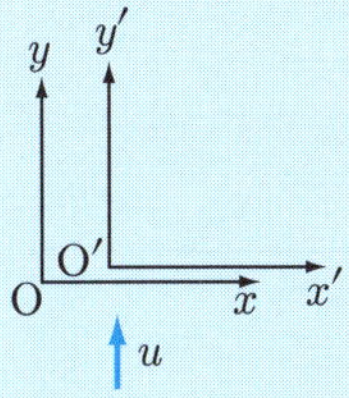

図 **15.5**　$\boldsymbol{y}$ 方向に運動する質点

例題 6　質点に働く力のする仕事はエネルギーの増加分に等しいから，状態 1，2 に対し

$$\int_1^2 \boldsymbol{F}\cdot d\boldsymbol{r} = E_2 - E_1 \qquad ⑱$$

が成り立つ．⑰と運動方程式を利用して実際⑱が満たされていることを示せ．

解　⑰を t で微分し⑯を適用すると

$$\frac{dE}{dt} = \frac{c}{\sqrt{p^2+m^2c^2}}\,\boldsymbol{p}\cdot\frac{d\boldsymbol{p}}{dt} = \frac{\sqrt{1-\beta^2}}{m}\,\boldsymbol{p}\cdot\frac{d\boldsymbol{p}}{dt}$$

となる．これに (15.13) を代入し運動方程式を利用すると

$$\frac{dE}{dt} = \boldsymbol{v}\cdot\frac{d\boldsymbol{p}}{dt} = \boldsymbol{v}\cdot\boldsymbol{F}$$

が得られる．$\boldsymbol{v} = d\boldsymbol{r}/dt$ に注意し，上式を t_1 から t_2 まで積分すれば⑱が導かれる．

例題 7　$v \ll c$ だと相対論的なエネルギーはどうなるか．

解　$E = mc^2(1-\beta^2)^{-1/2} = mc^2(1+\beta^2/2+\cdots)$ となり $E = E_0 + mv^2/2 + \cdots$ が得られる．第 1 項は静止エネルギー，第 2 項はニュートン力学での運動エネルギーを表す．

$\boldsymbol{x}$ が十分小さいとき $(\boldsymbol{1+x})^{\boldsymbol{\alpha}} \simeq \boldsymbol{1+\alpha x}$ である．

例題 8　$c^2p^2 - E^2$ はローレンツ不変性を満たすことを示せ．

解　⑰から $c^2p^2 - E^2 = -m^2c^4$ となる．質点が静止している座標系では $p=0$，$E = mc^2$ で，このとき左辺の量はちょうど右辺の $-m^2c^4$ に等しい．静止座標系を O 系，質点とともに運動する座標系を O′ 系とみなせば，$c^2p^2 - E^2$ は O 系，O′ 系で同じとなり，ローレンツ不変性を満たすことがわかる．

15.5 相対性理論の応用

電子の静止エネルギー　相対性理論によると質量とエネルギーは等価である．このようなエネルギーを扱う場合，**メガ電子ボルト**（MeV），すなわち

$$1\ \text{MeV} = 10^6\ \text{eV} = 1.602 \times 10^{-13}\ \text{J} \qquad (15.17)$$

という単位が適正である．例えば，電子の静止エネルギーはほぼ 0.5 MeV となる（例題 9）．

電子 2 個で約 1 MeV とは覚えやすい関係であろう．

原子核の結合エネルギー　原子核は陽子と中性子から構成される．これらをまとめて**核子**といい，核子の総数を**質量数**（A），陽子の数を**原子番号**（Z）という．中性子の数 N は次のように書ける．

A, Z で決まる原子核を $^{A}_{Z}\mathbf{X}$ という記号で表す．

$$N = A - Z \qquad (15.18)$$

陽子, 中性子の質量を M_p, M_n とすれば，核子の質量の和は $ZM_\mathrm{p} + NM_\mathrm{n}$ と書ける．これらの核子が原子核を作る場合，その質量 M は上の和より小さくなるが，その差

$$\Delta m = ZM_\mathrm{p} + NM_\mathrm{n} - M \qquad (15.19)$$

を**質量欠損**という．この質量に相当するエネルギー E は

$$E = \Delta m \cdot c^2 \qquad (15.20)$$

で与えられ，これを**原子核の結合エネルギー**という．(15.20) は，原子核を陽子と中性子とにばらばらに分解するために必要なエネルギーを表す（図 **15.6**）．例えば $^{2}_{1}\mathrm{H}$，$^{4}_{2}\mathrm{He}$ の原子核の結合エネルギーはそれぞれ，2.2 MeV，28.4 MeV である．

対消滅と対生成　電気素量を e とすれば電子は $-e$ の電荷をもつ．それと逆符号の e の電荷をもち，質量は電子と同じ値をもつ素粒子（**陽電子**）が存在する．電子と陽電子が衝突すると，質量が消滅し γ 線（波長の短い電磁波）が生じる．これを**対消滅**という．逆に，γ 線が消滅して，電子と陽電子の対が作られる現象もあり，これを**対生成**という．

陽子や中性子でも反陽子や反中性子が存在する．

例題 9　電子の静止エネルギーを J，MeV の単位で求めよ．

解　第 14 章の㉑により電子の質量は $m = 9.11 \times 10^{-31}$kg と書けるので，E_0 は次のように計算される．

$$E_0 = 9.11 \times 10^{-31} \times (3 \times 10^8)^2 \text{ J} = 8.20 \times 10^{-14} \text{ J}$$

これを MeV に換算すると次のようになる．

$$E_0 = \frac{8.20 \times 10^{-14}}{1.602 \times 10^{-13}} \text{ MeV} = 0.512 \text{ MeV}$$

参考　**光子の運動量**　光子は光の進む方向に運動量をもつ．光子の質量は 0 と考えられるので，運動量の大きさを p とすれば⑰で $m = 0$ とおき $E = cp$ となる．光の振動数を ν とすれば $E = h\nu$ であるから p は

$$p = \frac{h\nu}{c} \qquad ⑲$$

と表される．

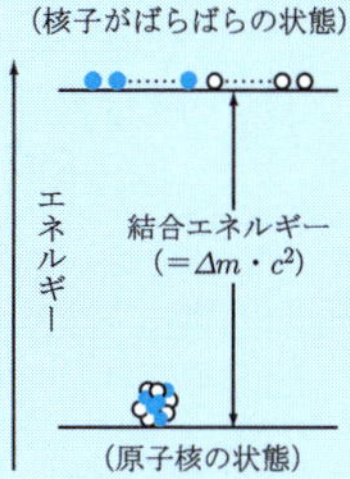

図 15.6　原子核の結合エネルギー

例題 10　電子と陽電子が対消滅するとき，2 個の光子が発生するとして，γ 線の波長を求めよ．

解　電子と陽電子の静止エネルギーが 2 個の γ 線のエネルギーに変わるので $2mc^2 = 2h\nu$ が成り立つ．γ 線の波長 λ は $\lambda = c/\nu$ と書け，これらの関係から λ は次のように求まる．

$$\lambda = \frac{h}{mc} = \frac{6.63 \times 10^{-34}}{9.11 \times 10^{-31} \times 3.00 \times 10^8} \text{ m} = 2.43 \times 10^{-12}\text{m}$$

静止している電子と陽電子が対消滅するときその全運動量は 0 である．1 個の光子が発生すると⑲により $p \neq 0$ なので 2 個の光子が生じる．

参考　**核分裂と核融合**　$^{235}_{92}\text{U}$ の原子核に中性子を当てると，原子核 1 個当たり約 200 MeV のエネルギーを生じ核分裂が起こる．この現象は原子爆弾や原子炉の原理となっている．逆に軽い原子核が 2 個結合して，より安定な原子核が作られるときにもエネルギーが放出される．このような現象を**核融合**という．例えば ^2_1H と ^3_1H が結合して ^4_2He の原子核に変換されるとき 17.6 MeV のエネルギーが放出される．太陽や恒星の放射するエネルギーの源はこのような核融合による．核分裂や核融合は質量とエネルギーの等価性で理解し得る現象で，その背後には基本原理として相対性理論がある．

演習問題
第15章

1　地球は太陽の周りを回っているが，それと同時に自転もしている．その自転速度を求め，マイケルソン・モーリーの実験で自転を無視してよい理由について考えよ．ただし，赤道上の点をとり，地球の円周を 4 万 km として，地球は 24 時間で自転するものとする．

2　④で定義された $\mathrm{ch}\,\theta$，$\mathrm{sh}\,\theta$ に対し

$$\mathrm{ch}^2\theta - \mathrm{sh}^2\theta = 1$$

の関係が成り立つことを確かめよ．

3　③に現われる 2 行 2 列の行列を A とおく．すなわち

$$A = \begin{bmatrix} \mathrm{ch}\,\theta & -\mathrm{sh}\,\theta \\ -\mathrm{sh}\,\theta & \mathrm{ch}\,\theta \end{bmatrix}$$

とする．A の逆行列 A^{-1} を求め，⑩，⑪の結果を確かめよ．

4　長さ 1 m の物体が $v = 0.9c$ の速さで運動しているとき，ローレンツ収縮のための見かけ上の長さを求めよ．

5　$0.8c$ で運動する系で起きた 1 s 間の現象を静止系で見たとき，何 s として観測されるか．

6　原子や原子核の質量を表すのによく原子質量単位（u）を用いる．これは ${}^{12}_{6}\mathrm{C}$ の中性原子の質量を 12 u と決めた単位で

$$1\ \mathrm{u} = 1.66054 \times 10^{-27}\ \mathrm{kg}$$

とされている．1 u は何 J，何 MeV に相当するか．

7　電子の質量は原子質量単位で表すと何 u か．また，結果を利用し電子の静止エネルギーを MeV の単位で求めよ．

8　${}^{235}_{92}\mathrm{U}$ の核分裂の一例として，次の核反応

$${}^{235}_{92}\mathrm{U} + {}^{1}_{0}\mathrm{n} \longrightarrow {}^{141}_{56}\mathrm{Ba} + {}^{92}_{36}\mathrm{Kr} + 3\,{}^{1}_{0}\mathrm{n}$$

を考える．ただし ${}^{1}_{0}\mathrm{n}$ は中性子を表す．1 個の ${}^{235}_{92}\mathrm{U}$ 原子核が上式により核分裂するとき，放出されるエネルギーは何 MeV か．ただし，各原子の質量は ${}^{235}_{92}\mathrm{U} = 235.0439$ u，${}^{141}_{56}\mathrm{Ba} = 140.9139$ u，${}^{92}_{36}\mathrm{Kr} = 91.8973$ u，${}^{1}_{0}\mathrm{n} = 1.0087$ u とする．

第16章

量子力学

波と粒子の二重性をどう理解するかを中心に量子力学の初等的事項について説明する.

本章の内容

16.1 ド・ブロイ波

ド・ブロイの関係　光子に対し

$$E = h\nu, \quad p = \frac{h\nu}{c}$$

の関係が成立する．あるいは波長 λ で表すと

$$c = \lambda\nu$$

であるから

$$p = \frac{h}{\lambda}$$

と書け

$$E = h\nu, \quad p = \frac{h}{\lambda} \tag{16.1}$$

となる．これを**アインシュタインの関係**という．

光は波と同時に粒子として振る舞うが，逆にフランスの物理学者ド・ブロイは電子のような粒子は波の性質をもつと考えた．一般に粒子に伴う波を**ド・ブロイ波**という．粒子から波へと変換する式は (16.1) を逆にし

(16.1) は波の言葉を粒子の言葉に翻訳する辞書，逆に (16.2) は粒子の言葉を波の言葉に翻訳する辞書としての機能をもつ．

$$\nu = \frac{E}{h}, \quad \lambda = \frac{h}{p} \tag{16.2}$$

とすればよい．上式を**ド・ブロイの関係**という．この関係は実験的に検証されているし（右ページの参考），量子力学の基礎ともいうべきものである．

電子顕微鏡　電子に伴うド・ブロイ波を**電子波**という．通常の電子波の波長はX線の程度で光の波長にくらべるとはるかに短い．顕微鏡で物体を見る場合，認識できる長さは波長程度であり，それより小さい物体は見ることができない．電子波を利用した顕微鏡を**電子顕微鏡**というが，この顕微鏡は光学顕微鏡に比べずっと高い倍率が実現可能である．例えばウイルスは光学顕微鏡では見えず，電子顕微鏡の実現により初めて観測することができた．現在では，固体物理学，生物学など広範な分野で電子顕微鏡が活躍している．

例題 1　静止している電子を電圧 V で加速した場合の電子波の波長を求めよ．

解　電圧 V で加速されたとき，電子のもつ速さを v とする．運動エネルギーの増加分は $mv^2/2$ でこれは電子になされた仕事 eV に等しい．すなわち，次の関係が成り立つ．

$$(1/2)mv^2 = eV \qquad ①$$

一方，そのときの電子の運動量の大きさは

$$p = mv \qquad ②$$

となる．①，②から p を求め，結果を (16.2) の右式に代入すると次式が得られる．

$$\lambda = \frac{h}{\sqrt{2meV}} \qquad ③$$

例題 2　電子を 65 V の加速電圧で加速したときの電子波の波長は何 Å か．ただし，$1\text{Å} = 10^{-10}$ m である．

解　③に $h = 6.63 \times 10^{-34}$ J·s, $m = 9.11 \times 10^{-31}$ kg, $e = 1.60 \times 10^{-19}$ C, $V = 65$ V を代入し λ は

$$\lambda = \frac{6.63 \times 10^{-34}}{\sqrt{2 \times 9.11 \times 10^{-31} \times 1.60 \times 10^{-19} \times 65}} \text{ m}$$
$$= 1.52 \times 10^{-10} \text{ m}$$

と計算され，$\lambda = 1.52$Å である．

物理量を表す単位として国際単位系を使えば，答は国際単位系での値として求まる．

参考　**デビッソンとガーマーの実験**　ド・ブロイが電子の波動性を提唱した後 1927 年にアメリカの物理学者デビッソンとガーマーは，電子線が X 線と同様な回折現象を示すことを発見した．彼らは例題 2 のように 65 V の電圧で加速された電子線を Ni の結晶にあて，その結果は例題 2 で計算した 1.52 Å の X 線をあてたのと同じであることを示した．さらにデビッソンは電子の運動量をいろいろ変え，電子の運動量と波長との間にド・ブロイの関係が成り立つことを確かめた．このようにして，電子の波動性は疑いないものとみなされるようになった．

補足　**電子に対する干渉じま**　光の波動性を実験的に検証したのは 14.4 節で述べたヤングの実験（図 **14.5**）である．この図の S のところに電子の発生源をおき，スクリーンに到達する電子をブラウン管上に映し出しビデオ撮影を行うことによって電子の干渉じまが観測されている．

個々の電子がブラウン管上に映り，その映像の蓄積が干渉じまとなる．

16.2 シュレーディンガー方程式

ド・ブロイ波の表示 ド・ブロイ波が記述する波動量を ψ で表すとする．ψ は**波動関数**と呼ばれるものである．ψ に対する方程式を導くため，外力の働かない質量 m の粒子を考えよう．そのエネルギーは運動量 p により

$$E = p^2/2m \tag{16.3}$$

と表される．振動数 ν の代わりに $\omega = 2\pi\nu$ の角振動数を導入すると，(16.2) の左式は

$$E = \hbar\omega \tag{16.4}$$

と書ける．ただし，$\hbar$ は

$$\hbar = h/2\pi \tag{16.5}$$

と定義される．また，$k = 2\pi/\lambda$ とおけば，(16.2) の右式は $p = \hbar k$ となる．p も k もベクトルとみなし

$$\boldsymbol{p} = \hbar\boldsymbol{k} \tag{16.6}$$

とする．

$\hbar$ はディラックが導入した記号でこれを**ディラック定数**という．

シュレーディンガー方程式 (16.6) を (16.3) に代入すると $E = \hbar^2 k^2/2m$ となり，これと (16.4) から

$$\omega = \frac{\hbar k^2}{2m} \tag{16.7}$$

が得られる．ここで ψ は電磁波と同様

$$\psi = \psi_0 e^{i(\boldsymbol{k}\cdot\boldsymbol{r}-\omega t)} \tag{16.8}$$

という時間，空間依存性をもつと仮定する．(14.11) 以下と同じ計算により $\Delta\psi = -k^2\psi$ が導かれ，(16.7) は $-(\hbar/2m)\Delta\psi = \omega\psi$ と書ける．この方程式に $\hbar$ を掛け $E = \hbar\omega$ を使うと

$$-\frac{\hbar^2}{2m}\Delta\psi = E\psi \tag{16.9}$$

となる．これをシュレーディンガーの（時間によらない）**波動方程式**，E を**エネルギー固有値**という．

便宜上 (16.8) では (14.11) の指数関数の肩の符号を逆転している．

(16.9) を単に**シュレーディンガー方程式**という．

例題 3　(16.8) を利用し $\omega\psi$ を時間に関する偏微分で表して，時間を含むシュレーディンガー方程式を導け．

解　(16.8) を時間で偏微分すると $\partial\psi/\partial t = -i\omega\psi$ となる．これを使うと $-(\hbar/2m)\Delta\psi = \omega\psi$ は $-(\hbar/2m)\Delta\psi = -(1/i)\partial\psi/\partial t$ と書ける．上式を (16.9) のような形にすると

$$-\frac{\hbar}{i}\frac{\partial\psi}{\partial t} = -\frac{\hbar^2}{2m}\Delta\psi \quad ④$$

が導かれる．これを**シュレーディンガーの（時間を含んだ）波動方程式**という．

例題 4　量子力学では運動量 $\boldsymbol{p}$ を演算子と考えナブラ記号を用いて

$$\boldsymbol{p} = (\hbar/i)\nabla \quad ⑤$$

と表す．この $\boldsymbol{p}$ を (16.18) の波動関数に作用させると，(16.6) に相当する関係が得られることを示せ．

解　例えば x 成分を考えると

$$\begin{aligned} p_x\psi &= \frac{\hbar}{i}\frac{\partial}{\partial x}\psi_0 e^{i(k_x x + k_y y + k_z z - \omega t)} = \hbar k_x \psi_0 e^{i(\boldsymbol{k}\cdot\boldsymbol{r} - \omega t)} \\ &= \hbar k_x \psi \end{aligned}$$

となる．y，z 成分も同様で $\boldsymbol{p}\psi = \hbar\boldsymbol{k}\psi$ が導かれる．

参考　**外力が働く場合のシュレーディンガー方程式**　一般に力学的エネルギーを運動量と座標の関数として表したものを**ハミルトニアン**といい，通常 H の記号で表現する．外力の働かない自由粒子では (16.3) により $H = p^2/2m = (p_x^2 + p_y^2 + p_z^2)/2m$ である．⑤を使うと $p_x^2 = -\hbar^2(\partial/\partial x)^2 = -\hbar^2\partial^2/\partial x^2$ と書けるので (16.9) は次のように表される．

$$H\psi = E\psi \quad ⑥$$

粒子に $U(x, y, z)$ というポテンシャルをもつ力が働くとき，$H = (p^2/2m) + U$ となるので⑥は次のように書ける．

$$-\frac{\hbar^2}{2m}\Delta\psi + U\psi = E\psi \quad ⑦$$

時間に依存するシュレーディンガー方程式は一般に

$$-\frac{\hbar}{i}\frac{\partial\psi}{\partial t} = H\psi$$

と表される．

補足　**波動関数と複素数**　(14.11) のような複素数表示は便宜的なもので，実数部分または虚数部分が物理的な意味をもつ．これに反し，波動関数は基礎方程式に i が含まれることからわかるように本質的に複素数の量である．

16.3 波動関数

古典力学では原因が与えられると結果が決まる．これを**因果律**が成り立つという．古典的な粒子性は強い因果律に支配されている．

粒子の確率分布　波動関数 ψ は一般に複素数であり，ψ 自身は観測量ではない．しかし，その絶対値 $|\psi|$ は実数であるから，なんらかの観測量と結びついていると期待される．古典力学では，質点の最初の位置と速度とを決めれば後の運動は一義的に決まってしまう．すなわち最初の条件を指定すれば，粒子の位置や運動量は確定値をもつ．しかし，確定値という概念を捨てないと，波と粒子の二重性を理解することはできない．

そこで，量子力学では，粒子の位置や運動量が確定値をもつという考えから脱却し，これらはある種の確率分布を示すと考える．例えば，水素原子の場合，古典的なイメージでは図 16.1(a) のように陽子を中心として電子は半径 a の円運動を行うとする．これに対し量子力学では同図 (b) のように，電子はある種の空間的な確率分布をすると考える．

半径 a は**ボーア半径**と呼ばれる．

存在確率　一般に粒子の位置測定を何回も繰り返すと，ある場所で粒子の見出される確率が決まる．詳しい研究の結果，このような存在確率に対し，次の法則の成り立つことがわかった．すなわち，粒子が点 (x, y, z) 近傍の微小体積 dV 中に見出される確率は，時刻 t において

$$|\psi(x, y, z, t)|^2 dV \qquad (16.10)$$

に比例する．特に

$$\psi(x, y, z, t) = e^{-iEt/\hbar}\psi(x, y, z) \qquad (16.11)$$

と書けるときには $\psi(x, y, z)$ は $H\psi = E\psi$ の方程式を満たすことが確かめられる（例題 5）．また，オイラーの公式を利用すると $e^{-iEt/\hbar}$ の絶対値は 1 となるので（例題 6），粒子の存在確率は

$$|\psi(x, y, z)|^2 dV \qquad (16.12)$$

に比例する．

粒子の存在確率を導入することにより，量子力学で波と粒子の二重性が理解される．

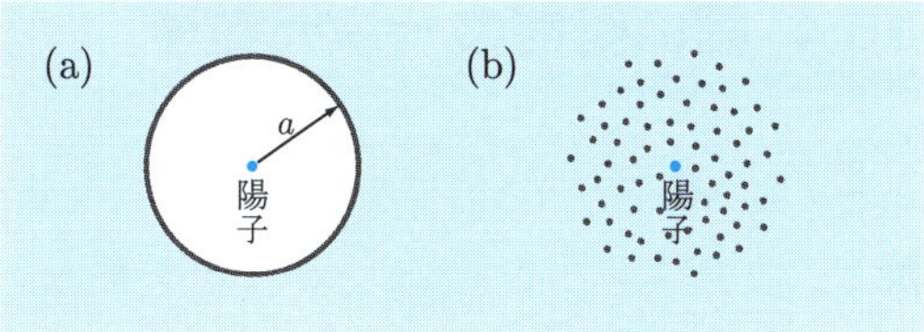

図 16.1　水素原子中の電子分布

例題 5　波動関数が $\psi(x,y,z,t) = e^{-iEt/\hbar}\psi(x,y,z)$ と書けるとき，$\psi(x,y,z)$ は $H\psi = E\psi$ のシュレーディンガー方程式にしたがうことを示せ．

解　$-(\hbar/i)\partial\psi/\partial t$ に与式を代入すると

$$-(\hbar/i)\partial\psi/\partial t = Ee^{-iEt/\hbar}\psi(x,y,z) \qquad ⑧$$

となる．一方 H は時間とは無関係であるから

$$H\psi = e^{-iEt/\hbar}H\psi(x,y,z) \qquad ⑨$$

が得られる．したがって，⑧，⑨により $-(\hbar/i)\partial\psi/\partial t = H\psi$ の方程式から $\psi(x,y,z)$ に対する $H\psi = E\psi$ が導かれる．

補足　**エネルギーの固有関数とエネルギー固有値**　$H\psi = E\psi$ が満たされるとき ψ を**固有関数**，E を前述のように**エネルギー固有値**という．物理的には ψ で記述される状態で力学的エネルギーの測定を行うと確定値 E が求まるとする．

(16.8) の $e^{-i\omega t}$ を除いた $\psi_0 e^{i\boldsymbol{k}\cdot\boldsymbol{r}}$ を**平面波**という．この波動関数で表される状態は $\hbar\boldsymbol{k}$ の運動量をもつ．

例題 6　θ を実数とするとき，$|e^{i\theta}| = 1$ を示せ．

解　一般に複素数 z を実数部分 x，虚数部分 y で表し $z = x + iy$ とすれば，z の絶対値に対し $|z|^2 = x^2 + y^2$ が成り立つ．オイラーの公式により $e^{i\theta} = \cos\theta + i\sin\theta$ となる．$\cos^2\theta + \sin^2\theta = 1$ であるから $|e^{i\theta}| = 1$ が導かれる．

参考　**波動関数の規格化**　シュレーディンガー方程式は線形でもし ψ が $H\psi = E\psi$ を満たせばこれを定数倍した $c\psi$ も解である．そこで，定数 c を適当に選べば考える領域 V に関する体積積分に対し

$$\int_{\mathrm{V}} |\psi(x,y,z)|^2 dV = 1 \qquad ⑩$$

を成立させることができる．このように ψ を選ぶことを**波動関数の規格化**という．波動関数が規格化されると (16.12) は dV 中に粒子が見出される（相対的でない）真の確率を与える．

体積 V の箱に対し規格化された平面波は $V^{-1/2}e^{i\boldsymbol{k}\cdot\boldsymbol{r}}$ と書ける（演習問題 4 参照）．

16.4 固い壁間の一次元粒子

本節と次節で量子力学の簡単な応用例について述べる．

固い壁　図 **16.2** に示すように，$x = 0$ と $x = L$ に無限大の大きさのポテンシャルがあるとする．x 軸上で質量 m の粒子が運動しているとし，この体系のエネルギー固有値を求めよう．一次元の問題とするので波動関数は x だけの関数となる．$x = 0$，$x = L$ で U は ∞ であるから，⑦からわかるように，そこで ψ が有限だと $U\psi$ の項が ∞ となり具合が悪い．したがって，$x = 0$ と $x = L$ で $\psi = 0$ となる．事実上，粒子は $0 < x < L$ の領域で運動するとしてよい．

図 **16.2** に示すポテンシャルは固い壁を表すと考えてよい．

$x = 0$ と $x = L$ における条件は**境界条件**と呼ばれる．

シュレーディンガー方程式　$0 < x < L$ におけるシュレーディンガー方程式は

$$-\frac{\hbar^2}{2m}\frac{d^2\psi}{dx^2} = E\psi \qquad (16.13)$$

と書ける．$E > 0$ と仮定し

$$E = \frac{\hbar^2 k^2}{2m} \qquad (16.14)$$

とおくと，(16.13) は

$$\frac{d^2\psi}{dx^2} = -k^2\psi \qquad (16.15)$$

となる．この微分方程式を解き，境界条件を満たすよう k を決めると

$$kL = n\pi \quad (n = 1, 2, 3, \cdots) \qquad (16.16)$$

が得られる（例題 7）．上式から k を求め (16.14) に代入すると，エネルギー固有値として

$$E_n = \frac{n^2\pi^2\hbar^2}{2mL^2} \quad (n = 1, 2, 3, \cdots) \qquad (16.17)$$

が求まる．(16.17) 中の n を**量子数**という．$n = 1$ の場合はエネルギー最低の状態（**基底状態**）を表す．$E_2, E_3, \cdots$ は E_1 の $4, 9, \cdots$ 倍となる（図 **16.3**）．

古典力学ではエネルギーは連続的であるが，量子力学では **(16.17)** のように離散的な値が許される．

例題 7　境界条件を満たすような (16.15) の解を求め，エネルギー固有値を計算せよ．

解　(16.15) の一般解は A，B を任意定数として

$$\psi = A\sin kx + B\cos kx \quad ⑪$$

で与えられる．境界条件により $x=0$ で $\psi=0$ であるから $B=0$ となり，その結果 ψ は

$$\psi = A\sin kx \quad ⑫$$

と表される．一方，$x=L$ で $\psi=0$ という境界条件から $\sin kL = 0$ となり，これから

$$kL = n\pi \quad (n=1,2,3,\cdots) \quad ⑬$$

が得られる．上式から k を求め，それを (16.14) に代入すれば (16.17) が導かれる．

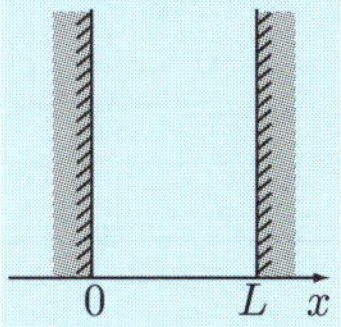

図 16.2　$x=0$, L における固い壁

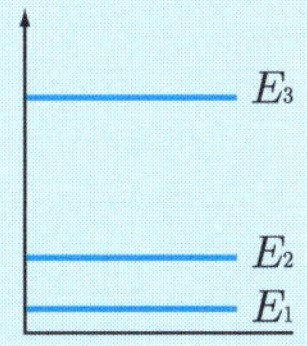

図 16.3　エネルギー固有値

補足　**波動関数の選び方**　上の例題で k を決めるとき，$n=0$ とおくと $k=0$ となり⑫の ψ は恒等的に 0 で物理的に無意味であるからこの場合は除外する．また，$n=-1,-2,\cdots$ などは単に $n=1,2,\cdots$ の波動関数の符号を変えたもので物理的に新しい状態ではないのでこれらも除外する．

例題 8　(16.17) から質量 m の粒子が長さ L の領域に閉じ込められていると，その量子力学的なエネルギーは $E \sim \pi^2\hbar^2/2mL^2$ の程度であることがわかる．原子の問題では m は電子の質量，$L \sim 10^{-10}$ m の程度である．このような考えから E を評価せよ．原子核の問題では m は 2000 倍程度 $L \sim 10^{-14}$ m として同様な評価をせよ．

$\hbar = 1.055 \times 10^{-34}$ J·s である．

解　原子の問題では

$$E \sim \frac{\pi^2 \times 10^{-68}}{2\times 10^{-30} \times 10^{-20}}\ \mathrm{J} \simeq 5\times 10^{-18}\ \mathrm{J}$$

$$= \frac{5\times 10^{-18}}{1.6\times 10^{-19}}\ \mathrm{eV} \simeq 30\ \mathrm{eV}$$

となり eV が適正な単位である．一方，原子核では E は $(10^8/2000)$ 倍で $E \simeq 1.5$ MeV と求まり MeV が適正な単位となる．

16.5 水素原子の基底状態

シュレーディンガー方程式　陽子は座標原点に静止しているとし電子の質量を m とすれば，水素原子に対するシュレーディンガー方程式は

$$-\frac{\hbar^2}{2m}\Delta\psi - \frac{e^2}{4\pi\varepsilon_0 r}\psi = E\psi \qquad (16.18)$$

と書ける．r は陽子，電子間の距離で電子の座標を x, y, z とすれば，r は次式で与えられる．

$$r = \sqrt{x^2 + y^2 + z^2} \qquad (16.19)$$

基底状態　基底状態では ψ は r だけの関数になることが知られている．この場合，(16.18) は

電子の位置を極座標で表すと ψ は一般に r，θ，φ の関数となる．

$$-\frac{\hbar^2}{2m}\left(\frac{d^2\psi}{dr^2} + \frac{2}{r}\frac{d\psi}{dr}\right) - \frac{e^2}{4\pi\varepsilon_0 r}\psi = E\psi \qquad (16.20)$$

となる（例題9）．A，c を定数として ψ を

$$\psi = Ae^{cr} \qquad (16.21)$$

とおく．(16.21) を (16.20) に代入すると

$$-\frac{\hbar^2}{2m}\left(c^2 + \frac{2c}{r}\right) - \frac{e^2}{4\pi\varepsilon_0 r} = E \qquad (16.22)$$

が得られる．左辺の $1/r$ の係数を 0 とおくと $-\hbar^2 c/m - e^2/4\pi\varepsilon_0 = 0$ となり c は

$$c = -\frac{me^2}{4\pi\varepsilon_0\hbar^2} \qquad (16.23)$$

と求まる．また，E は次のように表される．

$$E = -\frac{\hbar^2 c^2}{2m} \qquad (16.24)$$

以下の式で定義されるボーア半径 a

$$a = \frac{4\pi\varepsilon_0\hbar^2}{me^2} \qquad (16.25)$$

演習問題 **6** で学ぶように，規格化された波動関数は

$$\psi = \frac{e^{-r/a}}{\sqrt{\pi a^3}}$$

で与えられる．

を導入すると，c，E は次のように書ける．

$$c = -\frac{1}{a}, \quad E = -\frac{\hbar^2}{2ma^2} \qquad (16.26)$$

例題 9　ψ が r だけの関数として $\Delta\psi$ を求めよ．

解　(16.19) を用いると

$$\frac{\partial\psi}{\partial x} = \frac{d\psi}{dr}\frac{\partial r}{\partial x} = \frac{d\psi}{dr}\frac{x}{\sqrt{x^2+y^2+z^2}} = \frac{d\psi}{dr}\frac{x}{r} \quad ⑭$$

となり，さらに⑭を x で偏微分すると次式が得られる．

$$\frac{\partial^2\psi}{\partial x^2} = \frac{d^2\psi}{dr^2}\frac{\partial r}{\partial x}\frac{x}{r} + \frac{d\psi}{dr}\frac{1}{r} + \frac{d\psi}{dr}x\frac{\partial}{\partial x}\left(\frac{1}{r}\right)$$
$$= \frac{d^2\psi}{dr^2}\frac{x^2}{r^2} + \frac{d\psi}{dr}\frac{1}{r} - \frac{d\psi}{dr}\frac{x^2}{r^3} \quad ⑮$$

y，z に関する 2 階偏微分を同様で，⑮の x をそれぞれ y，z で置き換えればよい．したがって，次の結果が導かれる．

$$\Delta\psi = \frac{d^2\psi}{dr^2}\frac{x^2+y^2+z^2}{r^2} + \frac{d\psi}{dr}\frac{3}{r} - \frac{d\psi}{dr}\frac{x^2+y^2+z^2}{r^3}$$
$$= \frac{d^2\psi}{dr^2} + \frac{2}{r}\frac{d\psi}{dr} \quad ⑯$$

⑯を (16.18) に代入すれば (16.20) が導かれる．

例題 10　ボーア半径 a，水素原子の基底状態のエネルギー E を計算せよ．

解　国際単位系での数値を (16.25) に代入し

$$a = \frac{4\times\pi\times 8.8542\times 10^{-12}\times(1.0546)^2\times 10^{-68}}{9.1095\times 10^{-31}\times(1.6022)^2\times 10^{-38}}\ \mathrm{m}$$
$$= 5.29\times 10^{-11}\ \mathrm{m} = 0.529\,\mathrm{Å} \quad ⑰$$

と計算される．また E は (16.26) の右式により次のようになる．

$$E = -\frac{(1.055)^2\times 10^{-68}}{2\times 9.11\times 10^{-31}\times(5.29)^2\times 10^{-22}}\ \mathrm{J}$$
$$= -2.18\times 10^{-18}\ \mathrm{J} = -13.6\ \mathrm{eV} \quad ⑱$$

水素原子をイオンにするためには 13.6 eV のエネルギーが必要である．これを**電離エネルギー**という．

参考　**r の確率分布**　存在確率は $|\psi|^2 dV$ と書け $r \sim r+dr$ 中の体積は $4\pi r^2 dr$ である．よって，陽子，電子間の距離が r と $r+dr$ との間にある確率 $P(r)dr$ は次のように表される．

$$P(r)dr = (4/a^3)r^2 e^{-2r/a}dr \quad ⑲$$

$P(r)$ は陽子，電子間の距離の分布を記述する関数で，その r 依存性は図 16.4 のようになる．$r = a$ で $P(r)$ は最大となるが，それは図 16.1(a) の円軌道に対応すると考えられる．

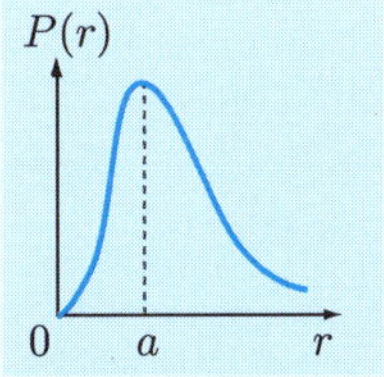

図 16.4　$P(r)$ の r 依存性

演 習 問 題
第16章

1　アインシュタインの関係を利用し，波長 400 nm の紫色の光に対する光子のエネルギーと運動量を求めよ．

2　陽子を 65 V の加速電圧で加速したときの陽子波の波長は何 Å か．ただし，陽子の質量 M_p は次式で与えられる．

$$M_\mathrm{p} = 1.673 \times 10^{-27}\ \mathrm{kg}$$

3　質量 m の粒子に U というポテンシャルが働くとき，時間に依存するシュレーディンガー方程式はどのように書けるか．次の①～④のうちから，正しいものを 1 つ選べ．

① $\dfrac{\hbar}{i}\dfrac{\partial\psi}{\partial t} = \dfrac{\hbar^2}{2m}\Delta\psi + U\psi$

② $-\dfrac{\hbar}{i}\dfrac{\partial\psi}{\partial t} = -\dfrac{\hbar^2}{2m}\Delta\psi + U\psi$

③ $\dfrac{\hbar}{i}\dfrac{\partial\psi}{\partial t} = -\dfrac{\hbar^2}{2m}\Delta\psi + U\psi$

④ $-\dfrac{\hbar}{i}\dfrac{\partial\psi}{\partial t} = \dfrac{\hbar^2}{2m}\Delta\psi + U\psi$

4　体積 V の箱に対し規格化された平面波は

$$\frac{1}{\sqrt{V}}\ e^{i\boldsymbol{k}\cdot\boldsymbol{r}}$$

で与えられることを示せ．

5　(16.17) で $L = 1$ cm，$m = 1$ g としたとき，E_1 は何 J となるか．また，それは何 eV か．

6　水素原子の基底状態を表す規格化された波動関数は

$$\psi = \frac{e^{-r/a}}{\sqrt{\pi a^3}}$$

で与えられることを示せ．ただし，次の関係を利用せよ．

$$\int_0^\infty x^n e^{-x} dx = n! \quad (n = 0, 1, 2, \cdots)$$

7　⑲で表される $P(r)$ に関し，以下の性質を証明せよ．

(a)　$\displaystyle\int_0^\infty P(r)dr = 1$

(b)　$P(r)$ は $r = a$ で最大となる．

演習問題略解

第1章

1　平均の速さは（6/5）m/s＝1.2 m/s である．これを時速に換算すると 1.2×3600 m/h＝7.2 km/h となる．

2　自動車は 1 分の間に 0.5 km 走り，$s = 0.5\ t$ の関係が成り立つ．

3　(a)　等加速度運動では $v = \alpha t + v_0$ と書け，$v_0 = 15$ m/s，$t = 3$ s，$v = 0$ とおき，$\alpha = -5$ m/s^2 が得られる．

(b)　$x = (1/2)\alpha t^2 + v_0 t = (1/2)(-5) \times 3^2 + 15 \times 3 = 22.5$ m

4　e^z を z で微分すると e^z となる．したがって，$z = \alpha t$ とおき $\dfrac{dx}{dt} = \dfrac{dx}{dz}\dfrac{dz}{dt} = \alpha x_0 e^{\alpha t}$ となり，同様に $d^2x/dt^2 = \alpha^2 x_0 e^{\alpha t}$ が導かれる．

5　$5\boldsymbol{A} = (5, 10, 15)$

6　$4\boldsymbol{A} - 3\boldsymbol{B} = (4, 8, 12) - (-12, 9, 15) = (16, -1, -3)$

7　$\cos^2 \omega t + \sin^2 \omega t = 1$ に注意して t を消去すると $\dfrac{x^2}{a^2} + \dfrac{y^2}{b^2} = 1$ が得られる．これは xy 面上の楕円を表す方程式である．また次のように表される．

$$\dot{x} = -a\omega \sin \omega t, \quad \dot{y} = b\omega \cos \omega t, \quad \ddot{x} = -a\omega^2 \cos \omega t, \quad \ddot{y} = -b\omega^2 \sin \omega t$$

8　速度，加速度の各成分は以下のように求まる．

$$\dot{x} = \alpha, \quad \dot{y} = 2\beta t, \quad \dot{z} = 3\gamma t^2, \quad \ddot{x} = 0, \quad \ddot{y} = 2\beta, \quad \ddot{z} = 6\gamma t$$

第2章

1　みかんに働く重力は 0.1 kg 重で，これは 0.1×9.81 N＝0.981 N となり，ほぼ 1 N に等しい．

2　万有引力の大きさは次のように計算される．

$$F = 6.67 \times 10^{-11} \times \frac{3 \times 4}{3^2}\ \mathrm{N} = 8.89 \times 10^{-11}\ \mathrm{N}$$

3　地表での重力の大きさは

$$F = G\frac{Mm}{R^2} \qquad ①$$

と書け，題意より

$$\frac{F}{3} = G\frac{Mm}{(R+h)^2} \qquad ②$$

が成り立つ．①，②から

$$\frac{1}{3R^2} = \frac{1}{(R+h)^2} \qquad \therefore \quad \frac{R+h}{R} = \sqrt{3} \qquad ③$$

となり，h は $h=(\sqrt{3}-1)R$ と求まる．③に R の数値を代入すると h は $h=(\sqrt{3}-1)\times 6.37\times 10^6\ \mathrm{m}=4.66\times 10^6\ \mathrm{m}$ と計算される．

4　摩擦角 α に対し $\tan\alpha=0.15$ となる．これから α は $\alpha=8.53°$ と求まる．

5　自動車に働く力の大きさ F は $F=2\times 10^3\times 6\ \mathrm{N}=1.2\times 10^4\ \mathrm{N}$ と計算される．

6　(a)　2.4 節の⑪により d は $2\theta=\pi/2$ すなわち $\theta=45°$ のとき最大となる．

(b)　最大到達距離 d_m は $d_\mathrm{m}=v_0^2/g$ と表される．

7　6(b) から v_0 は $v_0=\sqrt{gd_\mathrm{m}}$ と書ける．上式に $g=9.81$，$d_\mathrm{m}=150$ を代入すると $v_0=38.4\ \mathrm{m/s}$ が得られる．これを時速で表すと 138 km/h となる．

8　(a)　図 2.6 と同様な座標軸を選ぶと $x=v_0t\cos\theta$, $y=h+v_0t\sin\theta-(1/2)gt^2$ となる．$y=0$ とおくと $gt^2-2v_0t\sin\theta-2h=0$ という二次方程式が得られる．これを解くと

$$t=\frac{v_0\sin\theta\pm\sqrt{v_0^2\sin^2\theta+2gh}}{g}$$

であるが，$t>0$ なので平方根の前の + 符号をとり t は次のように求まる．

$$t=\frac{v_0\sin\theta+\sqrt{v_0^2\sin^2\theta+2gh}}{g}$$

(b)　上の t を $x=v_0t\cos\theta$ に代入すると到達距離 d は次のように表される．

$$d=\frac{v_0\cos\theta}{g}\left(v_0\sin\theta+\sqrt{v_0^2\sin^2\theta+2gh}\right)$$

9　単振り子の周期は 2.4 節の⑮に $l=1.5$，$g=9.81$ を代入し

$$T=2\pi\sqrt{\frac{1.5}{9.81}}\ \mathrm{s}=2.46\ \mathrm{s}$$

と計算される．20 回振動するのに要する時間は上の値を 20 倍し 49.2 s と求まる．

10　l は $l=g\dfrac{T^2}{4\pi^2}$ と表される．$T=1$，$g=9.81$ を代入し l は $l=\dfrac{9.81}{4\pi^2}\ \mathrm{m}=0.25\ \mathrm{m}$ となる．

第 3 章

1　みかんが 3 s 間に落下する距離は $(1/2)\times 9.81\times 3^2\ \mathrm{m}=44.1\ \mathrm{m}$ と計算される．したがって，重力のする仕事 W は $W=0.1\times 9.81\times 44.1\ \mathrm{J}=43.3\ \mathrm{J}$ となる．

2　モーターは 1 s 当たり $0.5\times 750\ \mathrm{J}=375\ \mathrm{J}$ の仕事をする．このため，荷物の吊り上がる速さ v は $v=\dfrac{375}{20\times 9.81}\dfrac{\mathrm{m}}{\mathrm{s}}=1.91\ \mathrm{m/s}$ と計算される．

3　保存力であれば $F_x=-\dfrac{\partial U}{\partial x}$，$F_y=-\dfrac{\partial U}{\partial y}$ と書け，上式から $\dfrac{\partial F_x}{\partial y}=\dfrac{\partial F_y}{\partial x}$ が成り立つ．題意の力はこの条件を満たさないから，保存力ではない．

4　運動エネルギーは $K=(1/2)\times 60\times 8^2\ \mathrm{J}=1920\ \mathrm{J}$ と計算される．

5　(a)　$v=v_0-gt$ から，2 s 後の質点の速さは $v=40-9.81\times 2=20.4\ \mathrm{m/s}$ となる．一方，$z=v_0t-(1/2)gt^2$ の関係から $z=40\times 2-(1/2)\times 9.81\times 2^2=60.4\ \mathrm{m}$

と計算される．したがって，次のようになる．

$$K = 1/2 \times 0.2 \times 20.4^2\ \text{J} = 41.6\ \text{J}, \quad U = 0.2 \times 9.81 \times 60.4\ \text{J} = 118.5\ \text{J}$$

(b)　最高点では $v = 0$　$\therefore$　$t = v_0/g$ となり，これから最高点の高さは (3.19) と同じく $z_0 = v_0^2/2g$ と書ける．したがって，最高点における U は $U = mgz_0 = \dfrac{mv_0^2}{2} = \dfrac{0.2 \times 40^2}{2}\ \text{J} = 160\ \text{J}$ である．

6　ω は $\omega = 20\pi$ と書けるから，⑭により E は次のように計算される．

$$E = (1/2) \times 0.4 \times (20\pi)^2 \times 0.1^2\ \text{J} = 7.90\ \text{J}$$

7　時速 150 km を m/s に換算すると 41.7 m/s となる．最高点の高さは $z_0 = v_0^2/2g$ と表されるので z_0 は $z_0 = \dfrac{41.7^2}{2 \times 9.81}\ \text{m} = 88.6\ \text{m}$ と計算される．

8　⑰から $v_0 = \sqrt{2gy_0} = \sqrt{2 \times 9.81 \times 30}\ \text{m/s} = 24.3\ \text{m/s}$ となり，これは時速 87.5 km である．

9　質点を束縛している曲線または曲面が時間とともに変わる場合，時刻 t，$t + \Delta t$ における状況は図のように表される．点線が質点の軌道を示すが，束縛力は質点の軌道と垂直ではなくなり，このため束縛力が仕事をする．したがって，力学的エネルギー保存則が成り立たなくなる．

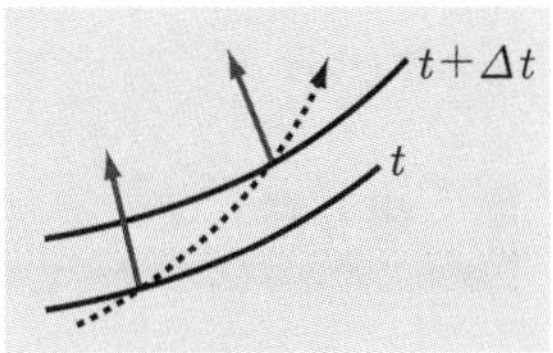

第4章

1　$p = mv = 60 \times 8\ \text{kg}\cdot\text{m/s} = 480\ \text{kg}\cdot\text{m/s}$

2　第 2 章の演習問題 6 により最大到達距離は $d_\text{m} = v_0^2/g$ と書け，これから v_0 は

$$v_0 = \sqrt{gd_\text{m}} = \sqrt{9.81 \times 90}\ \text{m/s} = 29.7\ \text{m/s}$$

と計算される．必要な力積は mv_0 で与えられ，これは $0.145 \times 29.7\ \text{N}\cdot\text{s} = 4.31\ \text{N}\cdot\text{s}$ と表される．

3　衝突の前後で全運動量が保存されるので $mv + m'v' = (m + m')V$ が成り立ち，これから V は $V = \dfrac{mv + m'v'}{m + m'}$ と求まる．

4　(a)　ロケットの運動量は $p = Mv$ と書ける．

(b)　ロケットが v の速さで運動しているとき，火薬はこれに対し V の速さで噴出されるから，火薬は静止系から見ると $V - v$ の速さをもつ．ただし，その向きは図のようにロケットの進む向きと逆向きになる．ロケットの進む向きを正の向きにとると，ロケットの運動量は $(M - m)v'$，火薬のは $-m(V - v)$ で全運動量 P は次のように表される．

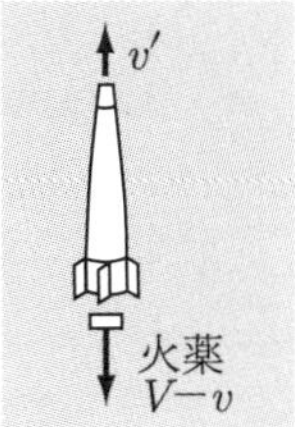

$$P = (M - m)v' - m(V - v)$$

(c) 運動量保存則により $Mv = (M-m)v' - m(V-v)$ が成り立ち，これから v' は $v' = \dfrac{(M-m)v + mV}{M-m}$ と求まる．

5 $\boldsymbol{r}^2 =$ 一定 を時間で微分すると $\boldsymbol{r}\cdot\dot{\boldsymbol{r}} = 0$ $\therefore$ $\boldsymbol{r}\cdot\boldsymbol{v} = 0$ で $\boldsymbol{r}$ と $\boldsymbol{v}$ は直交する．同様に $\boldsymbol{v}^2 =$ 一定 の条件から $\boldsymbol{v}\cdot\dot{\boldsymbol{v}} = 0$ $\therefore$ $\boldsymbol{v}\cdot\boldsymbol{a} = 0$ となり，$\boldsymbol{v}$ と $\boldsymbol{a}$ は直交する．

6 鉛直上方に z 軸をとり，z 軸に沿った単位ベクトルを $\boldsymbol{k}$ とする．i 番目の質点の質量を m_i，点 O から見たその位置ベクトルを $\boldsymbol{r}_i$ とすれば，この質点に働く重力 $-m_i g\boldsymbol{k}$ が点 O の回りにもつモーメント $\boldsymbol{N}_i$ は $\boldsymbol{N}_i = -m_i g(\boldsymbol{r}_i \times \boldsymbol{k})$ と表される．したがって，モーメントの総和 $\boldsymbol{N}$ は

$$\boldsymbol{N} = \sum \boldsymbol{N}_i = -g\sum m_i(\boldsymbol{r}_i \times \boldsymbol{k})$$

となる．一方，重心の位置ベクトル $\boldsymbol{r}_\mathrm{G}$ は $M\boldsymbol{r}_\mathrm{G} = \sum m_i \boldsymbol{r}_i$ で定義される．ただし，M は質点系の全質量である．$\boldsymbol{k}$ は i に無関係であるから

$$\boldsymbol{N} = -Mg(\boldsymbol{r}_\mathrm{G} \times \boldsymbol{k})$$

となる．すなわち，$\boldsymbol{N}$ は重心に集中した全重力 $-Mg\boldsymbol{k}$ が点 O の回りにもつモーメントに等しい．

第5章

1 ③，④から $\tan\alpha = 0.5$，$\tan\beta = 1$ が成り立つので $\alpha = 26.6°$，$\beta = 45°$ となる．

2 ⑧により $\tan\theta \geq 1/0.2$ すなわち $\tan\theta \geq 5$ が得られる．この条件から $\theta \geq 78.7°$ が導かれる．

3 (a) (5.21) と同様な計算により，次の結果が得られる．

$$I = \sigma\int_0^{(l/2)-d} x^2 dx + \sigma\int_0^{(l/2)+d} x^2 dx = \frac{\sigma}{3}\left(\frac{l}{2} - d\right)^3 + \frac{\sigma}{3}\left(\frac{l}{2} + d\right)^3$$
$$= \frac{Ml^2}{3}\left[\left(\frac{1}{2} - \frac{d}{l}\right)^3 + \left(\frac{1}{2} + \frac{d}{l}\right)^3\right]$$

(b) ⑳から $T = 2\pi\sqrt{\dfrac{l^2}{3gd}\left[\left(\dfrac{1}{2} - \dfrac{d}{l}\right)^3 + \left(\dfrac{1}{2} + \dfrac{d}{l}\right)^3\right]}$ となる．

(c) 上式で $d = l/2$ とおけば $T = 2\pi\sqrt{2l/3g}$ となり㉑の結果と一致する．

4 $l = 1$ m，$d = 0.4$ m を上の T の式に代入し

$$T = 2\pi\sqrt{\frac{1}{3g \times 0.4}\left[\left(\frac{1}{2} - 0.4\right)^3 + \left(\frac{1}{2} + 0.4\right)^3\right]}$$
$$= 2\pi\sqrt{\frac{0.73}{1.2 \times 9.81}}\ \mathrm{s} = 1.56\ \mathrm{s}$$

となる．すなわち，周期は 1.56 s である．

5　ピンポン玉の面密度を σ とすれば，本文におけると同様な議論を使い

$$3I = 2a^2 \int \sigma dS = 2a^2 M$$

が得られる．すなわち I は $I = (2/3)Ma^2$ で与えられる．

6　例題 8 の結果を利用すると $\ddot{x}_{\mathrm{G}} = (3/5)g\sin\alpha$ が得られる．

7　加速度の大きさを $g\sin\alpha$ の何倍かで表せば

$$a_{球} = \frac{5}{7} = 0.714, \quad a_{ピ} = \frac{3}{5} = 0.6, \quad a_{円} = \frac{2}{3} = 0.677$$

と書ける．これからわかるように $a_{球} > a_{円} > a_{ピ}$ となる．

8　(a)　球が滑らなければ摩擦力は仕事をせず，したがって力学的エネルギーが保存される．

(b)　球の運動エネルギーは⑭により，重心のもつ運動エネルギーと重心の回りの回転運動のエネルギーとの和になる．こうして球の運動エネルギー K は

$$K = \frac{M}{2}\dot{x}_{\mathrm{G}}^2 + \frac{I_{\mathrm{G}}}{2}\dot{\theta}^2 \qquad ①$$

と表される．一方，球の重力の位置エネルギー U は図 5.10 で $x_{\mathrm{G}} = 0$ の点を U の基準点にとれば

$$U = -Mgx_{\mathrm{G}}\sin\alpha \qquad ②$$

と書ける．①と②の和をとり，力学的エネルギー E は次のようになる．

$$E = \frac{M}{2}\dot{x}_{\mathrm{G}}^2 + \frac{I_{\mathrm{G}}}{2}\dot{\theta}^2 - Mgx_{\mathrm{G}}\sin\alpha \qquad ③$$

E は一定であるから③を時間で微分し $dE/dt = 0$ とおくと，$x_{\mathrm{G}} = a\theta$ に注意して $\left(M + \frac{I_{\mathrm{G}}}{a^2}\right)\ddot{x}_{\mathrm{G}} - Mg\sin\alpha = 0$ が導かれる．上式は㉙と一致する．

第6章

1　与えられた数値を①に代入し，次式が得られる．

$$U = \frac{7.1 \times 10^{10} \times 5 \times 10^{-6} \times (1.4 \times 10^{-3})^2}{2 \times 5}\ \mathrm{J} = 6.96 \times 10^{-2}\ \mathrm{J}$$

2　角振動数 ω は周期 T により $\omega = 2\pi/T$ と表される．このため，$T = 1$ s のとき ω は $\omega = 2\pi$ と書ける．したがって，(6.3) を用い k は次のように求まる．

$$k = 0.004 \times (2\pi)^2\ \mathrm{N/m} = 0.158\ \mathrm{N/m}$$

3　(6.10) の θ はラジアン単位である点に注意する．10° はラジアン単位では $\pi/18$ に等しいから，f は以下のように計算される．

$$f = 4.83 \times 10^{10} \times \frac{\pi}{18}\ \mathrm{N/m^2} = 8.43 \times 10^9\ \mathrm{N/m^2}$$

4　x 方向の長さの変化を考えると，図からわかるように

$$\Delta x \to \Delta x + u_x(x + \Delta x) - u_x(x) \simeq \Delta x\left(1 + \frac{\partial u_x}{\partial x}\right)$$

と書ける．y，z 方向でも同様で，$V = \Delta x \Delta y \Delta z$ の体積変化は

$$V \to V\left(1+\frac{\partial u_x}{\partial x}\right)\left(1+\frac{\partial u_y}{\partial y}\right)\left(1+\frac{\partial u_z}{\partial z}\right) = V\left(1+\frac{\Delta V}{V}\right)$$

となる．上式で $\partial u_x/\partial x$ などは十分小さいとし，高次の項を無視すると，体積変化率は $\dfrac{\Delta V}{V} = \dfrac{\partial u_x}{\partial x} + \dfrac{\partial u_y}{\partial y} + \dfrac{\partial u_z}{\partial z} = \mathrm{div}\,\boldsymbol{u}$ と表される．

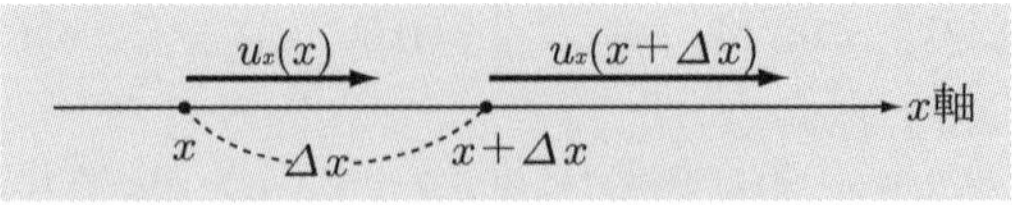

5　(6.17) のトリチェリの定理により，水の速さは次のように計算される．

$$v = \sqrt{2 \times 9.81 \times 0.5}\ \mathrm{m/s} = 3.13\ \mathrm{m/s}$$

6　水の密度は $\rho = 10^3$ kg/m であるから，動圧は次のようになる．

$$\frac{1}{2} \times 10^3 \times 10^2\ \frac{\mathrm{N}}{\mathrm{m}^2} = 0.5 \times 10^5\ \mathrm{Pa}$$

これは気圧に換算すると，$\dfrac{0.5 \times 10^5}{1.013 \times 10^5}$ 気圧 $= 0.494$ 気圧 に等しい．

7　例題 7 で導いた r の式で $r = a/3$ とおき，両辺を 4 乗すれば

$$\frac{1}{81} = \frac{v^2}{v^2 + 2gh} \qquad \therefore \quad 81v^2 = v^2 + 2gh$$

と書け，これから $h = \dfrac{40v^2}{g}$ が得られる．

8　ストークスの法則により $A = 6\pi a\eta$ となる．一方，水の密度を ρ とすれば，$m = 4\rho\pi a^3/3$ である．したがって，(6.20) を適用し終速度は $v = \dfrac{4\rho\pi a^3 g}{3 \times 6\pi a\eta} = \dfrac{2\rho a^2 g}{9\eta}$ と表される．$a = 0.5$ mm $= 0.5 \times 10^{-3}$ m のとき，v は

$$v = \frac{2 \times 10^3 \times (0.5 \times 10^{-3})^2 \times 9.81}{9 \times 18.2 \times 10^{-6}}\ \frac{\mathrm{m}}{\mathrm{s}} = 29.9\ \mathrm{m/s}$$

と計算される．終速度は半径の 2 乗に比例するので雨滴の直径が 2 mm だと，終速度は上の値を 4 倍し 120 m/s となる．霧雨のように粒が細かい雨では雨滴は空中を漂う感じであるが，夕立のように大きな雨粒だと雨脚は速くなる．このように雨滴の直径と終速度との関係は身の周辺で観察できる．

第 7 章

1　必要な熱量 Q は $Q = 4 \times 0.094 \times 5$ cal $= 1.88$ cal $= 7.88$ J と計算される．

2　1 分間を考えたとき，水 5 kg の温度を 40 K 高めるのに必要な熱量は 5000×40 cal＝200 kcal である．一方，この間に湯沸かし器の供給した熱量は 250 kcal であるから，供給した熱量の 80 %が有効に使われる．

3　10 g の氷を全部水にするための熱量は 800 cal，0 °C から 100 °C にするための熱量は 1000 cal，100 °C の湯を全部水蒸気にするための熱量は 5390 cal である．したがって，必要な熱量はこれらの和をとり 7190 cal となる．

4　一定量の気体の体積は絶対温度に比例し，圧力に反比例する．したがって，a/b 倍となる．

5　チッ素気体 N_2 の分子量は 28 であるから，モル数は 20/28 である．また 1 気圧 $= 1.013\times10^5$ Pa と表される．したがって，状態方程式 (7.5) から V は次のように求まる．

$$V = \frac{20}{28} \times \frac{8.314 \times 301}{2 \times 1.013 \times 10^5}\ \mathrm{m}^3 = 8.82 \times 10^{-3}\ \mathrm{m}^3$$

6　$p = p(T, V)$ から

$$dp = \left(\frac{\partial p}{\partial T}\right)_V dT + \left(\frac{\partial p}{\partial V}\right)_T dV \qquad ①$$

が得られる．①で $p =$ 一定 とすれば，$dp = 0$ が成り立つので，dT で割り

$$0 = \left(\frac{\partial p}{\partial T}\right)_V + \left(\frac{\partial p}{\partial V}\right)_T \left(\frac{\partial V}{\partial T}\right)_p \qquad ②$$

となる．また①で $V =$ 一定 とすれば

$$dp = \left(\frac{\partial p}{\partial T}\right)_V dT \qquad \therefore\quad \left(\frac{\partial p}{\partial T}\right)_V \left(\frac{\partial T}{\partial p}\right)_V = 1 \qquad ③$$

が得られる．②，③から与式が導かれる．通常の微小量という感覚で，∂p などを単純に Δp とおくと与式の左辺は $\dfrac{\Delta p}{\Delta V}\dfrac{\Delta V}{\Delta T}\dfrac{\Delta T}{\Delta p} = 1$ となって，与式と矛盾する．偏微分のときは何を一定に保つかが問題であり，∂p などを単に Δp という微小量とはみなせない 1 つの例である．

7　$T =$ 一定 とすれば $dT = 0$ となるので，①は

$$dp = \left(\frac{\partial p}{\partial V}\right)_T dV \qquad ④$$

と表される．④の両辺を dp で割り $T =$ 一定 に注意すれば与式が導かれる．この場合には ∂p などを単に Δp という微小量とみなし $\dfrac{\Delta p}{\Delta V}\dfrac{\Delta V}{\Delta p} = 1$ として正しい結果が導かれる．いまの場合，$T =$ 一定 としているので，偏微分は通常の微分と同じように扱ってよい．

8　断熱変化では $pV^\gamma = p_A V_A^\gamma = p_B V_B^\gamma$ が成り立つ．したがって

$$\begin{aligned} W &= \int_{V_A}^{V_B} p dV = p_A V_A^\gamma \int_{V_A}^{V_B} \frac{dV}{V^r} = p_A V_A^\gamma \frac{V_A^{1-\gamma} - V_B^{1-\gamma}}{\gamma - 1} \\ &= \frac{1}{\gamma - 1}(p_A V_A - p_A V_A^\gamma V_B^{1-\gamma}) = \frac{1}{\gamma - 1}(p_A V_A - p_B V_B) \end{aligned}$$

となる．あるいは状態方程式 $pV = nRT$ を用いると W は次のように表される．

$$W = \frac{nR}{\gamma - 1}(T_A - T_B)$$

9 (a) (7.22) により η は $\eta = 0.7$ と計算される．すなわち効率は 70 %である．
(b) 500 J の熱量の内 350 J が仕事に変わり，残りの 150 J が低温熱源に捨てられる．

第8章

1 最大効率は 70 %である．第 7 章の演習問題 9 は最大効率が実現する場合に対応する．

2 (8.7) で $n = 3$ とおき，次の結果が得られる．

$$\frac{Q_1}{T_1} + \frac{Q_2}{T_2} + \frac{Q_3}{T_3} \leq 0 \qquad ①$$

3 可逆サイクルであるから①で等号をとり

$$\frac{100}{300} - \frac{200}{400} + \frac{Q_3}{360} = 0 \qquad \therefore \quad \frac{Q_3}{360} = \frac{1}{2} - \frac{1}{3} = \frac{1}{6}$$

が成り立ち，Q_3 は $Q_3 = 60$ cal と計算される．すなわち，T_3 の熱源から 60 cal の熱量を吸収した．

4 エントロピーの増加量を ΔS とすれば，例題 6 により $\Delta S = mc \ln \dfrac{T_2}{T_1}$ と書ける．$m = c = 1$，$T_1 = 273$，$T_2 = 373$ とおき，ΔS は次のように計算される．

$$\Delta S = \ln \frac{373}{273} \ \frac{\text{cal}}{\text{K}} = 0.312\,\text{cal/K} = 1.31 \text{ J/K}$$

5 (8.16) からエントロピーの増加分は $nC_V[\ln(aT) - \ln T] = nC_V \ln a$ と計算される．

6 H の定義式から $dH = dU + pdV + Vdp = -pdV + TdS + pdV + Vdp = Vdp + TdS$ が得られる．これから $V = \left(\dfrac{\partial H}{\partial p}\right)_S$，$T = \left(\dfrac{\partial H}{\partial S}\right)_p$ となり，マクスウェルの関係式は $\left(\dfrac{\partial V}{\partial S}\right)_p = \left(\dfrac{\partial T}{\partial p}\right)_S$ と表される．

7 第 7 章の演習問題 7 を利用すると $\dfrac{1}{\kappa_T} = -V\left(\dfrac{\partial p}{\partial V}\right)_T$ と書ける．(8.18) から導かれる $p = -(\partial F/\partial V)_T$ を上式に代入し

$$\frac{1}{\kappa_T} = V\left(\frac{\partial^2 F}{\partial V^2}\right)_T$$

の公式が導かれる．

8 理想気体の状態方程式 $pV = nRT$ で $T =$ 一定 として微小変化を考えると $p\Delta V + V\Delta p = 0$ となる．すなわち，一定温度では $\dfrac{\Delta V}{\Delta p} = -\dfrac{V}{p}$ が成り立ち，等温圧縮率は $\kappa_T = \dfrac{1}{p}$ と表される．

9 (a) $V = V(T, p)$ と考え，この微分をとると $dV = \left(\frac{\partial V}{\partial T}\right)_p dT + \left(\frac{\partial V}{\partial p}\right)_T dp$ となる．ここで，$V =$ 一定 とすれば $0 = \left(\frac{\partial V}{\partial T}\right)_p + \left(\frac{\partial V}{\partial p}\right)_T \left(\frac{\partial p}{\partial T}\right)_V$ と書ける．したがって，次の結果が得られる．

$$\alpha = -\frac{1}{V}\left(\frac{\partial V}{\partial p}\right)_T \left(\frac{\partial p}{\partial T}\right)_V = \kappa_T \left(\frac{\partial p}{\partial T}\right)_V = -\kappa_T \frac{\partial^2 F}{\partial T \partial V}$$

(b) 理想気体の状態方程式 $pV = nRT$ の ln をとると $\ln p + \ln V = \ln nR + \ln T$ となる．p を一定に保ち，この式を T で微分すると $\frac{1}{V}\left(\frac{\partial V}{\partial T}\right)_p = \frac{1}{T}$ が得られる．したがって，熱膨張率は $\alpha = 1/T$ で与えられる．

第9章

1 時間 t の間に It の電荷量が流れるので，キャリヤーの数は It/q と表される．
2 $1 + \alpha t = 1 + 0.42 = 1.42$ と計算される．したがって，ρ は次のようになる．

$$\rho = 2.50 \times 10^{-8} \times 1.42\ \Omega \cdot \mathrm{m} = 3.55 \times 10^{-8}\ \Omega \cdot \mathrm{m}$$

3 流れる電流は 0.6 A である．したがって，電力は 0.6×3 W $= 1.8$ W となる．
4 (9.10) により，Q は $Q = 0.5 \times 3^2 \times 60$ J $= 270$ J と計算される．
5 1400 W の電気アイロンを交流 100 V につないだとき流れる電流実効値は 14 A である．このため電気抵抗は $R = (100/14)\ \Omega = 7.14\ \Omega$ となる．
6 1 kg の水の温度を 20 °C から 100 °C に高めるのに必要な熱量は 80×1000 cal $= 8 \times 10^4$ cal $= 33.52 \times 10^4$ J となる．したがって，所要時間 t は $t = \frac{33.52 \times 10^4}{500}$ s $=$ 670.4 s と計算され，これはほぼ 11 分に等しい．
7 例題 9 で $R_1 = 1\ \Omega$，$R_2 = 2\ \Omega$，$R_3 = 3\ \Omega$，$V_1 = 1.5$ V，$V_2 = 3$ V とおいて次の結果が得られる．

$$I_1 = \frac{5 \times 1.5 - 3 \times 3}{2 + 6 + 3}\ \mathrm{A} = -0.136\ \mathrm{A}, \quad I_2 = \frac{4 \times 3 - 3 \times 1.5}{2 + 6 + 3}\ \mathrm{A} = 0.682\ \mathrm{A}$$

8 下図 (a) の点線のようなループにキルヒホッフの第二法則を適用すると

$$R_1 I_1 - R_2 I_2 - R_1 I_2 + R_2 I_1 = 0 \qquad \therefore \quad (R_1 + R_2) I_1 = (R_1 + R_2) I_2$$

と書け，$I_1 = I_2$ であることがわかる．このため電流の状況は下図 (b) のようになり $R_1 I + 2R_3 I + R_2 I = V$ が得られる．これから $I = \frac{V}{R_1 + R_2 + 2R_3}$ が導かれる．

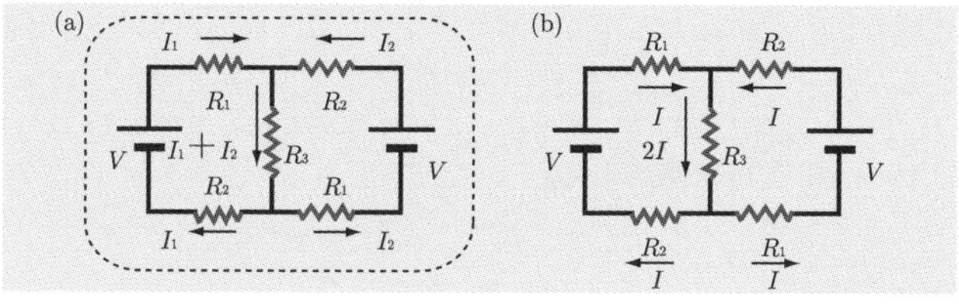

第10章

1 クーロン力の大きさは電荷の積に比例し，距離の 2 乗に反比例する．したがって，クーロン力の大きさは ab/c^2 倍となり，④が正解である．

2 点 Q_+ から点 P に向かうベクトルを $\boldsymbol{r}_+$ とすれば $\boldsymbol{r}_+ = (x, y-a)$ と書け

$$|\boldsymbol{r}_+|^3 = \left[x^2 + (y-a)^2\right]^{3/2}$$

が成り立つ．このため，q の点電荷が作る電場を $\boldsymbol{E}_+$ とすれば

$$\boldsymbol{E}_+ = \frac{q}{4\pi\varepsilon_0}\frac{\boldsymbol{r}_+}{[x^2+(y-a)^2]^{3/2}}$$

が得られる．同様に点 Q_- から点 P に向かうベクトルを $\boldsymbol{r}_-$ とすれば $\boldsymbol{r}_- = (x, y+a)$ となり，$-q$ の点電荷が作る電場 $\boldsymbol{E}_-$ は $\boldsymbol{E}_- = -\dfrac{q}{4\pi\varepsilon_0}\dfrac{\boldsymbol{r}_-}{[x^2+(y+a)^2]^{3/2}}$ と表される．点 P での電場は $\boldsymbol{E} = \boldsymbol{E}_+ + \boldsymbol{E}_-$ で与えられるので，この x，y 成分は次式のように求まる．

$$E_x = \frac{qx}{4\pi\varepsilon_0}\left[\frac{1}{[x^2+(y-a)^2]^{3/2}} - \frac{1}{[x^2+(y+a)^2]^{3/2}}\right]$$

$$E_y = \frac{q}{4\pi\varepsilon_0}\left[\frac{y-a}{[x^2+(y-a)^2]^{3/2}} - \frac{y+a}{[x^2+(y+a)^2]^{3/2}}\right]$$

3 図のように，直線を軸とする半径 a，高さ h の円筒を考える．体系の対称性により電場は直線と垂直な平面上で放射状に生じる．また，電場の大きさ E は直線からの距離だけに依存する．円筒の上下の面では $E_n = 0$ で，また側面では $E_n = E$ が成立する．側面の面積が $2\pi ah$ であることに注意するとガウスの法則により $2\pi ah\varepsilon_0 E = h\sigma$ が得られる．したがって，E は

$$E = \frac{\sigma}{2\pi\varepsilon_0 a}$$

と求まる．$\sigma < 0$ の場合には上式で σ を $|\sigma|$ とすればよい．

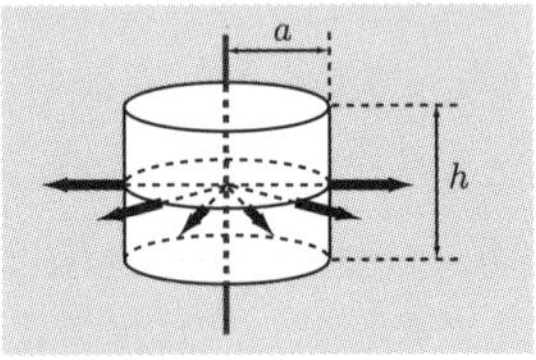

4 $E_x = -\dfrac{\partial V}{\partial x} = E$，$E_y = -\dfrac{\partial V}{\partial y} = E$，$E_z = -\dfrac{\partial V}{\partial z} = -2E$

5 (10.15) より $\sigma = \varepsilon_0 E = 8.9 \times 10^{-12} \times 2 \times 10^4\ \mathrm{C/m^2} = 1.8 \times 10^{-7}\ \mathrm{C/m^2}$ と計算される．

6 $Q = CV$ が成立するので，キャパシターに蓄えられる電荷は $Q = 5.31 \times 10^{-9} \times 6\ \mathrm{C} = 3.19 \times 10^{-8}\ \mathrm{C}$ と表される．

7 並列の場合，電気容量 C_i のキャパシターに蓄えられる電荷を Q_i，$-Q_i$ とすれば $Q_i = C_i V$ の関係が成り立つ．全体を 1 つのキャパシターとみなせば，左の極板には $Q = Q_1 + Q_2 + \cdots + Q_n$，右の極板には $-Q$ の電荷が蓄えられ，全体の電気容量 C は

$$C = \frac{Q}{V} = \frac{Q_1 + Q_2 + \cdots + Q_n}{V} = C_1 + C_2 + \cdots + C_n$$

となる．一方，直列接続では Q，$-Q$ の電荷が図のように蓄えられ，各極板の電位差の和が電池の起電力に等しいので $V = V_1 + V_2 + \cdots + V_n$ である．それぞれのキャパシターについて $V_i = Q/C_i$ と書け，全体の電気容量 C に対し $V = Q/C$ である．こうして次のようになる．

$$\frac{1}{C} = \frac{V}{Q} = \frac{V_1 + V_2 + \cdots + V_n}{Q} = \frac{1}{C_1} + \frac{1}{C_2} \cdots + \frac{1}{C_n}$$

第 11 章

1 電気素量は第 9 章の①により $e = 1.60 \times 10^{-19}$ C である．したがって，電気双極子モーメントの大きさ p は次のように計算される．

$$p = 1.60 \times 10^{-19} \times 10^{-10}\ \mathrm{C \cdot m} = 1.60 \times 10^{-29}\ \mathrm{C \cdot m}$$

これをデバイで表すと，$p = \dfrac{1.60 \times 10^{-29}}{3.34 \times 10^{-30}}$ デバイ $= 4.79$ デバイ となる．

2 ⑥により

$$\begin{aligned} E_x &= -\frac{\partial}{\partial x}\frac{p_x x + p_y y + p_z z}{4\pi\varepsilon_0 r^3} = -\frac{p_x}{4\pi\varepsilon_0 r^3} + \frac{3(p_x x + p_y y + p_z z)}{4\pi\varepsilon_0 r^4}\frac{x}{r} \\ &= -\frac{p_x}{4\pi\varepsilon_0 r^3} + \frac{3x(\boldsymbol{p}\cdot\boldsymbol{r})}{4\pi\varepsilon_0 r^5} \end{aligned}$$

と計算される．y，z 成分も同様で，これらをまとめると次式が得られる．

$$\boldsymbol{E}(\boldsymbol{r}) = \frac{1}{4\pi\varepsilon_0 r^3}\left[\frac{3\boldsymbol{r}(\boldsymbol{p}\cdot\boldsymbol{r})}{r^2} - \boldsymbol{p}\right]$$

3 $\boldsymbol{p}$ と $\boldsymbol{r}$ とは垂直だから $\boldsymbol{E} = -\boldsymbol{p}/4\pi\varepsilon_0 r^3$ で E は $p/4\pi\varepsilon_0 r^3$ と書ける．E は

$$E = \frac{3.4 \times 10^{-30}}{4\pi \times 8.85 \times 10^{-12} \times (5 \times 10^{-9})^3}\ \frac{\mathrm{V}}{\mathrm{m}} = 2.45 \times 10^5\ \frac{\mathrm{V}}{\mathrm{m}}$$

となる．

4 ガウスの定理 (11.6) で半径 a の球を考え，その内部を V とし $\boldsymbol{A} = (x, y, z)$ とおく．div $\boldsymbol{A} = 3$，$A_n = a$ となるので，球の体積を V，表面積を S とすれば $3V = aS$ が導かれる．$V = 4\pi a^3/3$，$S = 4\pi a^2$ であるから，この関係は満たされている．

5 $E = q/4\pi\varepsilon_0 r^2$，$D = q/4\pi r^2$ の関係に数値を代入し

$$E = \frac{0.1}{4\pi \times 8.85 \times 10^{-12} \times (0.5)^2}\ \frac{\mathrm{V}}{\mathrm{m}} = 3.60 \times 10^9\ \frac{\mathrm{V}}{\mathrm{m}}$$

$$D = \frac{0.1}{4\pi \times (0.5)^2}\ \frac{\mathrm{C}}{\mathrm{m}^2} = 3.18 \times 10^{-2}\ \frac{\mathrm{C}}{\mathrm{m}^2}$$

6 電気容量は 8 倍となるので 40 μF である．

7 球対称性を利用しガウスの法則を適用すれば次の結果が得られる．

$0 < r < a$ では $D(r) = \dfrac{q}{4\pi r^2}$　　$a < r < b$ では $D(r) = \dfrac{q + Q_\mathrm{A}}{4\pi r^2}$

$b < r$ では $D(r) = \dfrac{q + Q_\mathrm{A} + Q_\mathrm{B}}{4\pi r^2}$

電束密度を考えているので結果に ε が現われないことに注意せよ．

8 電場のエネルギーの増加分 δU_e は，電池のした仕事 δW と外力のした $-F_x\delta x$ の和に等しく $\delta U_\mathrm{e} = \delta W - F_x\delta x$ と書ける．これから $\delta W = \delta U_\mathrm{e} + F_x\delta x$ となる．$Q = CV$ が成り立つが，(11.11) を代入すると $Q = \varepsilon SV/x$ と表される．したがって，㉔を使い

$$F_x = -\frac{Q^2}{2\varepsilon S} = -\frac{1}{2\varepsilon S}\left(\frac{\varepsilon SV}{x}\right)^2 = -\frac{\varepsilon SV^2}{2x^2}$$

が得られる．同様に㉓は

$$U_\mathrm{e} = \frac{xQ^2}{2\varepsilon S} = \frac{x}{2\varepsilon S}\left(\frac{\varepsilon SV}{x}\right)^2 = \frac{\varepsilon SV^2}{2x}$$

と書け，$V =$ 一定 の場合，δU_e は $\delta U_\mathrm{e} = -\dfrac{\varepsilon SV^2}{2x^2}\delta x$ と表される．こうして δW は $\delta W = -\dfrac{\varepsilon SV^2}{x^2}\delta x$ となる．

第 12 章

1 (12.1) で $q_\mathrm{m} = q_{\mathrm{m}'} = q$，$r = 0.01$，$F = 1$ とおけば

$$q^2 = 4\pi\mu_0 \times (0.01)^2 = (4\pi)^2 \times 10^{-11}$$

となり，これから q は $q = 3.97 \times 10^{-5}$ Wb と計算される．

2 第 11 章の演習問題 2 で $\boldsymbol{p} \to \boldsymbol{m}$，$\varepsilon_0 \to \mu_0$ の変換を行うと，$\boldsymbol{H}(\boldsymbol{r})$ は

$$\boldsymbol{H}(\boldsymbol{r}) = \frac{1}{4\pi\mu_0 r^3}\left[\frac{3\boldsymbol{r}(\boldsymbol{m}\cdot\boldsymbol{r})}{r^2} - \boldsymbol{m}\right]$$

と表される．$\boldsymbol{m}$ が $\boldsymbol{m} = (0, 0, m)$ のときには $\boldsymbol{m}\cdot\boldsymbol{r} = mz$ であるから，上式の x, y, z 成分をとり，$\boldsymbol{H}$ は $\boldsymbol{H} = \dfrac{m}{4\pi\mu_0 r^3}\left(\dfrac{3xz}{r^2}, \dfrac{3yz}{r^2}, \dfrac{3z^2}{r^2} - 1\right)$ と求まる．

3 $H = \dfrac{(5 \times 10^{-3})^2 \times 2}{4 \times 4\pi \times 10^{-7}}\left(\dfrac{1}{0.02^2} - \dfrac{1}{0.12^2}\right)\ \dfrac{\mathrm{A}}{\mathrm{m}} = 2.42 \times 10^4\ \dfrac{\mathrm{A}}{\mathrm{m}}$

4 境界面にまたがり，上面，下面が境界面と平行な十分薄い円筒にガウスの法則を適用すると，磁場の場合には真磁荷が存在しないから，上面，下面の面積を S とすれば $(B_{1n} - B_{2n})S = 0$ となり，これから $B_{1n} = B_{2n}$ が導かれる．一方，境界面と垂直

な長方形（各辺の長さ：l，h）を考え，図のように辺 AB，辺 CD はそれぞれ境界面と平行で，AB は磁性体 1 中，CD は磁性体 2 中にあるとする．また，境界面の接線方向を図のようにとる．磁場が磁位から導かれると⑤により

$$\int_{\mathrm{P}}^{\mathrm{Q}} \boldsymbol{H} \cdot d\boldsymbol{s} = V_{\mathrm{m}}(\mathrm{P}) - V_{\mathrm{m}}(\mathrm{Q})$$

が成り立つ．左辺の積分路として図の矢印で示したような ABCDA と一周する経路をとると，上式の右辺で始点と終点が一致するので積分値は 0 となる．h は十分小さいとして，辺 AD，BC からの寄与は無視する．その結果 $(H_{1t} - H_{2t})l = 0$ となり，$H_{1t} = H_{2t}$ が得られる．

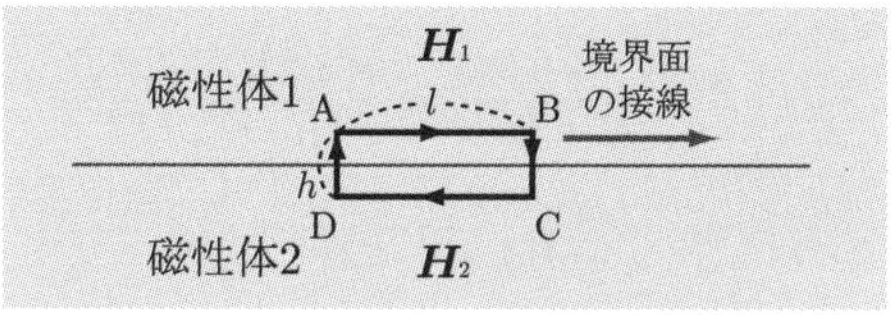

5　B_n の連続性から $B_1 \cos\theta_1 = B_2 \cos\theta_2$ となる．また，H_t の連続性から

$$\frac{B_1 \sin\theta_1}{\mu_1} = \frac{B_2 \sin\theta_2}{\mu_2}$$

が得られる．これらの関係から与式が導かれる．

6　電流をベクトル $\boldsymbol{I}$ で表すと，電流に働く力 $\boldsymbol{F}$ は $\boldsymbol{I} \times \boldsymbol{B}$ に比例する．このため，力は y 方向を向く．したがって，正解は①である．

7　H は $H = 2000 \times 6$ A/m $= 1.2 \times 10^4$ A/m と計算される．また，B は次のようになる．

$$B = \mu_0 H = 4\pi \times 10^{-7} \times 1.2 \times 10^4 \text{ T} = 1.51 \times 10^{-2} \text{ T} = 151 \text{ G}$$

第13章

1　ファラデーの法則 (13.3) により，起電力 V は次のようになる．

$$V = -\frac{d\Phi}{dt} = -\Phi_0 \frac{d \sin\omega t}{dt} = -\omega \Phi_0 \cos\omega t$$

2　Φ は $\Phi = \pi a^2 B_0 t^2$ と表されるので，V は次のように計算される．

$$V = -\frac{d(\pi a^2 B_0 t^2)}{dt} = -2\pi a^2 B_0 t$$

3　(13.4) により磁束 Φ は $\Phi = LI$ と表され，$\Phi = 4 \times 10^{-3} \times 3$ Wb $= 1.2 \times 10^{-2}$ Wb と計算される．

4　電力 P は次のように求まる．

$$P = \frac{1}{T}\int_0^T VIdt = \frac{V_0 I_0}{T}\int_0^T \cos\omega t\cos(\omega t - \Phi)dt$$
$$= \frac{V_0 I_0}{T}\int_0^T (\cos^2\omega t\cos\phi + \cos\omega t\sin\omega t\sin\phi)dt$$
$$= \frac{V_0 I_0}{2}\cos\phi$$

5 R と L が並列に接続されているから，合成複素インピーダンスに対し

$$\frac{1}{\hat{Z}} = \frac{1}{R} + \frac{1}{i\omega L} = \frac{R + i\omega L}{i\omega LR}$$

となる．これから

$$\hat{Z} = \frac{i\omega LR}{R + i\omega L} = \frac{\omega^2 L^2 R + i\omega LR^2}{R^2 + \omega^2 L^2}$$

が得られる．

6 50 Hz の交流に対して $\omega = 314\ \mathrm{s}^{-1}$ と書けるので

$$\omega L - \frac{1}{\omega C} = \left(314 \times 0.2 - \frac{1}{314 \times 5 \times 10^{-6}}\right)\ \Omega = -574\ \Omega$$

と計算される．したがって，例題 6 の結果を使うと以下の結果が得られる．

$$Z = \sqrt{500^2 + 574^2}\ \Omega = 761\ \Omega, \quad \tan\phi = -\frac{571}{500} = -1.14$$

7 (a) 体系は z 軸の回りで対称性をもち，また (b) でみるように $H_z = 0$ となる．このため，磁束密度 $\boldsymbol{B}$ の様子は図のようになる．$\boldsymbol{B}$ を B_t，B_n にわけたとき，円周上で B_n は一定である．もし，B_n が 0 でないとガウスの法則により，円内に真磁荷が存在することになりこれは矛盾である．したがって，$\boldsymbol{B}$ あるいは $\boldsymbol{H}$ は円の接線方向に生じ，磁力線は z 軸を中心とする同心円となる．

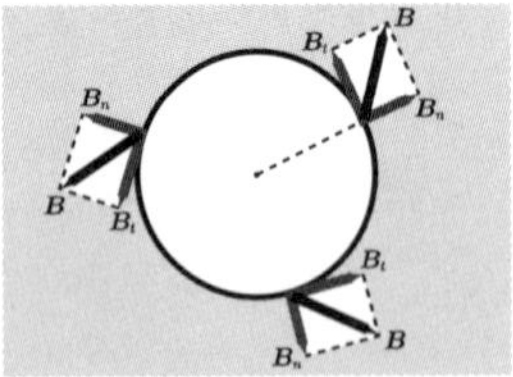

(b) 電流 I，変位電流 $\partial\boldsymbol{D}/\partial t$ はいずれも z 軸に沿っているから，ビオ・サバールの法則を適用すると磁場は z 軸に垂直となる．すなわち $H_z = 0$ である．また，(a) で示したように，磁力線は z 軸を中心とする同心円となる．図示したような半径 r の円を閉曲線に選ぶと，(13.20) の左辺は $2\pi rH$ と書ける．一方，(13.1) と同様

$$\Psi = \int_{\mathrm{S}} \boldsymbol{D}\cdot\boldsymbol{n}dS$$

で定義される Ψ は曲面 S を貫く電束と呼ばれる．上記の円を貫く電束は $D = \sigma = Q/\pi a^2$ (Q，$-Q$：極板上の電荷）を用いると

$$\Psi = \begin{cases} D\pi r^2 = \dfrac{Qr^2}{a^2} & (r < a) \\ D\pi a^2 = Q & (r > a) \end{cases}$$

と表される．したがって，$0<z<l$ の空間では $j_n=0$，$dQ/dt=I$ に注意すると (13.20) により H は次のように求まる．

$$H=\begin{cases}\dfrac{Ir}{2\pi a^2} & (r<a)\\[2mm] \dfrac{I}{2\pi r} & (r>a)\end{cases}$$

第14章

1　$\mathrm{div}\,\boldsymbol{B}=0$ から $\mathrm{div}\,\boldsymbol{B}=b_x+b_y+b_z=0$ の関係が得られる．

2　(a)　微小時間 dt の間における V 中の電荷量の増加は

$$\int_{\mathrm{V}}[\rho(\boldsymbol{r},t+dt)-\rho(\boldsymbol{r},t)]\,dV=dt\int_{\mathrm{V}}\frac{\partial\rho}{\partial t}dV$$

と書ける．一方，S を通り V 中に流れ込む電荷量は，ガウスの定理を適用すると

$$-dt\int_{\mathrm{S}}j_n dS=-dt\int_{\mathrm{V}}\mathrm{div}\,\boldsymbol{j}dV$$

で与えられる．上の両式は等しいから

$$\int_{\mathrm{V}}\left(\frac{\partial\rho}{\partial t}+\mathrm{div}\,\boldsymbol{j}\right)dV=0$$

となる．V は任意なのでかっこ内の量は 0 に等しく連続の方程式が得られる．

(b)　(14.8) 右式の div をとり，$\mathrm{div}\,(\boldsymbol{A}+\boldsymbol{B})=\mathrm{div}\,\boldsymbol{A}+\mathrm{div}\,\boldsymbol{B}$，$\mathrm{div}\,(\mathrm{rot}\,\boldsymbol{C})=0$ の関係に注意すると

$$-\mathrm{div}\,\frac{\partial\boldsymbol{D}}{\partial t}=\mathrm{div}\,\boldsymbol{j}$$

が導かれる．(14.7) の左式を時間で偏微分すると

$$\mathrm{div}\,\frac{\partial\boldsymbol{D}}{\partial t}=\frac{\partial\rho}{\partial t}$$

と書け，以上の両式から連続の方程式が導かれる．

3　国際単位系を用いると，(10.3), (12.2) により

$$\varepsilon_0=\frac{10^7}{4\pi c^2}\ \frac{\mathrm{C}^2}{\mathrm{N\cdot m^2}},\quad \mu_0=4\pi\times10^{-7}\ \frac{\mathrm{N}}{\mathrm{A}^2}$$

と表される．両式から $\dfrac{1}{\varepsilon_0\mu_0}=c^2\dfrac{\mathrm{m^2A^2}}{\mathrm{C^2}}=c^2\dfrac{\mathrm{m^2}}{\mathrm{s^2}}$ となり，c が光速であることがわかる．

4　$\sin\theta = \sin 60^\circ = 0.866\cdots$ であるから，屈折の法則により次の結果が求まる．

$$\sin\varphi = \frac{0.866}{1.33} = 0.651 \qquad \therefore \quad \varphi = 40.6^\circ$$

5　$c = 3.00 \times 10^8$ m/s としてよいので，波の基本式から振動数 ν は

$$\nu = \frac{3.00 \times 10^8}{400 \times 10^{-9}}\ \mathrm{Hz} = 7.5 \times 10^{14}\ \mathrm{Hz}$$

と計算される．角振動数は $\omega = 2\pi\nu = 4.71 \times 10^{15}\ \mathrm{s}^{-1}$ となる．

6　明線間の間隔 Δx は次のようになる．

$$\Delta x = \frac{D\lambda}{d} = \frac{1 \times 400 \times 10^{-9}}{10^{-3}}\ \mathrm{m} = 0.0004\ \mathrm{m} = 0.4\ \ \mathrm{mm}$$

7　(a)　1 W は 1 J/s に等しいので，1 s 当たり 1 J のエネルギーが広がっていく．電球を中心とする半径 1 m の球面の表面積は $4\pi\ \mathrm{m}^2$ である．光のエネルギーは球対称に広がるから，球面上の面積 $S\ \mathrm{m}^2$ の部分を通るエネルギーは 1 s 当たり，

$$\frac{1}{4\pi}S \simeq 8 \times 10^{-2} S\ \frac{\mathrm{J}}{\mathrm{s}}$$

と書ける．

(b)　Cs から飛び出る光電子は 1 個の原子から放出されると考えられる．S の程度として，$S \sim (10^{-10})^2\ \mathrm{m}^2 = 10^{-20}\ \mathrm{m}^2$ となる．この S を上式に代入すると，1 個の原子が 1 s 当たり吸収するエネルギーは 0.8×10^{-21} J/s で与えられる．一方，光電子のエネルギーは例題 9 で求めたようにほぼ 1.1×10^{-19} J に等しい．原子がこれだけのエネルギーを蓄積するための所要時間は

$$\frac{1.1 \times 10^{-19}}{0.8 \times 10^{-21}}\ \mathrm{s} \simeq 140\ \mathrm{s}$$

となり．2 分 20 秒の程度となる．現実には光を当てた瞬間に光電子が飛び出すのであるから，上の結果は実験事実と矛盾する．

第 15 章

1　自転速度は $\dfrac{4 \times 10^7}{24 \times 60 \times 60}\ \dfrac{\mathrm{m}}{\mathrm{s}} = 463\ \dfrac{\mathrm{m}}{\mathrm{s}}$ と計算され，公転速度はこのほぼ 65 倍である．したがって，自転速度は公転速度に比べ無視できる．

2　$\mathrm{ch}^2\,\theta - \mathrm{sh}^2\,\theta = \dfrac{(e^\theta + e^{-\theta})^2}{4} - \dfrac{(e^\theta - e^{-\theta})^2}{4} = \dfrac{2}{4} + \dfrac{2}{4} = 1$

3　一般に，2 行 2 列の行列に対し，次の関係が成り立つ．

$$A = \begin{bmatrix} a_{11} & a_{12} \\ a_{21} & a_{22} \end{bmatrix}, \quad A^{-1} = \frac{1}{\Delta}\begin{bmatrix} a_{22} & -a_{12} \\ -a_{21} & a_{11} \end{bmatrix}, \quad \Delta = a_{11}a_{22} - a_{12}a_{21}$$

いまの場合，$\Delta = 1$ であるから $A^{-1} = \begin{bmatrix} \mathrm{ch}\,\theta & \mathrm{sh}\,\theta \\ \mathrm{sh}\,\theta & \mathrm{ch}\,\theta \end{bmatrix}$ となり，⑩が導かれ，⑩か

ら⑪が得られる.

4 $\sqrt{1-0.9^2}$ m $= 0.436$ m

5 $\dfrac{1}{\sqrt{1-0.8^2}}$ s $= 1.67$ s

6 質量 m は mc^2 のエネルギーに相当するので，$c = 2.99792 \times 10^8$ m/s を用いると 1 u は次のように計算される.

$$\begin{aligned} 1\ \text{u} &= 1.66054 \times 10^{-27} \times (2.99792 \times 10^8)^2\ \text{J} = 1.492414 \times 10^{-10}\ \text{J} \\ &= \frac{1.492414 \times 10^{-10}}{1.602 \times 10^{-13}}\ \text{MeV} = 931.6\ \text{MeV} \end{aligned}$$

7 電子の質量は，$\dfrac{9.11 \times 10^{-31}}{1.66 \times 10^{-27}}$ u $= 0.000549$ u $= 0.511$ MeV と表される.

8 与えられた反応式の左辺の質量の和は 236.0526 u，右辺の質量の和は 235.8373 u である．この差は 0.2153 u = 200.6 MeV となり，ほぼ 200 MeV のエネルギーが放出される．本来ならば，このような計算では各原子核の質量をとらねばならない．しかし，電子の質量は左辺，右辺で相殺するので，各原子の質量をとればよい.

第16章

1 光の振動数 ν は第 14 章の演習問題 5 により $\nu = 7.5 \times 10^{14}$ Hz と書けるので，(16.1) を使い光子のエネルギー，運動量は次のように計算される.

$$E = 6.63 \times 10^{-34} \times 7.5 \times 10^{14}\ \text{J} = 4.97 \times 10^{-19}\ \text{J}$$

$$p = \frac{6.63 \times 10^{-34}}{400 \times 10^{-9}}\ \frac{\text{kg}\cdot\text{m}}{\text{s}} = 1.66 \times 10^{-27}\ \text{kg}\cdot\text{m/s}$$

2 ド・ブロイ波の波長は質量の平方根に反比例する．陽子の質量は与えられた数値を使うと電子のほぼ 1840 倍となるので，例題 2 の結果を利用し $\lambda = \dfrac{1.52}{\sqrt{1840}}$ Å $=$ 3.54×10^{-2} Å と計算される.

3 時間に依存するシュレーディンガー方程式は

$$-\frac{\hbar}{i}\frac{\partial \psi}{\partial t} = H\psi, \quad H = -\frac{\hbar^2}{2m}\Delta + U$$

と表されるので，正解は②である.

4 平面波は一般に $Ae^{i\boldsymbol{k}\cdot\boldsymbol{r}}$ と書けるが，規格化の条件は A を実数とすれば $|e^{i\boldsymbol{k}\cdot\boldsymbol{r}}| = 1$ が成り立つので $A^2 \displaystyle\int_{\text{V}} dV = A^2 V = 1$ となる．これから $A = 1/\sqrt{V}$ が得られる.

5 (16.17) から

$$\begin{aligned} E_1 &= \frac{\pi^2 \times (1.055 \times 10^{-34})^2}{2 \times 10^{-3} \times (0.01)^2}\ \text{J} = 5.49 \times 10^{-61}\ \text{J} \\ &= \frac{5.49 \times 10^{-61}}{1.60 \times 10^{-19}}\ \text{eV} = 3.43 \times 10^{-42}\ \text{eV} \end{aligned}$$

6　基底状態を表す波動関数は $\psi = Ae^{-r/a}$ で与えられる．規格化の条件は

$$A^2 \int_{\mathrm{V}} e^{-2r/a} dV = 1$$

と書けるが，全空間を考え，$dV = 4\pi r^2 dr$ に注意すれば

$$4\pi A^2 \int_0^\infty r^2 e^{-2r/a} dr = 1$$

が得られる．$2r/a = x$ とおき，積分変数を r から x に変換すると

$$\frac{\pi}{2} a^3 A^2 \int_0^\infty x^2 e^{-x} dx = 1$$

となる．x に関する積分は 2 に等しいので $\pi a^3 A^2 = 1$ と書け，これから A を求めると題意の結果が導かれる．

7　(a)　⑲から

$$\int_0^\infty P(r)dr = \frac{4}{a^3} \int_0^\infty r^2 e^{-2r/a} dr = \frac{1}{2} \int_0^\infty x^2 e^{-x} dx = 1$$

が示される．

(b)　$r \ll a$ で $P(r) \propto r^2$，また $r \gg a$ で $P(r)$ は指数関数的に減少するので，$P(r)$ の概略は図 16.4 のように表される．また，$P(r)$ を r で微分すると

$$\frac{dP(r)}{dr} = \frac{8r}{a^3} \left(1 - \frac{r}{a}\right) e^{-2r/a}$$

が成り立ち，$r = a$ で $dP(r)/dr = 0$ と書け，そこで $P(r)$ は最大となる．

索　引

た 行

な 行

著者略歴

阿部龍蔵（あべ りゅうぞう）

1953年　東京大学理学部物理学科卒業
　　　　東京工業大学助手，東京大学物性研究所助教授，
　　　　東京大学教養学部教授，放送大学教授を経て
現　在　東京大学名誉教授　理学博士

主要著書

統計力学 (東京大学出版会)　現象の数学 (共著，アグネ)
電気伝導 (培風館)
現代物理学の基礎 8 物性 II 素励起の物理 (共著，岩波書店)
力学 [新訂版] (サイエンス社)　量子力学入門 (岩波書店)
物理概論 (共著，裳華房)　物理学 [新訂版] (共著，サイエンス社)
電磁気学入門 (サイエンス社)　力学・解析力学 (岩波書店)
熱統計力学 (裳華房)　物理を楽しもう (岩波書店)
ベクトル解析入門 (サイエンス社)
新・演習電磁気学 (サイエンス社)

新物理学ライブラリ＝別巻 1

Essential 物理学

2003年2月25日©　初版発行
2013年3月25日　初版第8刷発行

著者　阿部龍蔵
発行者　木下敏孝
印刷者　杉井康之
製本者　関川安博

発行所　**株式会社　サイエンス社**

〒151-0051　東京都渋谷区千駄ヶ谷1丁目3番25号
営業 ☎ (03) 5474-8500 (代)　振替 00170-7-2387
編集 ☎ (03) 5474-8600 (代)
FAX ☎ (03) 5474-8900

印刷　(株) ディグ　　製本　(株) 関川製本所

《検印省略》

ISBN4-7819-1028-9

PRINTED IN JAPAN